高等职业教育教学改革示范系列教材

工业组态控制技术实例教程

石敬波　迟　颖　主　编
卞秀辉　夏金伟　副主编

電子工業出版社
Publishing House of Electronics Industry
北京·BEIJING

内 容 简 介

工业组态软件提供自动控制系统的监控平台，将复杂的控制过程，特别是繁重而冗长的编程简单化，使工控开发变得简单而高效，使用灵活，同时缩短了开发时间，是技能型人才必须掌握的基本技能。

本书以北京亚控科技发展有限公司的组态王 6.55 和北京昆仑通态自动化软件科技有限公司的 MCGS 组态软件嵌入版 7.6 为例，选取了十余个企业和工程的实际项目，包括指针时钟、温度控制系统、物料传送系统、水监控系统、农业灌溉系统、制药厂液体混合系统、机械手系统、三层电梯系统、万年历、热水炉监控系统、电动门、运料小车控制系统、液体混合系统、变频器监控系统等，通过项目任务、知识储备、项目实施和项目考核四个环节，由浅入深地介绍了组态软件的设计及调试过程。

本书具有典型性、实用性、先进性和可操作性的特点，适合作为高等职业院校机电一体化技术、电气自动化技术、生产过程自动化技术等相关专业的教材，也可作为相关工程技术人员培训和自学用书。

图书在版编目（CIP）数据

工业组态控制技术实例教程 / 石敬波，迟颖主编. —北京：电子工业出版社，2017.3
ISBN 978-7-121-30605-1

Ⅰ. ①工…　Ⅱ. ①石…　②迟…　Ⅲ. ①工业控制系统－高等学校－教材　Ⅳ. ①TP273

中国版本图书馆 CIP 数据核字（2016）第 303055 号

策划编辑：王昭松
责任编辑：谭丽莎
印　　刷：三河市君旺印务有限公司
装　　订：三河市君旺印务有限公司
出版发行：电子工业出版社
　　　　　北京市海淀区万寿路 173 信箱　邮编：100036
开　　本：787×1092　印张：15.25　字数：390.4 千字
版　　次：2017 年 3 月第 1 版
印　　次：2025 年 1 月第 14 次印刷
定　　价：48.00 元

凡所购买电子工业出版社图书有缺损问题，请向购买书店调换。若书店售缺，请与本社发行部联系，联系及邮购电话：（010）88254888，88258888。

质量投诉请发邮件至 zlts@phei.com.cn，盗版侵权举报请发邮件至 dbqq@phei.com.cn。

本书咨询联系方式：wangzs@phei.com.cn。

前　言

近几年来，随着计算机软件技术的发展，组态软件的发展也非常迅速。组态软件是标准化、规模化、商品化的通用软件，工程技术人员可以利用这些软件与硬件设备结合，快速、方便地构造应用系统，实现现场采集、数据处理和监控设备等功能。

本书从实际出发，打破了传统的知识系统，摒弃了围绕软件菜单或功能展开介绍的做法，采用了项目化教学方法，在项目中有计划地展开组态软件相关知识的学习，保证知识的“必需”和“够用”，力求达到易学、易懂、易上手的目的。

本书分为三部分，第一部分介绍计算机控制系统及组态控制技术；第二部分以北京亚控科技发展有限公司的组态王软件为开发环境，系统介绍了组态王软件的设计方法，包括工程建立、画面设计、数据库建立、设备连接和运行画面的调试，实现数据的采集与控制，通过趋势曲线、报表和报警来学习数据分析，从而实现对现场工作状态的分析；第三部分以北京昆仑通态自动化软件科技有限公司的 MCGS 组态软件为例，通过 8 个典型项目展示了 MCGS 组态工程的设计方法，从工程建立到运行调试均提供了详细的操作步骤，实现监控设备的数字量输入/输出、模拟量输入/输出、状态监控等功能。

本书由辽宁机电职业技术学院石敬波、迟颖任主编，辽宁机电职业技术学院卞秀辉、夏金伟任副主编，辽宁机电职业技术学院的杨一曼任参编。其中项目 1、项目 2、项目 14 由杨一曼编写，项目 3～项目 7 由迟颖编写，项目 8～项目 11 由卞秀辉编写，项目 12、项目 13、项目 18 和项目 19 由夏金伟编写，项目 15～项目 17 和项目 20 由石敬波编写。本书在编写过程中得到了编者所在单位领导、老师和企业工程人员的大力支持，在此表示由衷的感谢。

本书配有多媒体教学资料包，请登录华信教育资源网（www.hxedu.com.cn）免费注册后获取。

由于编者水平有限，书中难免有不足和纰漏，恳请广大读者批评指正。

编　者

目　　录

第一部分　组态软件的基本知识

第二部分　基于组态王软件的系统组态设计

第三部分 基于 MCGS 软件的系统组态设计

第一部分　组态软件的基本知识

项目 1

组态控制技术

1.1　计算机控制系统

计算机控制系统就是利用计算机的软件和硬件代替自动控制系统中的控制器，控制某种设备按照设计者的要求工作，如电梯、机器人、工厂的智能化生产线及家用电器等都采用了计算机控制，它以自动控制理论和计算机技术为基础，综合了计算机、自动控制和生产过程等多方面的知识。

计算机在实现控制功能的同时还需要一些外围设备的配合，这些设备与计算机、被控设备一起统称为计算机控制系统。

1.2　计算机控制系统的组成

传统模拟自动控制系统的结构如图 1-1 所示。

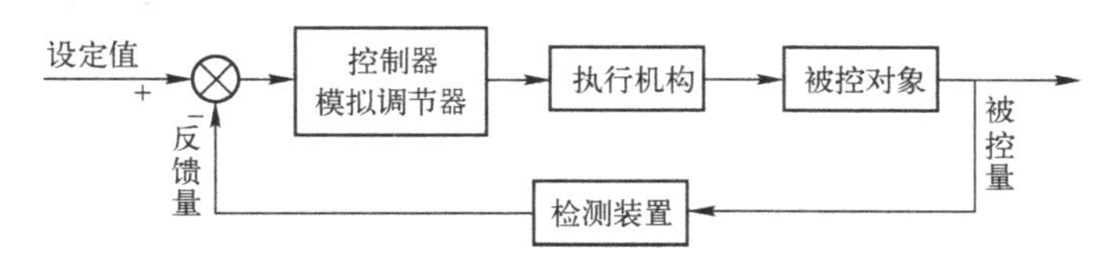

图 1-1　传统模拟自动控制系统的结构

将模拟自动控制系统中控制器的功能用计算机来实现，就构成了计算机控制系统，如图 1-2 所示。

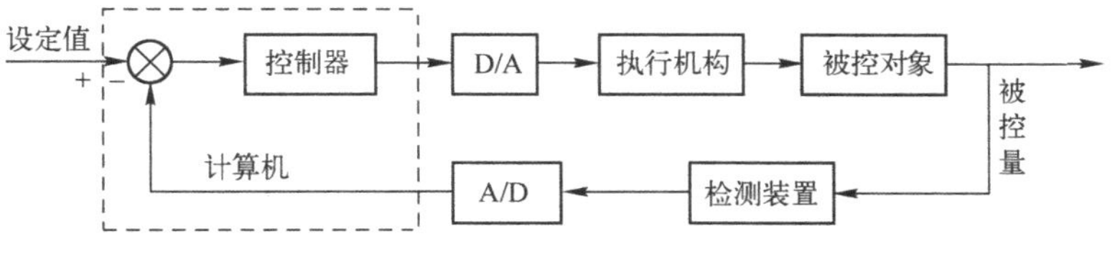

图 1-2　计算机控制系统的结构

1.3 计算机控制系统的分类

计算机控制系统的分类方法很多，按照功能与结构分类，计算机控制系统可以分为以下几种类型。

1.3.1 操作指导控制系统

计算机根据一定的算法，依据检测元件测得的信号，对生产过程中的大量参数做循环检测、处理、分析、记录及参数的超限报警等。通过对大量参数的积累和实时分析，可以对生产过程进行各种趋势分析，为操作人员提供参考，或计算出可供操作人员选择的最优操作条件及操作方案，操作人员则根据计算机输出的信息去改变调节器的给定值或直接操作执行机构，计算机不直接参与过程控制，对生产过程不直接产生影响。

1.3.2 直接数字控制系统（Direct Digital Control System，DDC）

一台计算机通过测量元件对一个或多个物理量进行循环检测，检测结果与给定值进行比较并按预定的数学模型（如 PID 控制规律）进行运算，然后发出控制信号直接控制执行机构，使各个被控量达到预定的要求。

DDC 是计算机用于工业生产过程控制的最典型系统。在 DDC 系统中使用的计算机作为数字控制器，在热工、化工、机械、冶金等部门已获得广泛应用。

1.3.3 监督控制系统（Supervisory Computer Control System，SCC）

监督控制系统是操作指导控制系统和直接数字控制系统的综合与发展。计算机按照描述生产过程的数学模型，计算出最佳给定值，送给模拟调节器或 DDC 计算机，由模拟调节器或 DDC 计算机控制生产过程，使得生产过程始终处于最优工作状态。SCC 较 DDC 更接近生产变化的实际情况，它不仅可以进行给定值控制，同时还可以进行顺序控制、最优控制等。该类系统有两种结构形式，一种是 SCC+ DDC 控制系统，另一种是 SCC+模拟调节器（见图 1-3）。

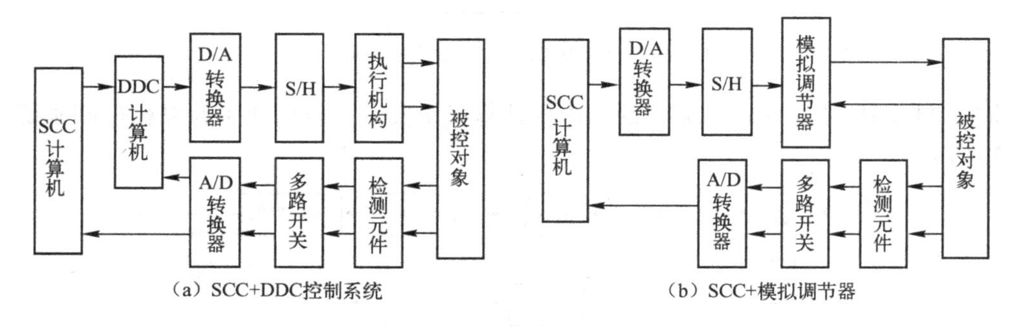

（a）SCC+DDC控制系统 （b）SCC+模拟调节器

图 1-3 监督控制系统

1.3.4 集散控制系统（Distributed Control System，DCS）

以计算机为核心，把工业控制计算机、数据通信系统、显示操作装置、输入/输出通道等有机地结合起来，既实现地理上和功能上分散的控制，又通过高速数据通道把各个分散点的信息集中监视和操作，并实现高级复杂规律的控制。集散控制系统结构图如图 1-4 所示。

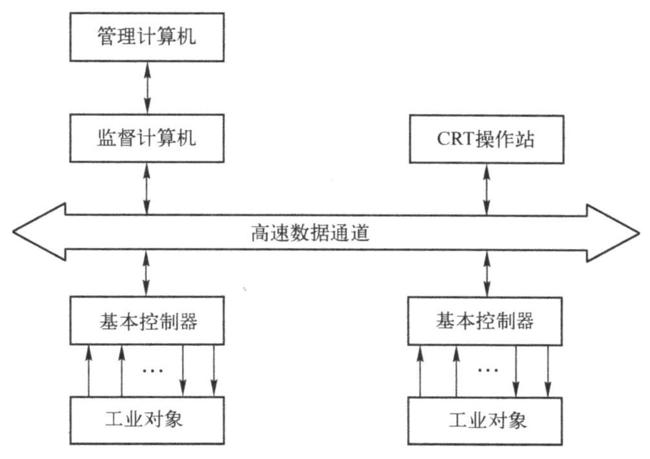

图 1-4 集散控制系统结构图

集散控制系统的优点有：系统是积木式结构，比较灵活，可大可小，易于扩展；系统可靠性高，容易实现复杂的控制。

1.3.5 现场总线控制系统（Fieldbus Control System，FCS）

现场总线是用于现场仪表与控制室之间的一种开放、全数字化、双向、多站的通信网络，也是具有测量、控制、执行和过程诊断等功能的控制网络。它实际上融合了智能化仪表、计算机网络和开放系统互连（OSI）等技术的精粹。其结构图如图 1-5 所示。

现场总线控制系统可以实现多个数字信号的双向传输；实现了全数字通信；具有良好的开放性、可互操作性与互用性；现场总线将基本过程控制、报警和计算等功能分布在现场完成，提高了系统的可靠性；对现场环境的高度适应性，易于实现现场管理和控制的统一。

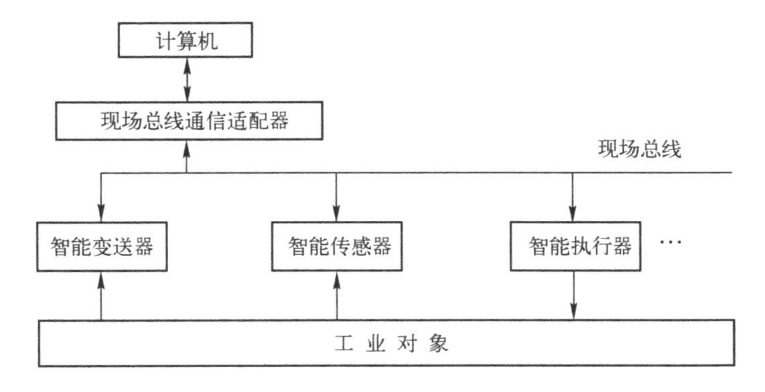

图 1-5 现场总线控制系统结构图

1.3.6 网络控制系统（Networked Control System，NCS）

目前，以太控制网络正在工业自动化和过程控制市场迅速增长。以太网具有其他网络无法比拟的优势，主要体现在以下几方面。

（1）开放性：采用公开的标准和协议。

（2）平台无关性：可以选择不同厂家、不同类型的设备和服务。

（3）多种信息服务：提供 E-mail、WWW、FTP 等多种信息服务。

（4）图形用户界面：统一、友好、规范化的图形界面，操作简单，易学易用。

（5）信息传递快速、准确。

（6）易于实现多现场总线的集成：相互包容，多种现场总线协同完成测控任务。

（7）易于实现多系统集成：主要体现为现场通信协议的相容、不同系统数据的交换及组态、监控、操作界面的统一等。

（8）易于实现多技术集成：设备互操作性技术、OPC（OLE for Process Control）技术、Ethernet 技术、TCP/IP 技术、Web 技术、现场总线设备管理技术和无线通信技术集成。

项目 2

组态软件

2.1 组态软件的定义

2.1.1 组态的概念

组态（Configuration）的含义是模块的任意组合。在计算机控制系统中，组态具有硬件组态和软件组态两个层面的含义。

所谓硬件组态，是指系统大量选用各种专业设备生产厂家提供的成熟、通用的硬件设备，通过对这些设备的简单组合与连接实现自动控制系统。这些通用设备包括控制器、各种检测设备、各种执行设备、各种命令输入设备和各种 I/O 接口设备。这些通用设备一般都制成具有标准尺寸和标准信号输出的模块或板卡，它们就像积木一样，可以根据需要组合在一起。

所谓软件组态，就是利用专业软件公司提供的工控软件进行系统程序设计。这些软件提供了大量工具包供设计者组合使用，因此被称为组态软件。利用组态软件，工程技术人员可以方便地进行监控画面制作和程序编制。

2.1.2 组态软件的概念

组态的概念最早出现在工业计算机控制中，如集散控制系统（DCS）组态、可编程控制器（PLC）梯形图组态，而人机界面生成的软件就叫工控组态软件。组态形成的数据只有组态工具或其他专用工具才能识别，工业控制中形成的组态结果主要用于实时监控，而组态工具的解释引擎要根据这些组态结果实时运行。因此，从表面上看，组态工具的运行程序就是执行自己特定的任务。

组态软件是指一些数据采集与过程控制的专用软件，它们是在自动控制系统监控层一级的软件平台和开发环境，使用灵活的组态方式，为用户提供快速构建工业自动控制系统监控功能的、通用层次的软件工具。组态软件能支持各种工控设备和常见的通信协议，并且通常提供分布式数据管理和网络功能。对应于原有的 HMI（Human Machine Interface，人机接口）的概念，组态软件应该是一个能使用户快速建立自己的 HMI 的软件工具或开发环境。在组态软件出现之前，工控领域的用户要么通过自行设计或委托第三方编写 HMI 应用，其开发时间长、效率低、可靠性差；要么购买专用的工控系统，通常是封闭的系统，其选择余地小，往往不能满足需求，很难与外界进行数据交互，升级和增加功能都受到严重的限制。

组态软件的出现，把用户从这些困境中解脱出来，用户可以利用组态软件的功能，构建一套最适合自己的应用系统。

随着组态软件的快速发展，实时数据库、实时控制、通信及联网、开放数据接口、对输入/输出（I/O）设备的广泛支持已经成为它的主要内容。随着技术的发展，组态软件将会不断被赋予新的内容。

2.2 组态软件的特点与功能

一般来说，组态软件是数据采集监控系统（Supervisory Control and Data Acquisition，SCADA）的软件平台工具，是工业应用软件的一个组成部分。它具有丰富的设置项目，使用方式灵活，功能强大。

2.2.1 组态软件的特点

1．延续性和可扩充性

用通用组态软件开发的应用程序，当现场（包括硬件设备或系统结构）或用户需求发生改变时，不需要进行很多修改就可方便地完成软件的更新和升级。

2．封装性（易学易用）

通用组态软件所能完成的功能都用一种方便用户使用的方法包装起来，用户不需要掌握太多的编程语言技术（甚至不需要编程技术），就能很好地完成一个复杂工程所要求的所有功能。

3．通用性

每个用户根据工程实际情况，利用通用组态软件提供的底层设备（PLC、智能仪表、智能模块、板卡、变频器等）的 I/O Driver、开放式的数据库和画面制作工具，就能完成一个具有动画效果、实时数据处理，历史数据和曲线并存，具有多媒体功能和网络功能的工程，不受行业限制。

2.2.2 组态软件的功能

（1）采用类似资源浏览器的窗口结构，并对工业控制系统中的各种资源（设备、标签量、画面等）进行配置和编辑。

（2）处理数据报警及系统报警。

（3）提供多种数据驱动程序。

（4）各类报表的生成和打印输出。

（5）使用脚本语言提供二次开发的功能。

（6）存储历史数据并支持历史数据的查询等。

2.3 国内外主要组态软件简介

2.3.1 组态软件在我国的发展情况

组态软件产品于 20 世纪 80 年代初出现，并在 20 世纪 80 年代末期进入我国。但在 20 世纪 90 年代中期之前，组态软件在我国的应用并不普及。究其原因，大致有以下几点。

（1）国内用户还缺乏对组态软件的认识，项目中没有组态软件的预算，或宁愿投入人力、物力，针对具体项目做长周期的、繁冗的上位机的编程开发，而不采用组态软件。

（2）在很长时间里，国内用户的软件意识还不强，面对价格不菲的进口软件（早期的组态软件多为国外厂家开发），很少有用户愿意购买。

（3）当时国内的工业自动化和信息技术应用的水平还不高，组态软件提供了对大规模应用、大量数据进行采集、监控、处理的结果生成管理所需的数据，这些需求并未完全形成。

随着工业控制系统应用的深入，在面临规模更大、控制更复杂的控制系统时，人们逐渐意识到原有的上位机编程的开发方式对项目来说是费时费力、得不偿失的。同时，MIS（Management Information System，管理信息系统）和 CIMS（Computer Integrated Manufacturing System，计算机集成制造系统）的大量应用，要求工业现场为企业的生产、经营、决策提供更详细和深入的数据，以便于优化企业生产经营中的各个环节。因此，1995 年以后，组态软件在国内的应用逐渐得到了普及。

2.3.2 组态软件国内外主要产品

1. InTouch

美国 Wonderware（万伟）公司的 InTouch 软件是最早进入我国的组态软件。20 世纪 80 年代末、90 年代初，基于 Windows 3.1 的 InTouch 软件曾让我们耳目一新，并且 InTouch 提供了丰富的图库。但是，早期的 InTouch 软件采用 DDE（Dynamic Data Exchange，动态数据交换）方式与驱动程序通信性能较差。最新的 InTouch 7.0 版已经完全基于 32 位的 Windows 平台，并且提供了 OPC（OLE for Process Control）支持。

2. Fix

美国 Intellution 公司以 Fix 组态软件起家，1995 年被爱默生收购，现在是爱默生集团的全资子公司。Fix 6.x 软件提供工控人员熟悉的概念和操作界面，并提供完备的驱动程序（需单独购买）。美国 Intellution 公司将自己最新的产品系列命名为 iFiX，其产品与 Microsoft 的操作系统、网络进行了紧密的集成。它也是 OPC 组织的发起成员之一。iFiX 的 OPC 组件和驱动程序同样需要单独购买。

3. Citech

澳大利亚 CiT 公司的 Citech 也是较早进入中国市场的产品。Citech 具有简洁的操作方式，但其操作方式更多的是面向程序员，而不是工业控制用户。Citech 提供了类似 C 语言的脚本语言进行二次开发，但与 iFiX 不同的是，Citech 的脚本语言并非是面向对象的，而是类似于 C 语言，这无疑为用户进行二次开发增加了难度。

4. WinCC

德国西门子（Simens）公司的 WinCC 也是一套完备的组态开发环境，它提供类似 C 语言的脚本，包括一个调试环境。WinCC 内嵌 OPC 支持，并可对分布式系统进行组态。但 WinCC 的结构较复杂，用户最好经过西门子公司的培训以掌握 WinCC 的应用。

5. 组态王

组态王是北京亚控科技发展有限公司开发的，它是国内第一家较有影响的组态软件开发公司。组态王提供了资源管理器式的操作界面，并且提供了以汉字作为关键字的脚本语言支持。组态王也提供多种硬件驱动程序。

6. Controx（开物）

华富计算机公司的 Controx 2000 是全 32 位的组态开发平台，为工控用户提供了强大的实时曲线、历史曲线、报警、数据报表及报告功能。作为国内最早加入 OPC 组织的软件开发商，Controx 内建 OPC 支持，并提供数十种高性能驱动程序。

7. ForceControl（力控）

大庆三维公司的 ForceControl 从时间概念上来说，也是国内较早就已经出现的组态软件之一。只是因为早期力控一直没有作为正式商品广泛推广，所以它并不为大多数人所知。1993 年左右，力控就已经形成了第一个版本，其最大的特征就是基于真正意义的分布式实时数据库的三层结构，而且它的实时数据库结构为可组态的活结构。力控最新推出的 2.0 版在功能的丰富性、易用性、开放性和 I/O 驱动数量等方面都得到了很大的提高。

8. MCGS

MCGS 是北京昆仑通态自动化软件科技有限公司研发的一套基于 Windows 平台的，用于快速构造和生成上位机监控系统的组态软件系统，主要完成现场数据的采集与监测、前端数据的处理与控制，可运行于 Microsoft Windows 95/98/Me/NT/2000/XP 等操作系统。

第二部分　基于组态王软件的系统组态设计

项目 3

组态王软件入门

3.1　组态王软件简介

组态王软件是北京亚控科技发展有限公司根据当前的自动化技术的发展趋势，面向低端自动化市场及应用，以实现企业一体化为目标开发的一套产品。

3.1.1　组态王软件

组态王软件是一种通用的工业监控软件，它融过程控制设计、现场操作及工厂资源管理于一体，将一个企业内部的各种生产系统和应用及信息交流汇集在一起，实现最优化管理。它基于 Microsoft Windows XP/NT/2000/7 操作系统，用户可以在企业网络的所有层次的各个位置上及时获得系统的实时信息。采用组态王软件开发工业监控工程，可以极大地增强用户的生产控制能力、提高工厂的生产力和效率、提高产品的质量、减少成本及原材料的消耗。它适用于从单一设备的生产运营管理和故障诊断，到网络结构分布式大型集中监控管理系统的开发。

3.1.2　组态王软件的特点

（1）具有适应性强、开放性好、易于扩展、经济、开发周期短等优点。

（2）通常可以把组态控制系统划分为控制层、监控层、管理层三个层次结构。

（3）监控层对下连接控制层，对上连接管理层，它不但实现对现场的实时监测与控制，而且在自动控制系统中完成上传下达、组态开发的重要作用。

（4）组态王软件也为试验者提供了可视化监控画面，有利于试验者实时现场监控。

（5）能充分利用 Windows 的图形编辑功能，方便地构成监控画面，并以动画方式显示控制设备的状态，具有报警窗口、实时趋势曲线等，可便利地生成各种报表。

（6）具有丰富的设备驱动程序和灵活的组态方式及数据链接功能。

3.1.3　组态软件的应用

组态软件的应用领域很广，可以应用于电力系统、给水系统、石油、化工等的数据采集与监视控制及过程控制等诸多领域。组态软件在电力系统及电气化铁道上又称远动系统。

3.2 组态王软件的安装

3.2.1 系统要求

组态王软件安装系统要求如下。

（1）CPU：P4 处理器、1GHz 以上或相当型号。

（2）内存：最少 128MB，推荐 256MB，使用 WEB 功能或 2000 点以上推荐 512MB。

（3）显示器：VGA、SVGA 或支持桌面操作系统的任何图形适配器。要求最少显示 256 色。

（4）鼠标：任何 PC 兼容鼠标。

（5）通信：RS-232C。

（6）并行口或 USB 口：用于接入组态王加密锁。

（7）操作系统：Windows 2000（sp4）/Windows XP（sp2）/Win7 简体中文版。

3.2.2 安装步骤

“组态王”软件存于一张光盘上。光盘上的安装程序 Install.exe 会自动运行，启动组态王安装过程向导。

第一步：启动计算机系统。

第二步：在光盘驱动器中插入“组态王”软件的安装盘，系统自动启动 Install.exe 安装程序，如图 3-1 所示（用户也可通过光盘中的 Install.exe 启动安装程序）。

图 3-1 启动组态王安装程序

第三步：开始安装。单击“安装组态王程序”按钮，将自动安装“组态王”软件到用户的硬盘目录，并建立应用程序组。首先弹出对话框，如图 3-2 所示。

继续安装请单击“下一步”按钮，弹出“许可证协议”对话框，如图 3-3 所示。该对话框的内容为“北京亚控科技发展有限公司”与“组态王”软件用户之间的法律约定，请用户认真阅读。如果用户同意协议中的条款，单击“是”按钮继续安装；如果不同意，单击“否”按钮退出安装。单击“上一步”按钮，则返回上一个对话框。

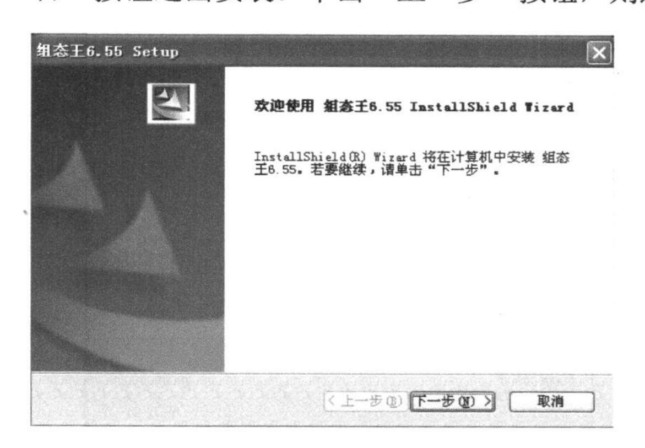

图 3-2　安装组态王

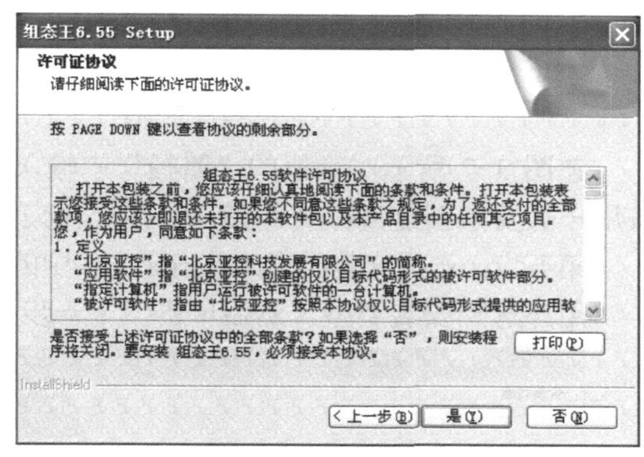

图 3-3　“许可证协议”对话框

单击“是”按钮，弹出“请填写注册信息”对话框，如图 3-4 所示。

输入“用户名”和“公司名称”。单击“上一步”按钮返回上一个对话框；单击“取消”按钮退出安装程序；单击“下一步”按钮弹出“请确认注册信息”对话框，如图 3-5 所示。

如果对话框中的用户注册信息错误，则单击“否”按钮返回“请填写注册信息”对话框。如果正确，单击“是”按钮，进入程序安装阶段。

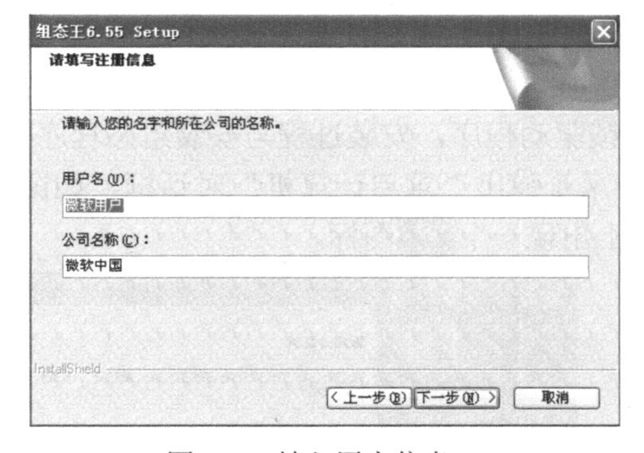

图 3-4　填入用户信息

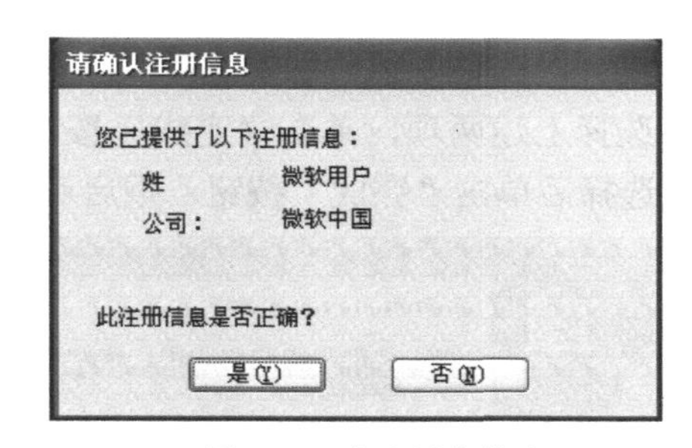

图 3-5　确认用户信息

第四步：选择组态王软件安装路径。确认用户注册信息后，弹出“选择目的地位置”对话框，选择程序的安装路径，如图 3-6 所示。

通过图 3-6 所示的对话框确认“组态王”软件的安装目录。默认目录为 C:\Program Files\kingview，若希望安装到其他目录，请单击“浏览”按钮，弹出如图 3-7 所示的对话框。

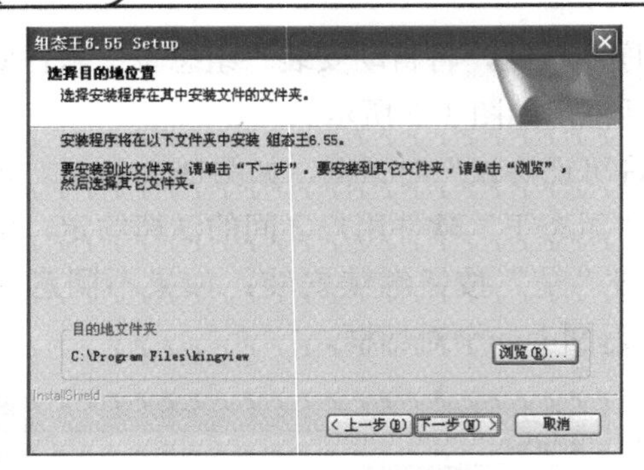

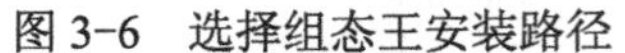

图 3-6　选择组态王安装路径　　　图 3-7　另建组态王安装路径

在图 3-7 所示对话框的“路径”中输入新的安装目录。单击“确定”按钮，安装程序将按用户的要求创建目标文件夹，目标文件夹为刚才输入的文件夹。

第五步：选择安装类型。单击图 3-6 中的“下一步”按钮，出现如图 3-8 所示的对话框。

用户选择安装类型，然后单击“下一步”按钮，将出现如图 3-9 所示的对话框。

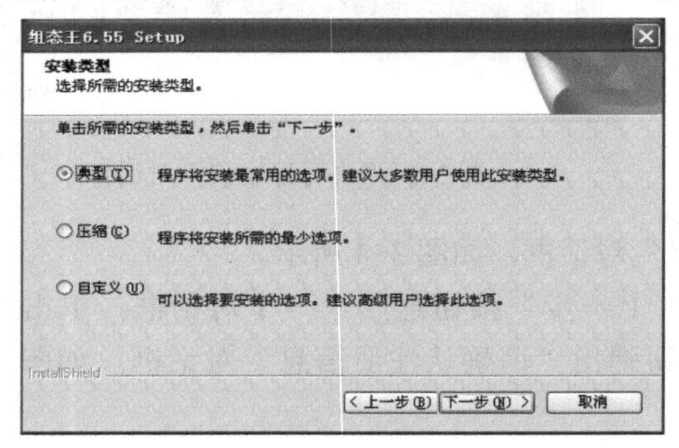

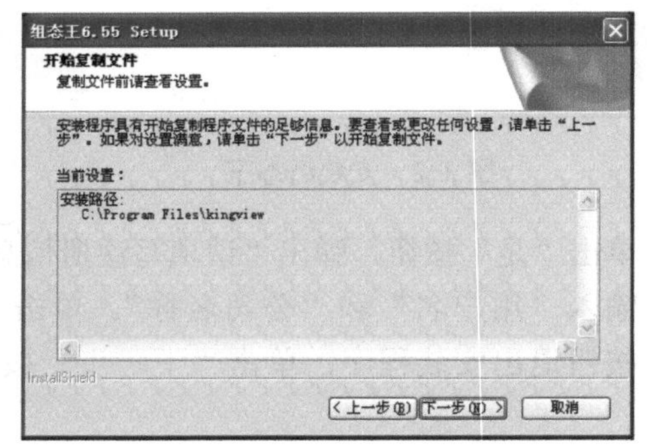

图 3-8　选择安装类型　　　图 3-9　安装路径

单击“下一步”按钮，开始安装，如果在安装过程中觉得前面有问题，可单击“取消”按钮停止安装。安装过程中有解压缩进度提示。

第六步：组态王程序安装结束，弹出如图 3-10 所示的对话框。

用户可以选择安装组态王驱动程序和加密锁驱动程序，安装过程与安装组态程序类似，如果不选择上述两项，单击“完成”按钮后，系统弹出“重启计算机”对话框，如图 3-11 所示，选择后单击“完成”按钮，重启后桌面上出现一个图标。

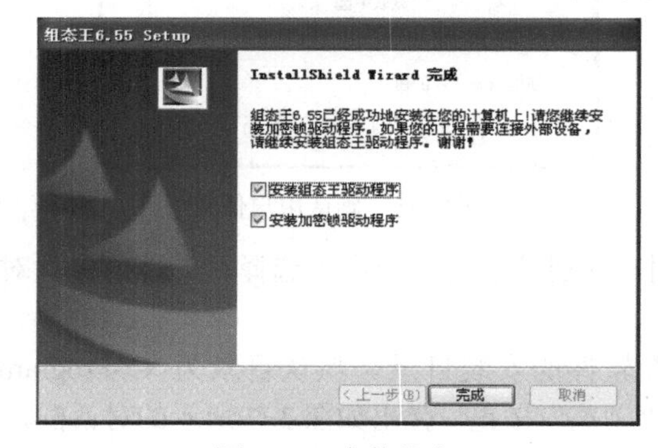

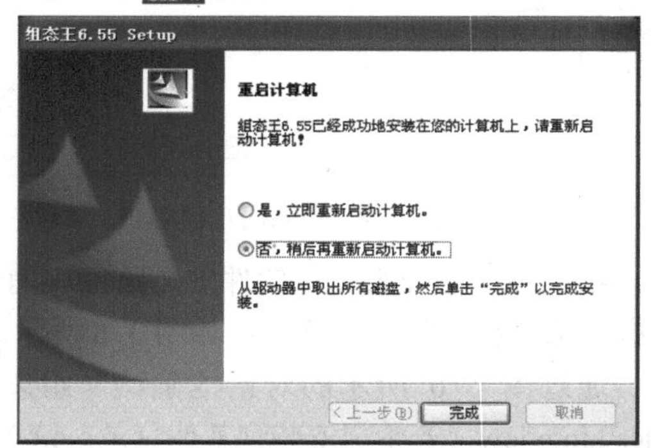

图 3-10　安装结束　　　图 3-11　“重启计算机”对话框

3.3　组态王软件的系统构成

组态王软件由工程管理器、工程浏览器及运行系统三部分构成。

3.3.1　工程管理器

工程管理器用于新工程的创建和已有工程的管理，具有对已有工程进行搜索、添加、备份、恢复及实现数据词典的导入和导出等功能。工程管理器界面如图 3-12 所示。

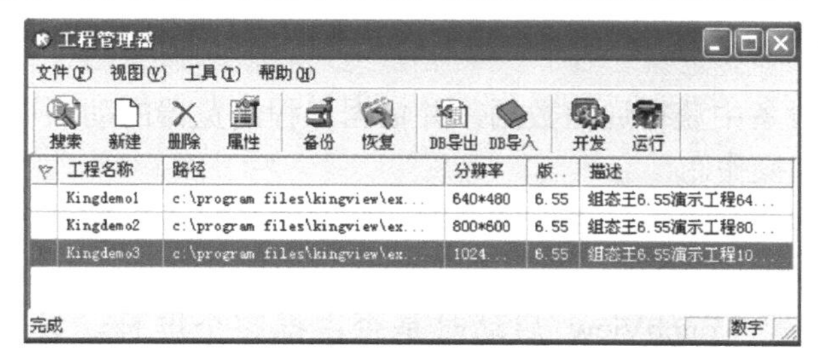

图 3-12　工程管理器界面

3.3.2　工程浏览器

工程浏览器是一个工程开发设计工具，是用于创建监控画面、监控的设备及相关变量、动画连接、命令语言及设定运行系统配置等的系统组态工具。

工程浏览器界面如图 3-13 所示。工程浏览器左侧是“工程目录显示区”，主要展示工程的各个组成部分，主要包括“系统”、“变量”、“站点”和“画面”四部分，这四部分的切换是通过工程浏览器最左侧的 Tab 标签实现的。工程浏览器右侧是目录内容显示区，将显示每个工程组成部分的详细内容，同时对工程提供必要的编辑修改功能。

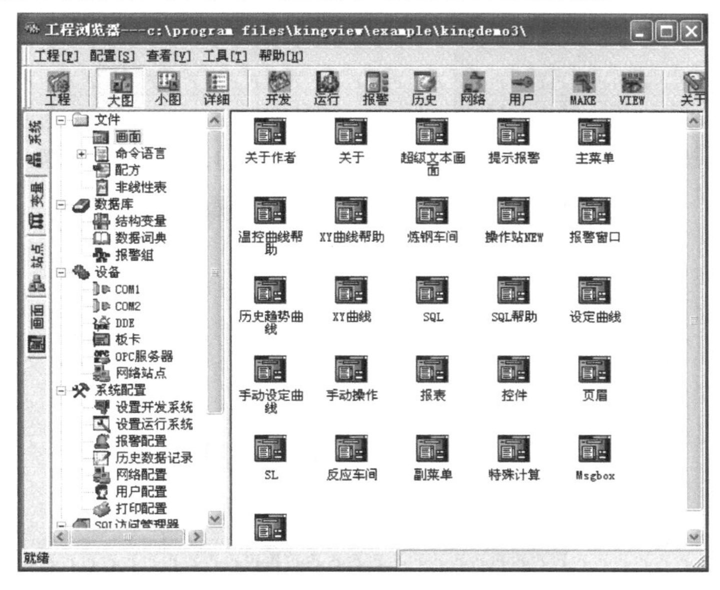

图 3-13　工程浏览器界面

“系统”部分共有“Web”、“文件”、“数据库”、“设备”、“系统配置”和“SQL 访问管理器”六大项。其中“Web”为组态王 For Internet 功能画面发布工具；“文件”主要包括“画面”、“命令语言”、“配方”和“非线性表”；“数据库”主要包括“结构变量”、“数据词典”和“报警组”；“设备”主要包括“串口 1（COM1）”、“串口 2（COM2）”、“DDE”、“板卡”、“OPC 服务器”和“网络站点”；“系统配置”主要包括“设置开发系统”、“设置运行系统”、“报警配置”、“历史数据记录”、“网络配置”、“用户配置”和“打印配置”；“SQL 访问管理器”主要包括“表格模板”和“记录体”。

3.3.3 运行系统

运行系统从采集设备中获得通信数据，并依据工程浏览器的动画设计显示动态画面，实现人与控制设备的交互操作。

在运行组态王工程之前要在开发系统中对运行系统环境进行配置。运行系统设置包括运行系统外观（见图 3-14）、主画面配置（见图 3-15）和特殊（见图 3-16）。其中 “运行系统外观”属性页可以设置 TouchView 启动时是否占据整个屏幕，设置窗口的外观及设置 TouchView 运行时是否带有菜单；“主画面配置”属性页可以规定 TouchVew 画面运行系统启动时自动调入的画面，如果几个画面互相重叠，最后调入的画面在前面；“特殊”属性页用于设置运行系统的基准频率等一些特殊属性。

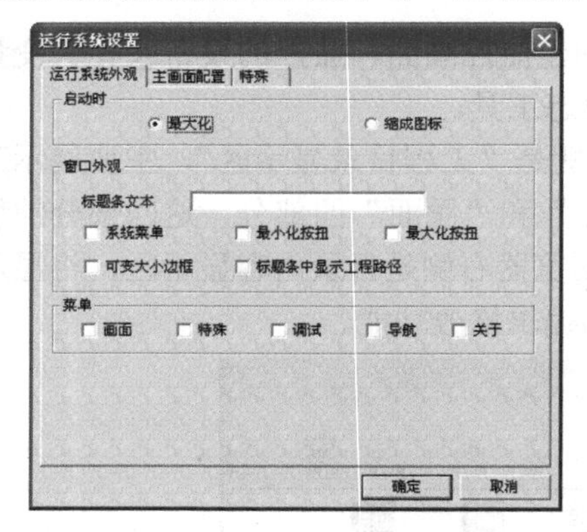

图 3-14 运行系统配置——运行系统外观

图 3-15 运行系统设置——主画面配置

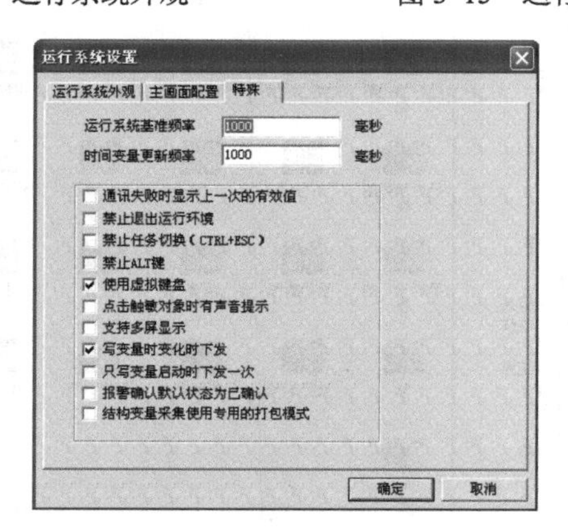

图 3-16 运行系统设置——特殊

项目 4

指针时钟的组态软件设计

4.1 指针时钟的项目任务

制作一个“实时指针时钟”，画面上的时、分、秒针能够匀速旋转，指示系统当前时间。

4.2 知 识 储 备

4.2.1 工具箱

组态王工程中每次打开一个原有画面或建立一个新画面时，工具箱都会自动出现。如果没有出现工具箱可单击菜单“工具/显示工具箱”，左端有“√”号出现时，工具箱出现；没有“√”号，屏幕上的工具箱也同时消失，再一次选择此菜单，“√”号出现，工具箱又显示出来，或使用〈F10〉键来切换工具箱的显示/隐藏。如果找不到工具箱，从菜单中也打不开，请进入组态王的安装路径“kingview”下，打开 toolbox.ini 文件，查看最后一项[Toolbox]看位置坐标是否不在屏幕显示区域内，用户可以自己在该文件中修改。注意不要修改别的项目。

图 4-1　工具箱

将鼠标放在工具箱任一按钮上时，立刻出现一个提示条标明此工具按钮的功能，如图 4-1 所示。工具箱中各图标的含义如表 4-1 所示。单击工具箱中的“画刷类型”，弹出“过渡色类型”设置窗口，如图 4-2 所示。

使用过渡色类型可以将图素填充为立体效果，如绘制一个矩形图素，可以填充出如图 4-3 所示的效果。单击可以实现实心填充，单击无论填充颜色选择哪种都没有填充效果如图 4-3 中右上角的矩形。图 4-3 中下面的两个矩形采用了立体的填充效果。用户可以自行尝试。

如图 4-4 所示文本框中，从左到右依次为被选中对象的 x 坐标（左边界）、y 坐标（上边界）、被选中对象的宽度和高度。

表 4-1　工具箱各图标的含义

图标	注　释	图标	注　释	图标	注　释
	新画面		选中图素		图素前移
	打开画面		直线		改变图素形状
	关闭画面		扇形		字体设置
	保存		椭圆		图素顺时针转 90 度
	删除画面		圆角矩形		图素逆时针转 90 度
	全屏显示		折线		水平翻转
	立体管道		报表		垂直翻转
	多边形		实时趋势曲线		图素上对齐
	文本		历史趋势曲线		图素水平对齐
	按钮		点位图		图素下对齐
	菜单		插入控件		图素左对齐
	报警窗口		插入通用控件		图素垂直对齐
	图库		复制		图素右对齐
	恢复		合成组合图素		图素水平等间隔
	重做		分裂组合图素		垂直等间隔
	剪切		合成单元		栅格对齐
	复制		分裂单元		调色板
	粘贴		图素后移		全选
	画刷类型		线形选择		

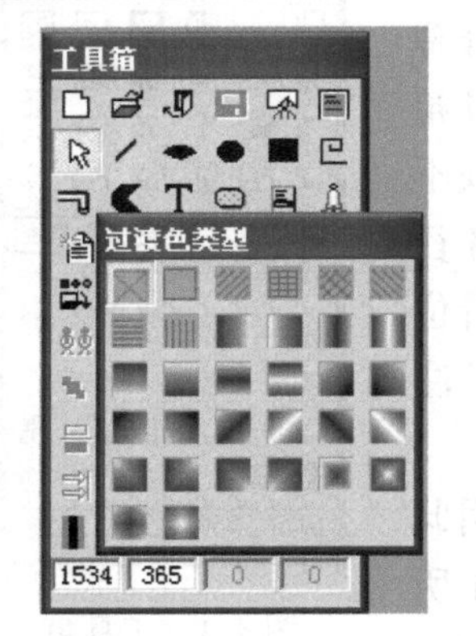

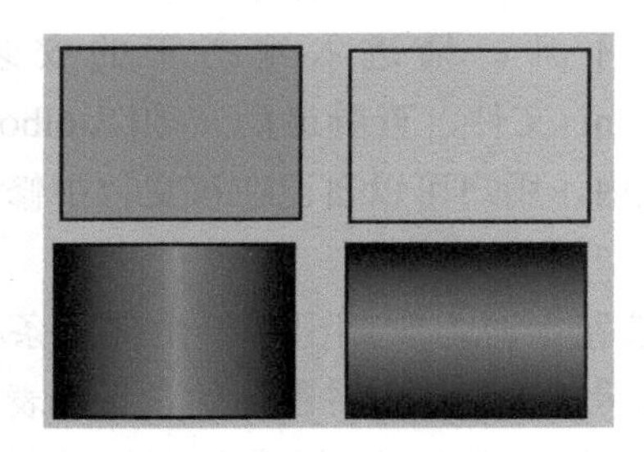

图 4-2　“过渡色类型”设置窗口　　图 4-3　采用过渡色类型填充　　图 4-4　工具箱中的坐标

4.2.2　数据库

数据库是组态王软件的核心部分，工业现场的生产状况要以动画的形式反映在屏幕上，操作者在计算机前发布的指令也要迅速送达生产现场，所有这一切都是以实时数据库为中介环节的，所以说数据库是联系上位机和下位机的桥梁。当 TouchVew 运行时，它含有全部数据变量的当前值。变量在组态王画面开发系统中定义，定义时要指定变量名和变量类型，某些类型的变量还需要一些附加信息。数据库中变量的集合形象地称为“数据词典”，数据词典记录了所有用户可使用的数据变量的详细信息。数据库主要包括“结构变量”、“数据词典”和“报警组”。

1. 基本变量类型

变量的基本类型共有 I/O 变量和内存变量两类。其中 I/O 变量是指可与外部数据采集程序直接进行数据交换的变量，如下位机数据采集设备（如 PLC、仪表等）或其他应用程序（如 DDE、OPC 服务器等）。这种数据交换是双向的、动态的，就是说：在组态王系统运行过程中，每当 I/O 变量的值改变时，该值就会自动写入下位机或其他应用程序；每当下位机或应用程序中的值改变时，“组态王”系统中的变量值也会自动更新。因此，那些从下位机采集来的数据、发送给下位机的指令，如“反应罐液位”、“电源开关”等变量，都需要设置成“I/O 变量”。

内存变量是指那些既不需要和其他应用程序交换数据，也不需要从下位机得到数据，只在组态王内需要的变量，如计算过程的中间变量就可以设置成“内存变量”。

2. 变量的数据类型

组态王中变量的数据类型与一般程序设计语言中的变量比较类似，主要有以下几种。

（1）实型变量。实型变量类似一般程序设计语言中的浮点型变量，用于表示浮点（float）型数据，取值范围为-3.40E+38～+3.40E+38，有效值为 7 位。

（2）离散变量。离散变量类似一般程序设计语言中的布尔（BOOL）变量，只有 0、1 两种取值，用于表示一些开关量。

（3）字符串型变量。字符串型变量类似一般程序设计语言中的字符串变量，可用于记录一些有特定含义的字符串，如名称、密码等，该类型变量可以进行比较运算和赋值运算。字符串长度的最大值为 128 个字符。

（4）整数变量。整数变量类似一般程序设计语言中的有符号长整数型变量，用于表示带符号的整型数据，其取值范围为-2 147 483 648～2 147 483 647。

（5）结构变量。当组态王工程中定义了结构变量时，在变量类型的下拉列表框中会自动列出已定义的结构变量，一个结构变量作为一种变量类型，结构变量下可包含多个成员，每一个成员就是一个基本变量，成员类型可以为内存离散、内存整型、内存实型、内存字符串、I/O 离散、I/O 整型、I/O 实型、I/O 字符串。

注意：结构变量的成员变量类型必须在定义结构变量的成员时先定义，包括离散型、整型、实型、字符串型或已定义的结构变量。在变量定义的界面上只能选择该变量是内存型还是 I/O 型。

3. 特殊变量类型

特殊变量类型有报警窗口变量、历史趋势曲线变量、系统预设变量三种。这三种特殊类型的变量正是体现了“组态王”系统面向工控软件、自动生成人机接口的特色。

（1）报警窗口变量。这是工程人员在制作画面时通过定义报警窗口生成的。在报警窗口定义对话框中有一个选项为“报警窗口名”，工程人员在此处键入的内容即为报警窗口变量。此变量在数据词典中是找不到的，是组态王内部定义的特殊变量。可用命令语言编制程序来设置或改变报警窗口的一些特性，如改变报警组名或优先级，在窗口内上下翻页等。

（2）历史趋势曲线变量。这是工程人员在制作画面时通过定义历史趋势曲线时生成的。在历史趋势曲线定义对话框中有一个选项为 “历史趋势曲线名”， 工程人员在此处键入的内容即为历史趋势曲线变量（区分大小写）。此变量在数据词典中是找不到的，是组态王内部定义的特殊变量。工程人员可用命令语言编制程序来设置或改变历史趋势曲线的一些特性，如改变历史趋势曲线的起始时间或显示的时间长度等。

（3）系统预设变量。预设变量中有 8 个时间变量是系统已经在数据库中定义的，如图 4-5 所示，用户可以直接使用。

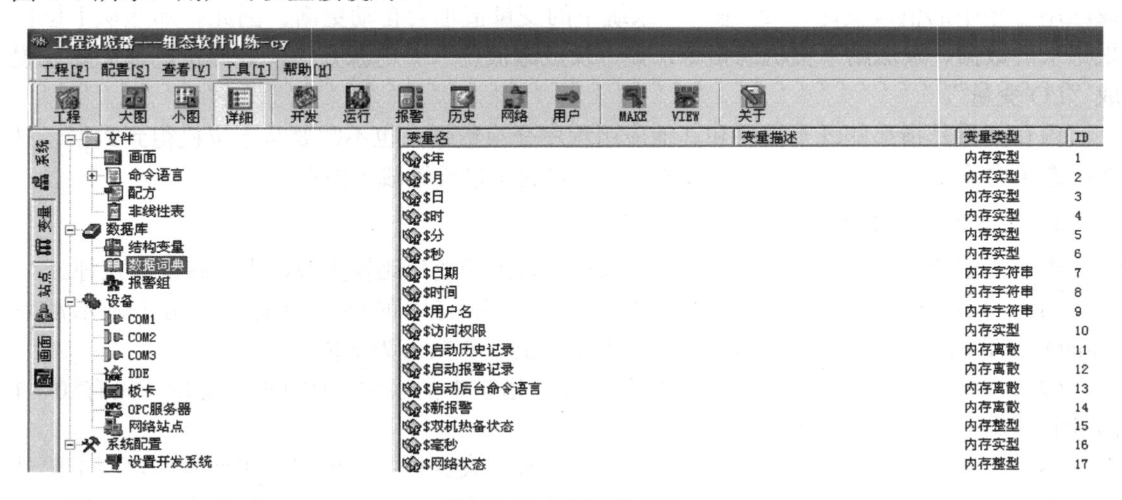

图 4-5　系统预设变量

$年：返回系统当前日期的年份。

$月：返回 1 到 12 之间的整数，表示当前日期的月份。

$日：返回 1 到 31 之间的整数，表示当前日期的日。

$时：返回 0 到 23 之间的整数，表示当前时间的时。

$分：返回 0 到 59 之间的整数，表示当前时间的分。

$秒：返回 0 到 59 之间的整数，表示当前时间的秒。

$日期：返回系统当前日期字符串。

$时间：返回系统当前时间字符串。

以上变量由系统自动更新，工程人员只能读取时间变量，而不能改变它们的值。

4.2.3 定义变量

在工程浏览器中左边的目录树中选择“数据词典”项，右侧的内容显示区会显示当前工程中所定义的变量。双击“新建”图标，弹出“定义变量”对话框。组态王的变量属性由基本属性、报警定义及记录和安全区 3 个属性页组成。采用这种卡片式管理方式，用户只要用鼠标单击卡片顶部的属性标签，则该属性卡片有效，用户就可以定义相应的属性。“定义变量”对话框如图 4-6 所示。

4.2.4　输出连接

只有文本图形对象能定义模拟量输出连接、离散值输出连接或字符串输出连接的一种，运行时，文本字符串将被连接表达式的值所替换，输出的字符串大小、字体和文本对象相同。

模拟值输出连接使文本对象的内容在程序运行时被连接表达式的值所取代。模拟值输出连接的设置方法是：在“动画连接”对话框中单击“模拟值输出”按钮，弹出对话框，如图 4-7 所示。

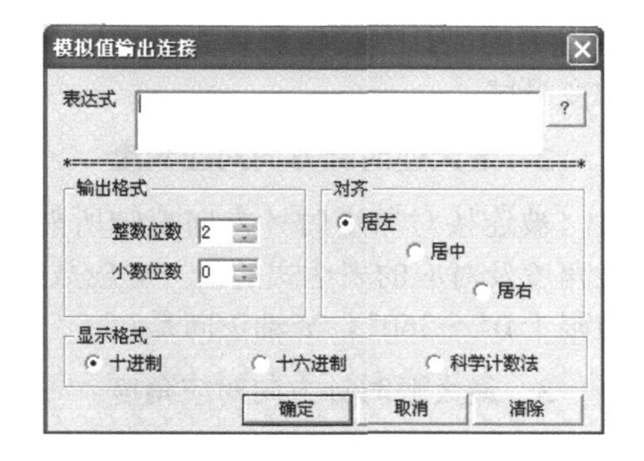

图 4-6　“定义变量”对话框　　　　图 4-7　“模拟值输出连接”对话框

对话框中各项设置的含义如下。

1．表达式

在此编辑框内输入合法的连接表达式。单击右侧的“？”按钮可以查看已定义的变量名和变量域。

2．整数位数

输出值的整数部分占据的位数。若实际输出时值的位数少于此处输入的值，则高位填 0。例如，规定整数位是 4 位，而实际值是 12，则显示为 0012。如果实际输出的值的位数多于此值，则按照实际位数输出。例如，实际值是 12345，则显示为 12345。若不想有前补零的情况出现，则可令整数位数为 0。

3．小数位数

输出值的小数部分占据的位数。若实际输出时值的位数小于此值，则填 0 补充。例如，规定小数位是 4 位，而实际值是 0.12，则显示为 0.1200。如果实际输出的值的位数多于此值，则按照实际位数输出。

4．科学记数法

规定输出值是否用科学记数法显示。

5．对齐

运行时输出的模拟值字符串与当前被连接字符串在位置上按照左、中、右方式对齐。

4.2.5 旋转连接

旋转连接是使对象在画面中的位置随连接表达式的值而旋转。

旋转连接的设置方法为：在“动画连接”对话框中单击“旋转连接”按钮，弹出对话框，如图 4-8 所示。

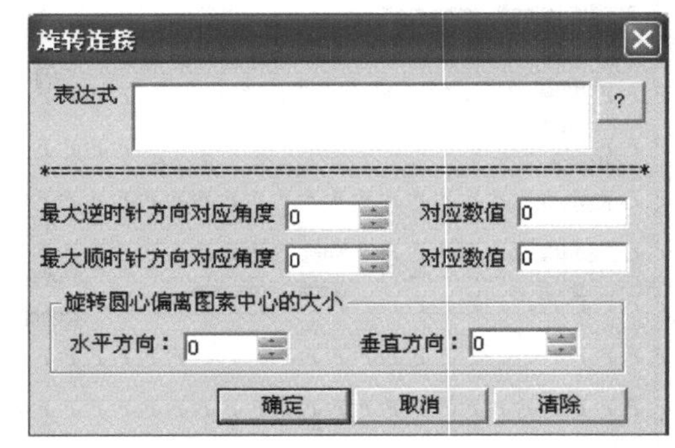

图 4-8 “旋转连接”对话框

对话框中各项设置的含义如下。

1．表达式

在此编辑框内输入合法的连接表达式。单击右侧的“？”按钮可以查看已定义的变量名和变量域。

2．最大逆时针方向对应角度

被连接对象逆时针方向旋转所能达到的最大角度及对应的表达式的值（对应数值）。角度值限于 0°～360°，Y 轴正向是 0°。

3．最大顺时针方向对应角度

被连接对象顺时针方向旋转所能达到的最大角度及对应的表达式的值（对应数值）。角度值限于 0°～360°，Y 轴正向是 0°。

4．旋转圆心偏离图素中心的大小

被连接对象旋转时所围绕的圆心坐标距离被连接对象中心的值，其水平方向为圆心坐标水平偏离的像素数（正值表示向右偏离），该值可由坐标位置窗口帮助确定。

4.3 项目实施

4.3.1 新建工程

组态王提供新建工程向导。利用向导新建工程，可使用户操作更简便。选择菜单栏“文件”→“新建工程”命令，或单击工具条中的“新建”按钮，或选择快捷菜单中的“新建工程”命令，将弹出“新建工程向导之一”对话框，如图 4-9 所示。单击“取消”按钮，将退出新建工程向导。单击“下一步”按钮，继续新建工程，此时弹出“新建工程向导之二”对话框，如图 4-10 所示。

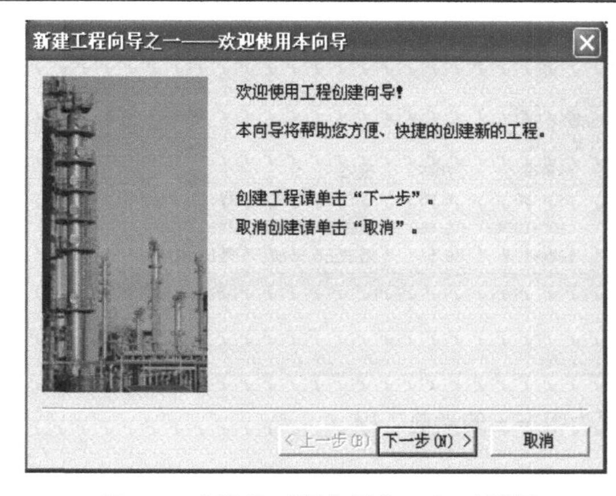

图 4-9　“新建工程向导之一”对话框

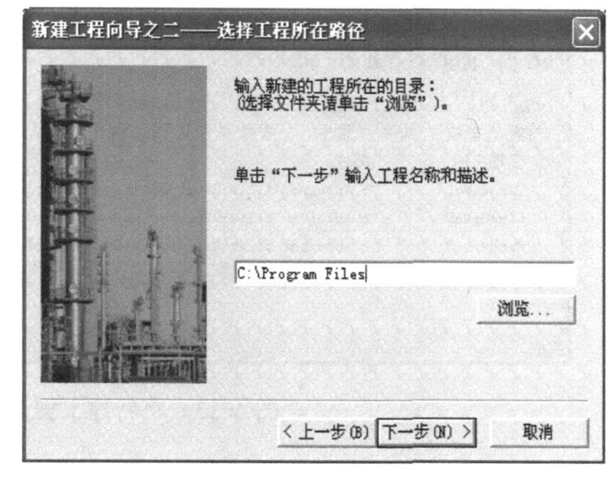

图 4-10　“新建工程向导之二”对话框

在“新建工程向导之二”对话框的文本框中输入新建工程的路径。如果输入的路径不存在，系统将自动提示用户。也可以单击“浏览”按钮，从弹出的路径选择对话框中选择工程路径或在弹出的路径选择对话框中直接输入路径。单击“下一步”按钮，将进入“新建工程向导之三”对话框，如图 4-11 所示。

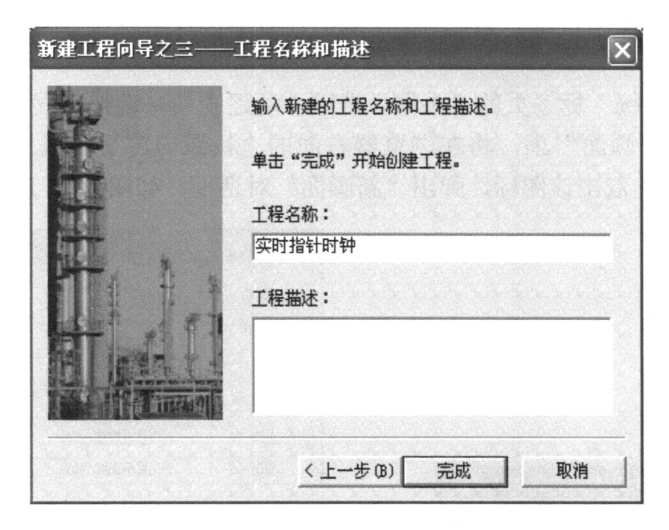

图 4-11　“新建工程向导之三”对话框

在“工程名称”文本框中输入新建工程的名称，名称的有效长度小于 32 个字符。在“工程描述”文本框中输入对新建工程的描述文本，描述文本的有效长度小于 40 个字符。单击“完成”按钮，将确认新建的工程，完成新建工程操作。

新建工程的路径是向导之二中指定的路径，在该路径下会以工程名称为目录建立一个文件夹。完成后弹出“是否将新建的工程设为当前工程？”对话框，如图 4-12 所示。单击“是”按钮，将新建的工程设置为组态王的当前工程，如图 4-13 所示；单击“否”按钮，不改变当前工程的设置。

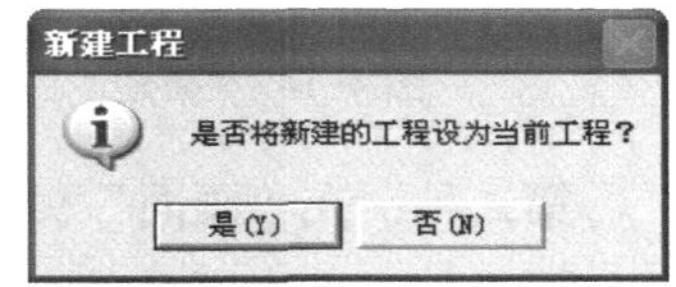

图 4-12　新建工程设定

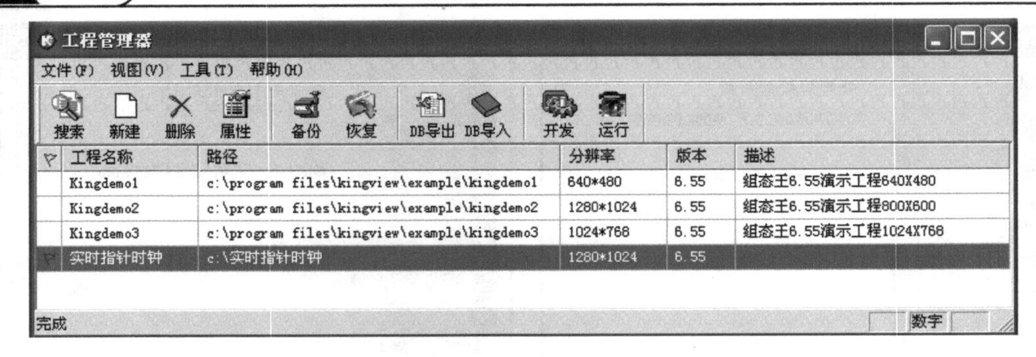

图 4-13　将新建工程设置为组态王的当前工程

完成以上操作后就可以新建一个组态王工程了。此处新建的工程在实际上并未真正创建成功，只是在用户给定的工程路径下设置了工程信息。当用户将此工程作为当前工程，并且切换到组态王开发环境时，才真正创建完工程。

4.3.2　制作画面

（1）使用工程管理器新建一个组态王工程后，进入工程浏览器，新建画面。新建画面的方法有 3 种。

第一种：在“系统”标签页的“画面”选项下新建画面。选择工程浏览器左边的“工程目录显示区”中的“画面”项，将在浏览器右面的“目录内容显示区”中显示“新建”图标，如图 4-14 所示。双击该图标，弹出“新画面”对话框，如图 4-15 所示。

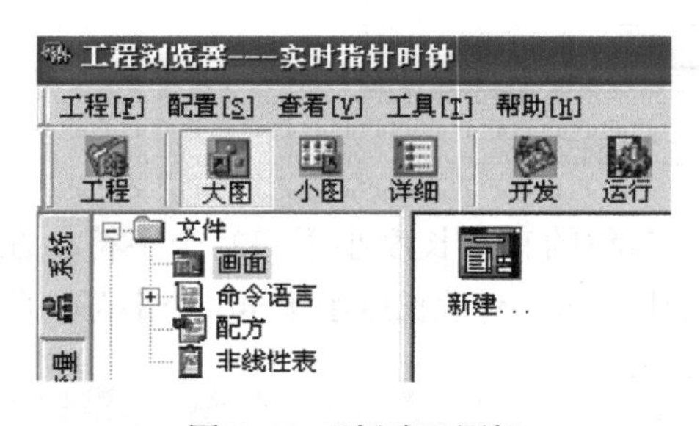

图 4-14　“新建”图标

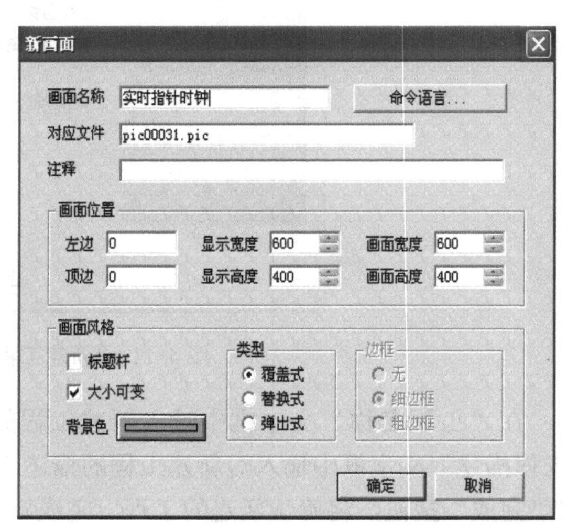

图 4-15　“新画面”对话框

第二种：在“画面”标签页中新建画面。

第三种：单击工具条上的“MAKE”按钮，或右击工程浏览器空白处，从显示的快捷菜单中选择“切换到 Make”命令，进入组态王“开发系统”。选择“文件”→“新画面”菜单命令，将弹出“新画面”对话框。

（2）设置画面名称为“实时指针时钟”。

① 系统标题。新建画面完毕后，双击该画面，进入画面编辑窗口，开始绘制画面。单击“工具箱”中的T图标，在画面顶端输入文本 “实时指针时钟”，利用“工具箱”中的图标设置系统标题的字体、字形及大小，利用“工具箱”中的图标设置标题文本的颜色。

② 时钟表盘。单击“工具箱”中的●图标，在画面上出现“十”字，拖动鼠标绘制一个大圆代表钟面。注意，使“工具箱”坐标后两项相等（宽和高）。再用同样的方法绘制一个实心小圆代表时钟中心，小圆要尽量小。

③ 时钟指针。单击“工具箱”中的⁄图标，在画面上出现“十”字，拖动鼠标绘制出一条直线，代表时钟的时针，用户可以利用“工具箱”中的≡图标设置直线的线形；再用同样的方法分别绘制出时钟的分针和秒针。三条直线的长短、粗细和颜色要求不同，可以更好地区分时、分、秒针。

④ 监控。时钟绘制完毕后，在时钟的旁边分别做出时、分、秒的监控。单击“工具箱”中的T图标，在时钟旁边的适当位置输入文本“监控时：”，在旁边再加一个文本“##”，再用同样的方法分别做出“监控分：”和“监控秒：”。

⑤ 圆心坐标计算。选中大圆，根据“工具箱”底部文本框中的坐标值计算其圆心坐标，其中 x 坐标=圆的左边界+宽/2；y 坐标=圆的上边界+高/2。例如，根据图 4-4 所示的大圆坐标，计算出大圆中心为 490（x 坐标=240+500/2）和 400（y 坐标=150+500/2），将实心小圆放置于大圆的中心处。

⑥ 时钟刻度及数字。单击“工具箱”中的⁄图标，根据大圆的中心坐标值，画出 3 点、9 点、6 点及 12 点的刻度，再根据平分原则画出其他刻度，添加数字，如图 4-16 所示。

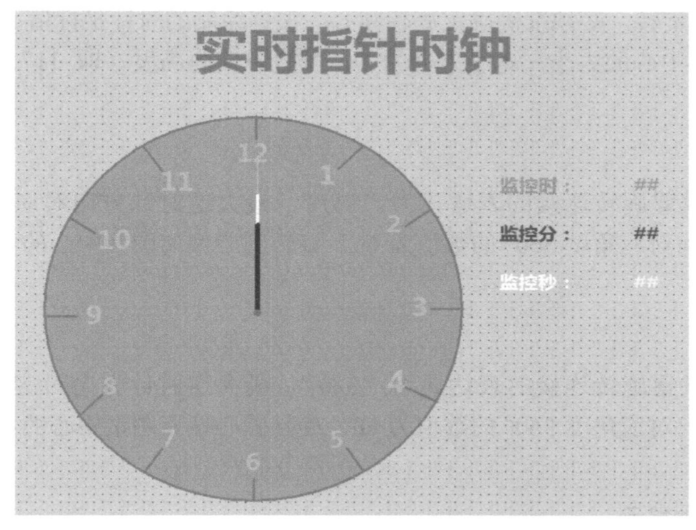

图 4-16　实时指针时钟画面

4.3.3　定义变量

在数据词典里定义“时针”变量，定义其类型为内存实型，如图 4-17 所示。

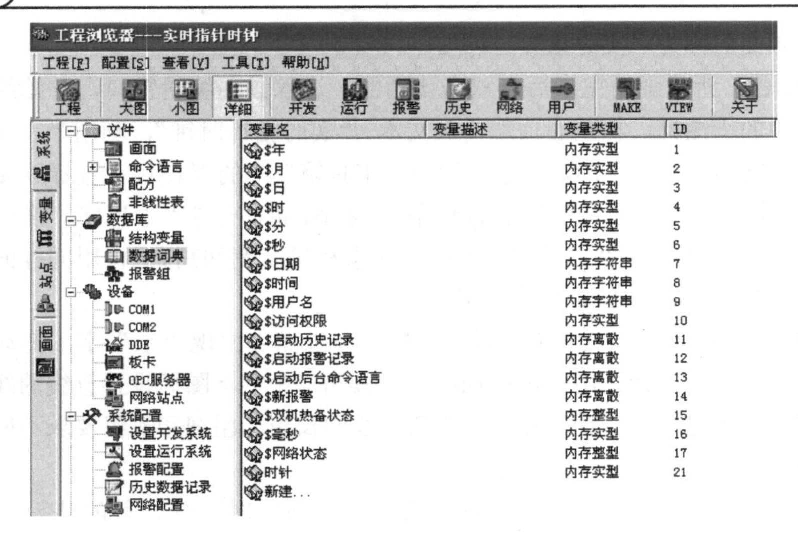

图 4-17 定义“时针”变量

4.3.4 动画连接

1．时针

双击时针，弹出“动画连接”对话框，选择“旋转”属性，如图 4-18 所示，设置旋转连接的表达式为“时针”，最大逆时针方向对应角度为 0° 时对应数值为 0，最大顺时针方向对应角度为 360° 时对应数值为 12。旋转连接后，图素的旋转中心默认为图素中心。要让指针绕着指针的一端旋转，必须准确确定旋转圆心。根据绘制的时针坐标值（见图 4-18）计算旋转圆心偏离图素中心的大小：水平方向为 0；垂直方向为高度（即 117）的一半，近似为 59（不能取小数）。

2．分针

双击分针，设置旋转连接的表达式为“$分”，最大逆时针方向对应角度 0° 的数值为 0，最大顺时针方向对应角度 360° 的数值为 60，旋转圆心偏离图素中心的大小为 76（152 的一半）。

3．秒针

双击秒针，设置旋转连接的表达式为“$秒”，最大逆时针方向对应角度 0° 的数值为 0，最大顺时针方向对应角度 360° 的数值为 60，旋转圆心偏离图素中心的大小为 96（192 的一半）。

4．时、分、秒显示

双击“监控时：”后面的“##”，弹出“动画连接”对话框，选择“模拟值输出”，设置表达式为“$时”，其他选项为默认值，如图 4-19 所示。同理，双击“监控分：”后面的“##”，设置模拟值输出连接的表达式为“$分”，其他选项为默认值；双击“监控秒：”后面的“##”，设置模拟值输出连接的表达式为“$秒”，其他选项为默认值。

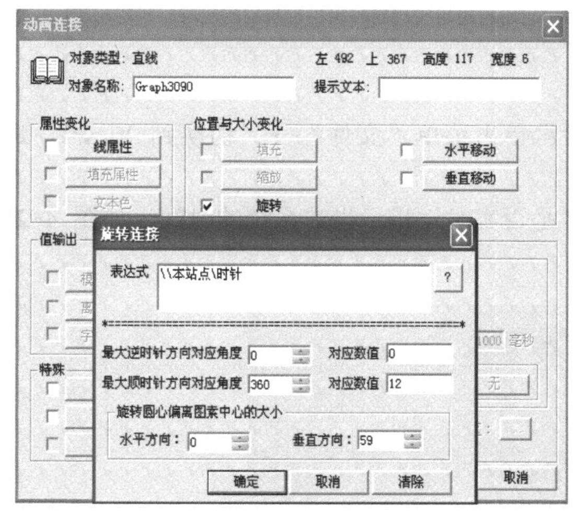

图 4-18 时针的旋转连接设置

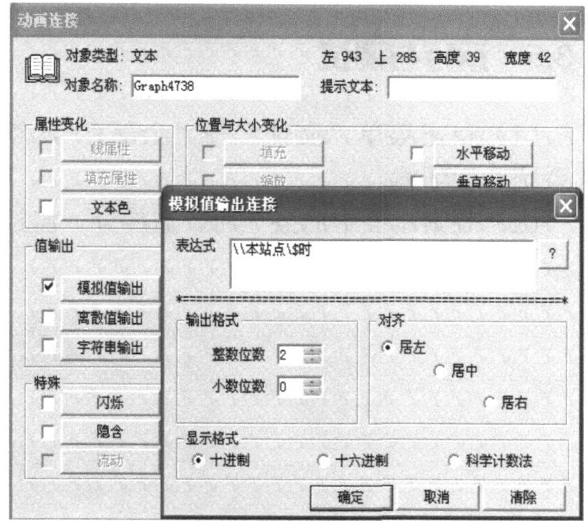

图 4-19 “监控时：”的模拟值输出连接

5. 编写画面命令语言

画面命令语言就是与画面显示与否有关系的命令语言程序。画面命令语言定义在画面属性中。打开一个画面，选择菜单“编辑”→“画面属性”，或用鼠标右键单击画面，在弹出的快捷菜单中选择“画面属性”菜单项，或按下〈Ctrl〉+〈W〉键，打开画面属性对话框，在对话框中单击“命令语言…”按钮，弹出“画面命令语言”编辑器，如图 4-20 所示。

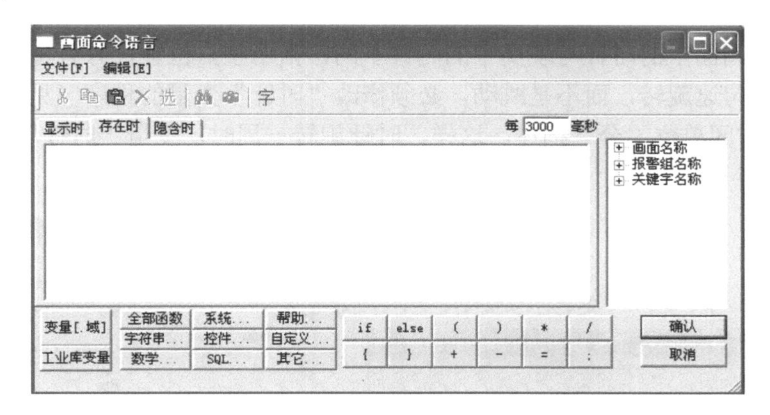

图 4-20 “画面命令语言”编辑器

变量“$时”的变化范围是 0～24，而时针是 12 小时转一周，因此，需要编写变量“$时”与中间变量“时针”的变换关系程序：

存在时：

```
if ($时<=12)
  {时针=$时; }
else
  {时针=$时-12; }
```

4.3.5 运行与调试

（1）单击菜单“文件”→“全部存”，然后再单击菜单“文件”→“切换到 View”，进入系统运行环境。

（2）观察画面中的监控时、监控分、监控秒是否实时地指示当前系统的时间，如图 4-21 所示。

图 4-21 实时指针运行画面

（3）运行时画面中的时针与现实中的时钟不同，指示整点位置，并且每一小时跳动一个刻度。要让时针匀速旋转，而不是跳动，必须修改“时针”变量的程序（见图 4-22），即将“时针”变量用时间单位“分”描述，这样，时针旋转一周时，变量“时针”的数值由 0 变化到 720，如图 4-23 所示。

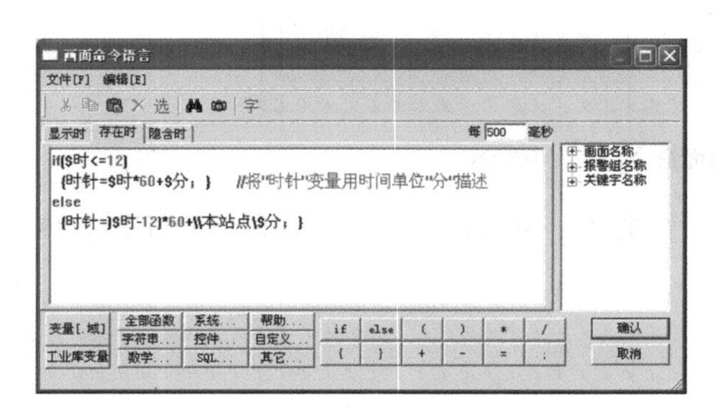

图 4-22 时针匀速旋转的画面命令语言

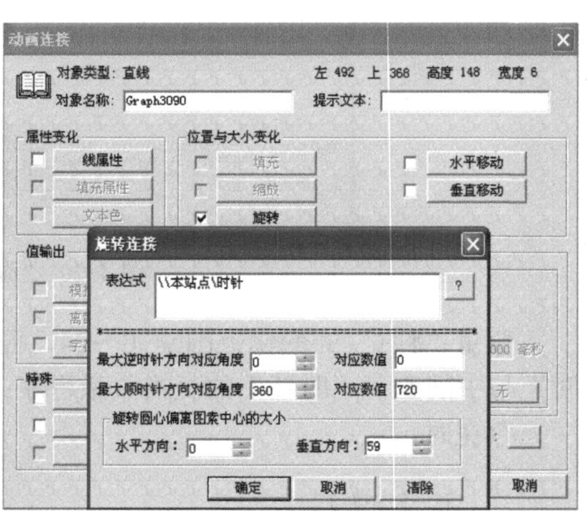

图 4-23 时针匀速旋转的实现

4.4 项目考核

评分内容	分值	评分标准	扣分	得分
软件使用	20	工程建立（5 分）		
		画面的制作（5 分）		
		工具箱使用（5 分）		
		系统变量的掌握（5 分）		
新知识掌握	40	旋转动画连接的设置（10 分）		
		画面属性命令语言的编程（10 分）		
		水平移动动画连接的设置（10 分）		
		垂直移动动画连接的设置（10 分）		
功能实现	40	实时指针时钟的时针运行显示（10 分）		
		实时指针时钟的分针运行显示（10 分）		
		实时指针时钟的秒针运行显示（10 分）		
		实时指针时钟的时针匀速运行显示（10 分）		

项目 5

温度控制系统的组态软件设计

5.1 温度控制系统的项目任务

制作一个温度显示仪表，温度值随着虚拟仪器设备的输出值发生变化，变化范围为 0～200℃；系统有报警指示功能，当温度值低于 180℃时，报警灯以绿色显示，当温度值超过 180℃时，报警灯变为红色并闪烁。

5.2 知识储备

5.2.1 闪烁动画连接

闪烁连接是使被连接对象在条件表达式的值为真时闪烁。闪烁效果易于引起注意，因此常用于出现非正常状态时的报警。

闪烁动画连接的设置方法是：双击图形对象，弹出“动画连接”对话框，在该对话框中单击“闪烁”按钮，弹出“闪烁连接”对话框，如图 5-1 所示。

该对话框中各项设置的意义如下。

闪烁条件：输入闪烁的条件表达式，当表达式的值为真时，与变量关联的图形对象开始闪烁；当表达式的值为假时，闪烁自动停止。单击右侧的“?”按钮可以查看已定义的变量名和变量域。

闪烁速度：设置闪烁的频率。

5.2.2 填充属性动画连接

填充属性连接使图形对象的填充颜色和填充类型随连接表达式的值的改变而改变，通过定义一些分段点（包括阈值和对应填充属性），使图形对象的填充属性在一段数值内为指定值。

“填充属性”动画连接的设置方法为：在“动画连接”对话框中选择“填充属性”按钮，弹出的对话框如图 5-2 所示。

表达式：用于输入连接表达式。单击右侧的“?”按钮可以查看已定义的变量名和变量域。

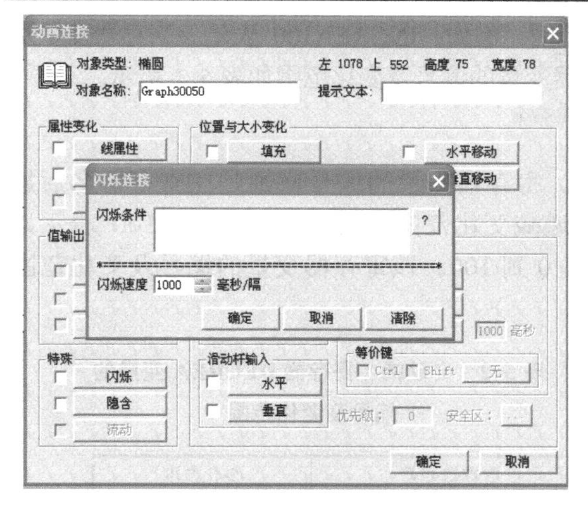

图 5-1 “闪烁连接”对话框

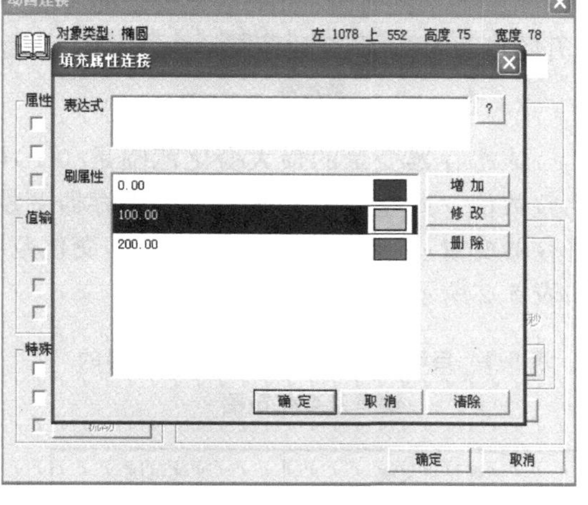

图 5-2 “填充属性连接”对话框

刷属性：图 5-2 中的设置含义为阈值为 0 时填充属性为红色，阈值为 100 时填充颜色为黄色，阈值为 200 时填充颜色为绿色。画面程序运行时，当“表达式”的值在 0 至 100 之间时，图形对象为红色；在 100 至 200 之间时为黄色；当变量值大于 200 时，图形对象为绿色。

增加：单击该按钮增加新的分段点。

单击“增加”按钮弹出“输入新值”对话框，如图 5-3 所示。

在“输入新值”对话框中输入新的分段点的阈值和画刷属性，用鼠标左键单击“画刷属性”→“类型”按钮弹出“画刷类型”漂浮式窗口，移动鼠标进行选择；用鼠标左键单击“画刷属性”→“颜色”按钮弹出“画刷颜色”漂浮式窗口，用法与“画刷属性”→“类型”选择相同。

修改：修改选中的分段点，修改对话框用法与“输入新值”对话框相同。

删除：删除选中的分段点。

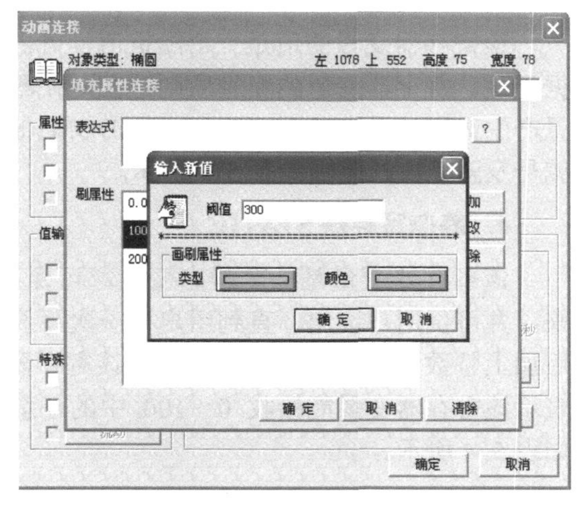

图 5-3 “输入新值”对话框

5.2.3 仿真 PLC 设备

程序在实际运行中是通过 I/O 设备和下位机交换数据的，当程序在调试时，可以使用仿真 I/O 设备模拟下位机向画面程序提供数据，为画面程序的调试提供方便。组态王提供了一个仿真 PLC 设备，用来模拟实际设备向程序提供数据，供用户调试。仿真 PLC 提供了 INCREA、DECREA、RADOM、STATIC、CommErr 和 STRING 寄存器六种类型的内部寄存器。

1. 自动加 1 寄存器 INCREA

该寄存器变量的最大变化范围是 0～1000。寄存器变量的编号原则是在寄存器名后加上整数值，此整数值同时表示该寄存器变量的递增变化范围。例如，INCREA100 表示该寄存器变量从 0 开始自动加 1，其变化范围是 0 到 100。该寄存器变量的编号及变化范围如表 5-1 所示。

2．自动减 1 寄存器 DECREA

该寄存器变量的最大变化范围是 0～1000。寄存器变量的编号原则是在寄存器名后加上整数值，此整数值同时表示该寄存器变量的递减变化范围。例如，DECREA100 表示该寄存器变量从 100 开始自动减 1，其变化范围是 0 到 100。该寄存器变量的编号及变化范围如表 5-2 所示。

表 5-1　自动加 1 寄存器 INCREA 变量的编号及变化范围

寄存器变量	变化范围
INCREA1	0～1
INCREA2	0～2
⋮	⋮
INCREA1000	0～1000

表 5-2　自动减 1 寄存器 DECREA 变量的编号及变化范围

寄存器变量	变化范围
DECREA1	0～1
DECREA2	0～2
⋮	⋮
DECREA1000	0～1000

3．随机寄存器 RADOM

该寄存器变量的值是一个随机值，可供用户读出。此变量是一个只读型，用户写入的数据无效。寄存器变量的编号原则是在寄存器名后加上整数值，此整数值同时表示该寄存器变量产生数据的最大范围。例如，RADOM100 表示随机值的范围是 0～100。该寄存器变量的编号及随机值的范围如表 5-3 所示。

4．静态寄存器 STATIC

该寄存器变量是一个静态变量，可保存用户下发的数据，当用户写入数据后就保存下来，并可供用户读出，直到用户再一次写入新的数据。寄存器变量的编号原则是在寄存器名后加上整数值，此整数值同时表示该寄存器变量能存储的最大数据范围。例如，STATIC100 表示该寄存器变量能接收 0～100 中的任意一个整数。该寄存器变量的编号及接收数据范围如表 5-4 所示。

表 5-3　随机寄存器 RADOM 变量的编号及变化范围

寄存器变量	随机值的范围
RADOM1	0～1
RADOM2	0～2
⋮	⋮
RADOM1000	0～1000

表 5-4　静态寄存器 STATIC 变量的编号及变化范围

寄存器变量	接收数据范围
STATIC1	0～1
STATIC2	0～2
STATIC3	0～3
⋮	⋮
STATIC1000	0～1000

5．CommErr 寄存器

该寄存器变量为可读写的离散变量，用来表示组态王与设备之间的通信状态。

CommErr=0 表示通信正常；CommErr=1 表示通信故障。用户通过控制 CommErr 寄存器的状态来控制运行系统与仿真 PLC 通信，将 CommErr 寄存器置为打开状态时中断通信，置为关闭状态后恢复运行系统与仿真 PLC 之间的通信。

6．STRING 寄存器

该寄存器变量的值是一个字符串，只读类型。该寄存器的编号范围为 1～2。字符串值形式为“hello：数字－数字”，“数字”值自动加 1。

5.3 项目实施

5.3.1 新建工程

单击桌面的“组态王”图标，弹出“工程管理器”对话框，单击“新建”按钮，弹出“新建工程向导之一”对话框，按照向导输入工程路径和工程名称，完成工程建立后，组态王在指定路径下出现一个“温度控制系统”工程，如图 5-4 所示，以后进行的组态工作的所有数据都存储在这个目录中。

工程管理器

文件(F)　视图(V)　工具(T)　帮助(H)

搜索　新建　删除　属性　备份　恢复　DB导出　DB导入　开发　运行

工程名称	路径	分辨率	版本	描述
Kingdemo1	c:\program files\kingview\example\kingdemo1	640*480	6.55	组态王6.55演示工程640X480
Kingdemo2	c:\program files\kingview\example\kingdemo2	800*600	6.55	组态王6.55演示工程800X600
Kingdemo3	c:\program files\kingview\example\kingdemo3	1024*768	6.55	组态王6.55演示工程1024X768
温度控制系统	c:\documents and settings\administrator\桌面...	0*0	0	

完成

图 5-4　工程管理器中的“温度控制系统”

5.3.2 制作画面

双击工程管理器中新建的“温度控制系统”工程进入“工程浏览器”。单击“工程浏览器”左边的“工程目录显示区”中的“画面”项，此时右面的“目录内容显示区”中显示“新建”图标，用鼠标双击该图标，弹出“新画面”对话框，在画面名称中输入“温度控制”，如图 5-5 所示，单击“确定”按钮完成新建画面。

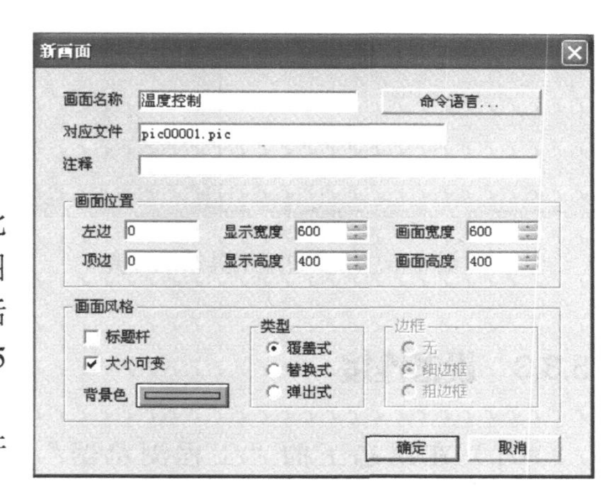

图 5-5　“新画面”对话框

双击“温度控制”画面，进入开发系统，开始绘制画面。

1．画面标题

选择工具箱上的“文本”图标T，输入“温度控制系统”，选中文本后，单击工具箱中的“字体”图标，将文本更改为“宋体”、“常规”、“初号”，也可以自行更改成其他字体。

2．温度控制仪表外壳

选择工具箱上的“多边形”图标，绘制三个封闭的平面，按住〈Ctrl〉键一次选中三个封闭的平面，单击工具箱中的“调色板”工具，弹出调色板工具条，选择“淡蓝色”填充封闭图形，效果如图5-6所示，也可以自行更改其他的颜色。

用鼠标拖动或使用键盘上的〈PgUp〉键、〈PgDn〉键、〈Home〉键、〈End〉键移动三个封闭的平面，将三个平面组合成箱子外壳形状。

3．当前温度显示

单击工具箱中的“文本”图标T，输入“当前温度”，选择工具箱上的“圆角矩形”图标，在外壳的正前面绘制一个小矩形，在矩形框内用“文本”图标T输入文本“#####”，用于温度显示。

4．报警指示灯

单击工具箱中的“椭圆形”图标，绘制圆形图素代表报警灯，使用“调色板”工具设置填充颜色为绿色，“温度控制系统”画面的总体效果如图5-7所示。

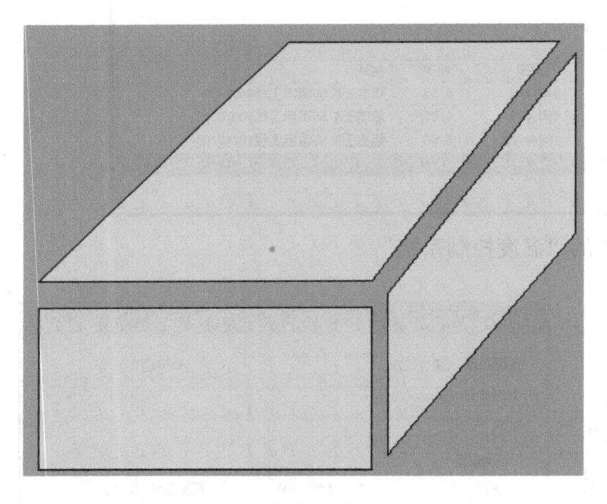

图5-6 用多边形工具绘制外壳

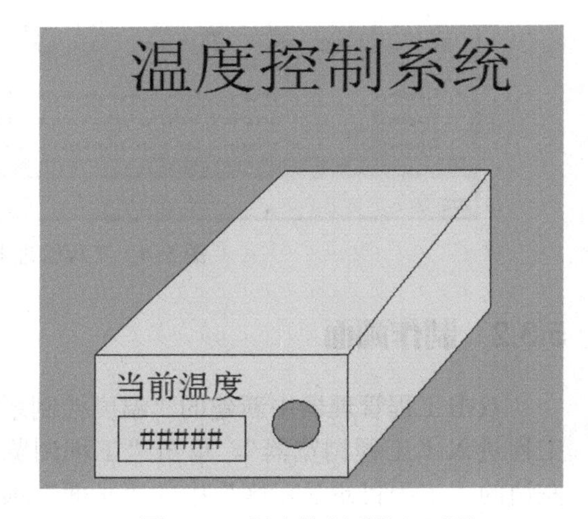

图5-7 “温度控制系统”画面

5.3.3 设备连接

（1）在组态王的“工程浏览器”左边的工程目录中选择“设备”下的成员名“COM1”，然后在右边的目录内容中用鼠标左键双击“新建”图标，弹出“设备配置向导”对话框，选择“PLC→亚控→仿真PLC→COM”，如图5-8所示。

（2）单击“下一步”按钮，则弹出“设备配置向导——逻辑名称”对话框，为仿真PLC

设备输入逻辑名称，这里定义成“亚控仿真 PLC”，如图 5-9 所示。

图 5-8　“设备配置向导”对话框

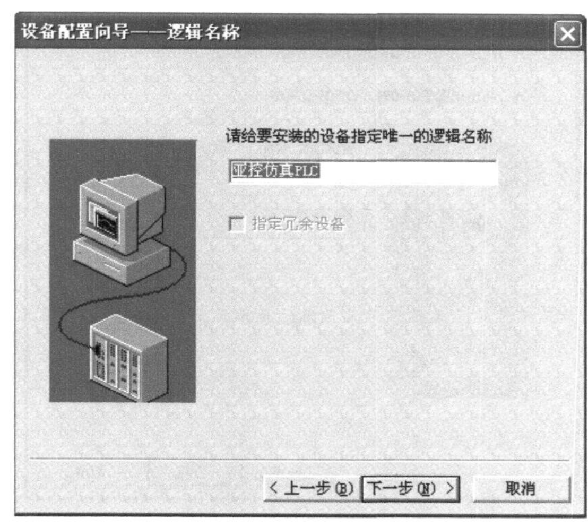

图 5-9　输入仿真 PLC 名称

（3）单击“下一步”按钮，则弹出“设备配置向导——选择串口号”对话框，在下拉式列表框中列出了 32 个串口设备（COM1～COM32）供用户选择，仿真 PLC 设备并不使用计算机的 COM 口，因此可随意选择一个串口，这里选择 COM2（见图 5-10）。但如果使用真实的 PLC 设备，则必须选择 PLC 设备与计算机真正连接的串口。

（4）单击“下一步”按钮，则弹出“设备配置向导——设备地址设置指南”对话框，输入仿真 PLC 设备的地址，如图 5-11 所示，当连接多个设备时，地址必须是唯一的。

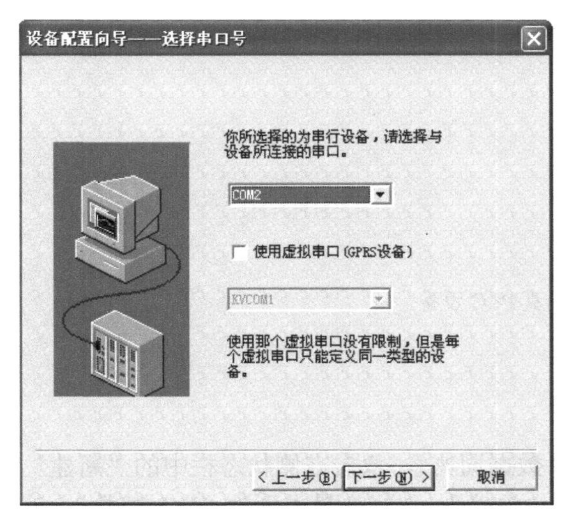

图 5-10　仿真 PLC 串口号选择

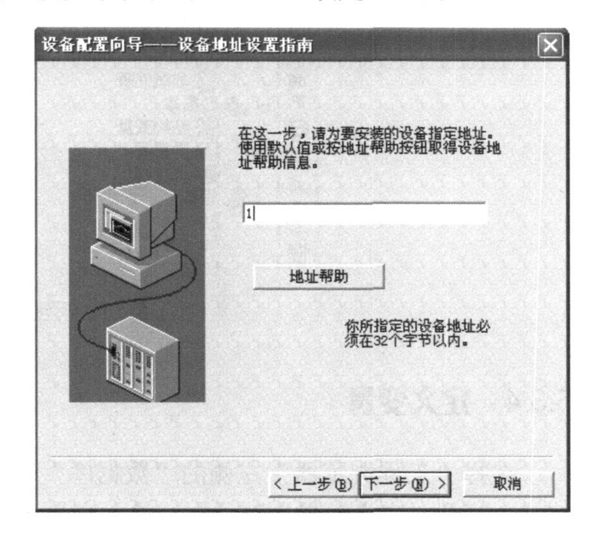

图 5-11　仿真 PLC 地址设置

（5）单击“下一步”按钮，则弹出“设备配置向导——通信参数”对话框，参数为默认值，如图 5-12 所示。

（6）单击“下一步”按钮，则弹出“设备配置向导——信息总结”对话框，显示用户设置的设备信息，如图 5-13 所示。

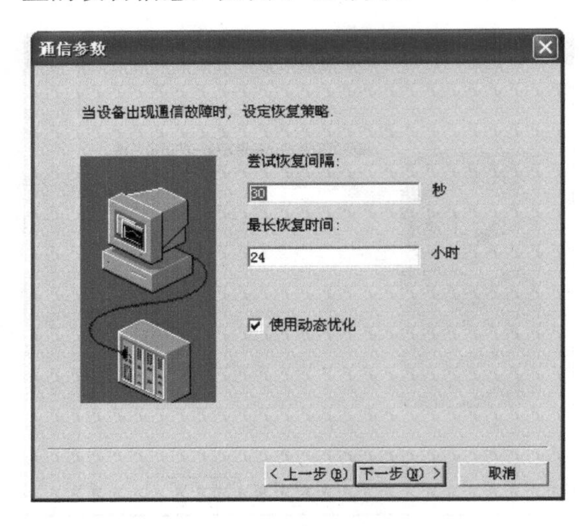

图 5-12　通信参数设置

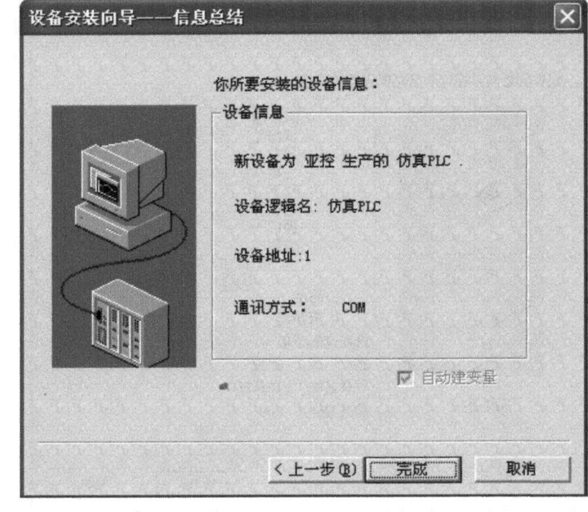

图 5-13　设备配置信息总结

单击“完成”按钮，则设备安装完毕，单击工程浏览器左侧的“设备”→“COM2”之后，在右侧的工作区中会看到新建的“亚控仿真 PLC”设备，如图 5-14 所示。

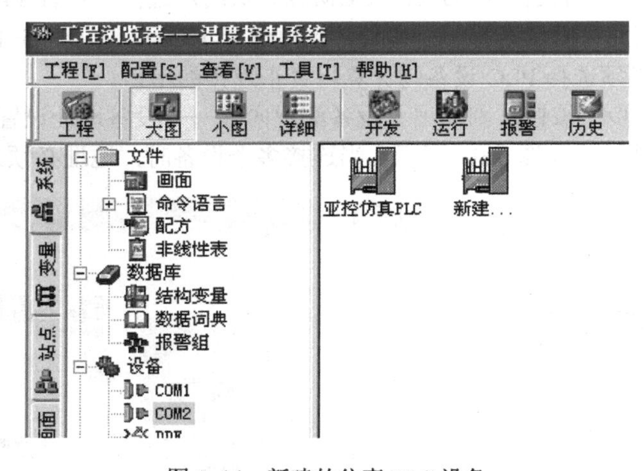

图 5-14　新建的仿真 PLC 设备

5.3.4　定义变量

选择“工程浏览器”左侧的“数据库”→“数据词典”，双击右侧状态栏中的“新建”按钮，打开“定义变量”对话框，输入变量名称“温度”，选择变量类型为“I/O 整数”，连接设备选择已定义的“亚控仿真 PLC”，寄存器选择“INCREA”，在“INCREA”的后面单击鼠标用键盘输入“200”，数据类型选择“SHORT”，如图 5-15 所示。通过这种定义变量的方式，将系统变量与仿真 PLC 寄存器联系到一起，温度最小值为 0，每 500 毫秒增加 1，最大值增加到 200。

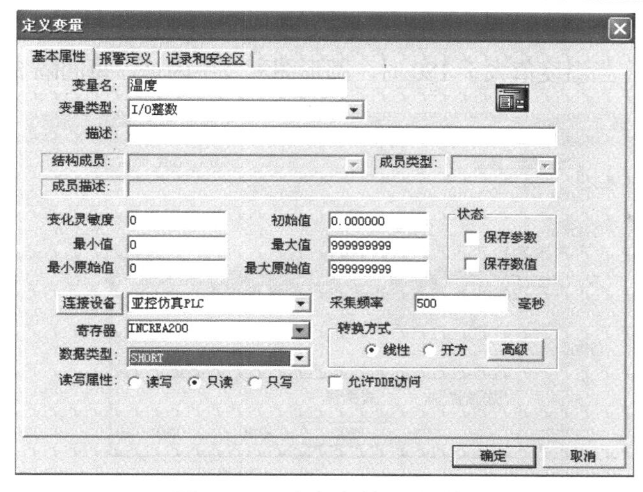

图 5-15 “定义变量”对话框

5.3.5 动画连接

1．显示当前温度

双击文本“#####”，弹出“动画连接”对话框，单击“模拟值输出”动画连接，弹出“模拟值输出连接”对话框，如图 5-16 所示，选择表达式为“温度”。该变量名称可以手动输入，也可以通过单击“?”从本站点变量中选择。

2．温度超限报警功能实现

这里的温度报警是通过手动绘制的圆形图素闪烁及颜色填充变化来实现的。双击画面中绿色的报警灯，弹出“动画连接”对话框，选择“填充属性”按钮，弹出“填充属性连接”对话框（见图 5-17），表达式选择变量“温度”，阈值为 0 时填充属性为绿色，阈值为 180 时为红色。设置结束后切换到运行系统，当温度值在 0～180 之间时，圆形图素为绿色；当温度值>180 时，圆形图素为红色。

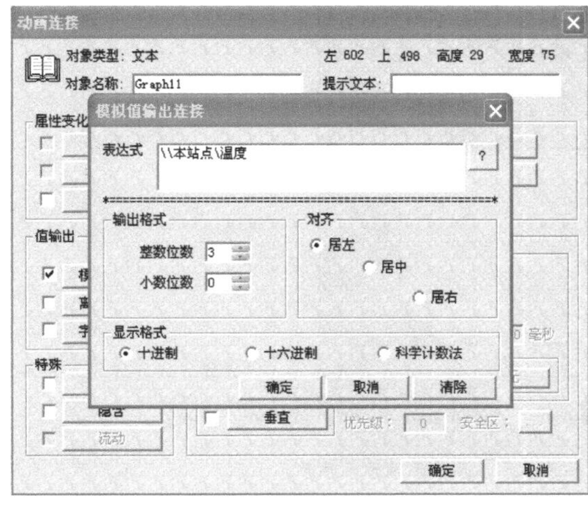

图 5-16 “模拟值输出连接”对话框

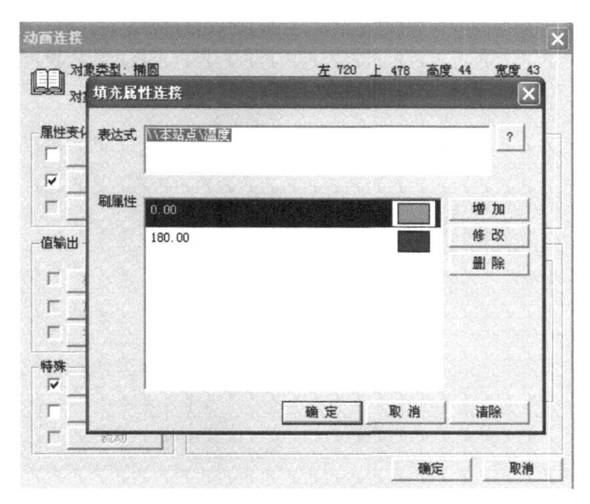

图 5-17 填充属性动画连接设置

在“动画连接”对话框中单击“闪烁”按钮，弹出“闪烁连接”对话框，如图 5-18 所示，对闪烁条件进行设置。当温度值大于 180 时，圆形图素发生闪烁，每间隔 500 毫秒闪烁一次。

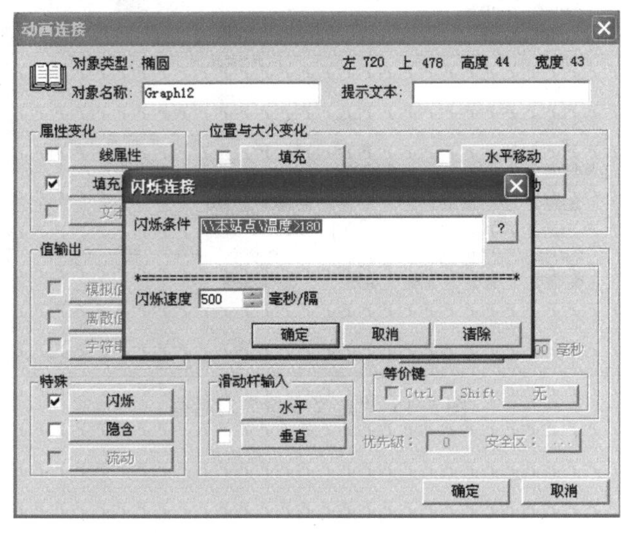

图 5-18 “闪烁连接”对话框

5.3.6 运行与调试

1. 启动画面设置

单击工程浏览器菜单“配置”→“运行系统”，弹出“运行系统设置”对话框，选中“主画面配置”选项页，选择“温度控制”作为主画面。

2. 运行调试

单击菜单“文件”→“全部存”，再单击“文件”菜单中的“切换到 view”或用鼠标右键单击画面，弹出快捷菜单，选择“切换到 view”，进入运行系统界面，如图 5-19 所示。

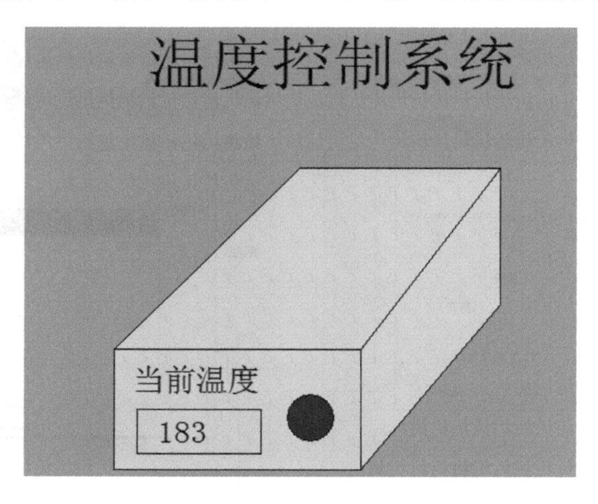

图 5-19 温度控制系统运行画面

（1）观察系统是否能够显示输出具体温度值。

（2）观察温度值变化是否由 0 增加到 200，每次加 1。

（3）观察当温度值小于 180 时，报警灯是否为绿色并常亮；当温度值大于 180 时，报警灯是否变为红色并闪烁。

5.4 项目考核

评分内容	分值	评分标准	扣分	得分
软件使用	20	工程建立（5 分）		
		画面的制作（5 分）		
		工具箱使用（5 分）		
		切换到运行界面（5 分）		
新知识掌握	40	仿真 PLC 设备定义（10 分）		
		IO 变量定义（10 分）		
		闪烁动画连接（10 分）		
		填充属性动画连接（10 分）		
功能实现	40	画面绘制（10 分）		
		显示当前温度值（10 分）		
		报警灯显示（绿色常亮）（10 分）		
		报警灯显示（红色闪烁）（10 分）		

项目 6

物料传送系统的组态软件设计

6.1 物料传送系统的项目任务

制作一个物料传送系统，按下开始传送按钮时，物料开始移动，当移到传送带的末端时消失，按下停止传送按钮时，物料停止移动。

6.2 知识储备

6.2.1 水平移动动画连接

组态王提供可视化动画连接向导供用户使用，该向导的动画连接包括水平移动、垂直移动、旋转、滑动杆水平输入、滑动杆垂直输入 5 个部分。使用可视化动画连接向导，可以简单、精确地定位图素动画的中心位置、移动起止位置和移动范围等。

水平移动动画连接的设置方法如下。

（1）在画面上绘制水平移动的图素，如矩形。

（2）选中该图素，选择菜单命令“编辑”→“水平移动向导”，或选中矩形后单击鼠标右键，在弹出的快捷菜单中选择“动画连接向导”→“水平移动连接向导”命令，鼠标形状变为小“+”字形。

（3）选择图素水平移动的起始位置，单击鼠标左键，鼠标形状变为白色向左的箭头，表示当前定义的是运行时图素由起始位置向左移动的距离。水平移动鼠标，箭头随之移动。

（4）当鼠标箭头向左移动到左边界后（见图 6-1），单击鼠标左键，鼠标形状变为白色向右的箭头，表示当前定义的是运行时图素由起始位置向右移动的距离。水平移动鼠标，箭头随之移动，并画出一条移动轨迹线（见图 6-2）。当到达水平移动的右边界时，单击鼠标左键，弹出“水平移动连接”对话框，如图 6-3 所示。

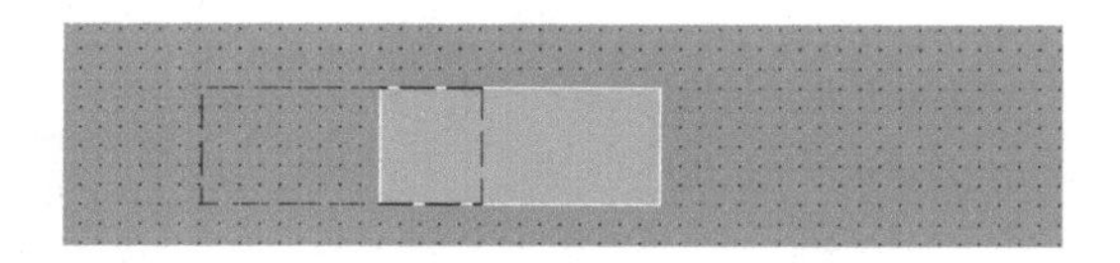

图 6-1　水平移动的左边界

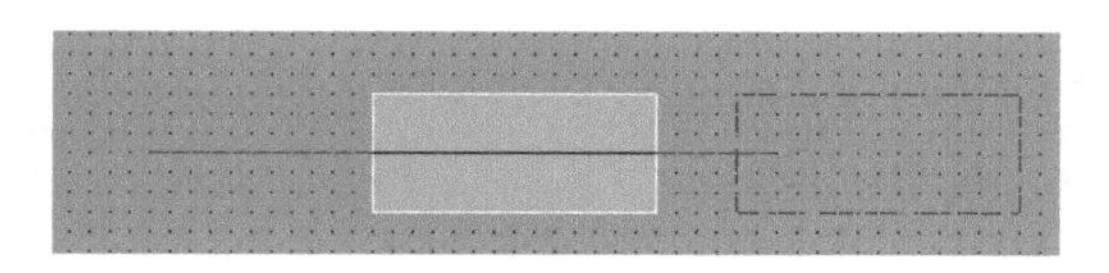

图 6-2　水平移动的右边界

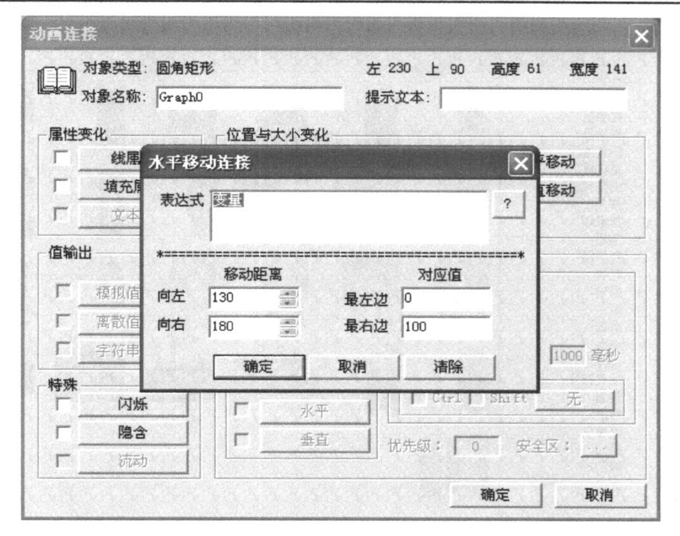

图 6-3 “水平移动连接”对话框

在“表达式”文本框中输入变量或单击右侧的“？”按钮选择变量。“移动距离”中的“130”和“180”即为利用向导建立动画连接产生的位移，用户也可以根据需要修改该项。单击“确定”按钮，完成动画连接。

用户也可以双击矩形，弹出“动画连接” 对话框，选择水平移动，直接弹出“水平移动连接”对话框进行设置。

6.2.2 隐含连接

隐含连接是使被连接对象根据条件表达式的值而显示或隐含。

隐含连接的设置方法是：在“动画连接”对话框中单击“隐含”按钮，弹出“隐含连接”对话框，如图 6-4 所示。

该对话框中各项设置的含义如下。

1．条件表达式

输入显示或隐含的条件表达式。单击右侧的“?”按钮可以查看已定义的变量名和变量域。

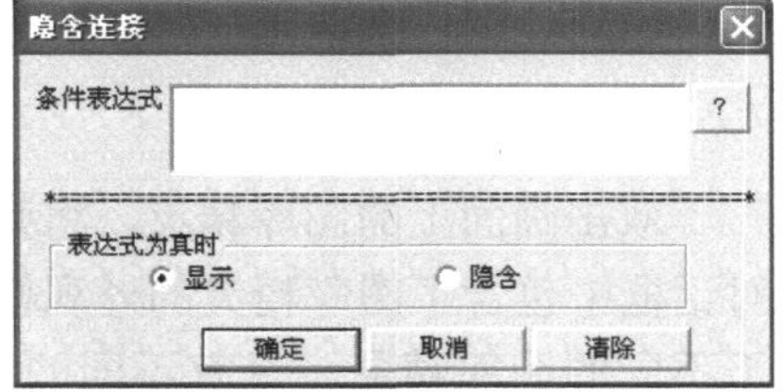

图 6-4 “隐含连接”对话框

2．表达式为真时

规定当条件表达式值为 1（TRUE）时，被连接对象是显示还是隐含；当表达式的值为假时，定义了“显示”状态的对象自动隐含，定义了“隐含”状态的对象自动显示。

6.2.3 图库

图库是指组态王中提供的已制作成型的图素组合。图库中的每个成员称为“图库精灵”。组态王为了便于用户更好地使用图库，提供了图库管理器。图库管理器集成了图库管理的操作，在统一的界面上，完成“新建图库”、“更改图库名称”、“加载用户开发的精灵”和“删除图库精灵”。单击组态王工具箱中的图标，弹出“图库管理器”对话框，如图 6-5 所示。

图 6-5 “图库管理器”对话框

图库中的元素称为“图库精灵”。之所以称为“精灵”，是因为它们具有自己的“生命”。图库精灵在外观上类似于组合图素，但内嵌了丰富的动画连接和逻辑控制，工程人员只需把它们放在画面上，做少量的文字修改，就能动态控制图形的外观，同时能完成复杂的功能。

可以在图库管理器中选择需要的精灵。如果在开发过程中图库管理器被隐藏，请选择菜单“图库”→“打开图库”或按 F2 键激活图库管理器。

1. 在画面上放置图库精灵

在图库管理器窗口内用鼠标左键双击所需要的精灵，鼠标变成直角形。移动鼠标至画面上的适当位置，单击鼠标左键，图库精灵就复制到画面上了。此时可以任意移动、缩放精灵，如同处理一个单元一样。

2. 图库精灵属性设置

双击画面上的图库精灵，将弹出改变图形外观和定义动画连接的“属性向导”对话框。对话框中包含了图库精灵的外观修改、动作、操作权限、与动作连接的变量等各项设置，对于不同的图库精灵，具有不同的属性向导界面。用户只需要输入变量名，合理调整各项设置，就可以设计出符合自己使用要求的个性化图形。例如，指示灯的属性设置对话框如图 6-6 所示。

在属性向导中，“变量名”一项要求输入工程人员实际使用的变量名，该变量必须是已经在数据库中定义过的。为减少文字输入量，可单击右侧的“？”按钮，在弹出的“变量选择”对话框中选择所需的变量名。需要注意，“变量名”使用的变量必须符合图库精灵已经定义好的变量类型。

6.2.4 按钮

工具箱中的按钮是绘图菜单命令的快捷方式，与菜单“工具”→“按钮”效果相同，输入按钮文本请选择菜单“工具”→“按钮文本”。

在画面中可以制作一个按钮，双击进入“动画连接”对话框，单击“按下时”或“弹起时”，可以输入命令语言，实现相应的按钮功能，如图 6-7 所示。

图 6-6　指示灯的属性设置

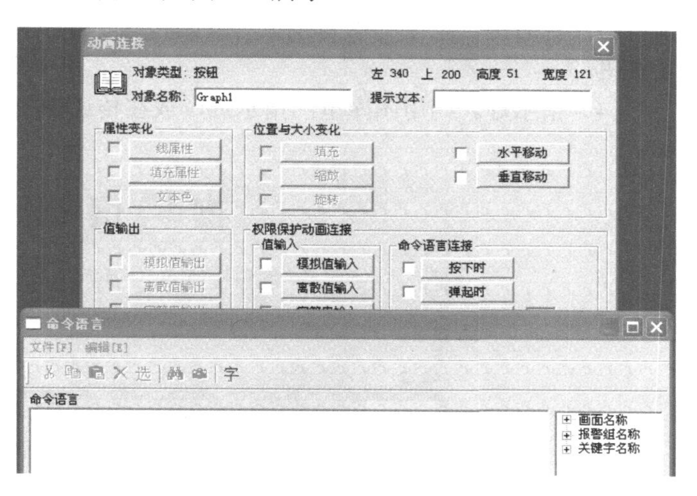

图 6-7　“动画连接”对话框

6.3　项 目 实 施

6.3.1　新建工程

单击桌面上的“组态王”图标，弹出“工程管理器”对话框，单击“新建”按钮，按照向导输入工程路径和工程名称，完成工程建立后，组态王在指定路径下出现一个“物料传送系统”工程。

6.3.2　制作画面

新建画面，命名为“物料传送系统的制作”。新建画面完毕后，双击该画面，进入画面编辑窗口，开始绘制画面。

1．系统标题

单击“工具箱”中的“文本”图标 T，在画面顶端输入文本　“物料传送”，作为画面的系统标题。

2．传送带系统

（1）传送带制作。单击“工具箱”中的“圆角矩形”图标■，在画面上出现一个“小十字花”，用鼠标拖动在画面上画出一个长方矩形；选中该矩形，单击“工具箱”的“显示调色板”图标，选择蓝色为传送带的颜色，再单击“工具箱”的“过渡色类型”图标，弹出对话框，选择第三行第四个过渡色，让矩形更贴近传送带。

（2）物料制作。单击“工具箱”中的“圆角矩形”图标■，在画面上画出一个小长方矩形，选中该矩形，将物料颜色设为黄色，然后将物料放到传送带的最左端。

（3）按钮。单击“工具箱”中的“按钮”图标，绘制两个按钮，放到画面的底端，分别单击鼠标右键，把字符串替换成“开始传送”和“停止传送”，作为物料传送或停止的控制按钮。

（4）指示灯。调用图库里的指示灯，放在传送带的上面，指示物料运行情况，如图 6-8 所示。

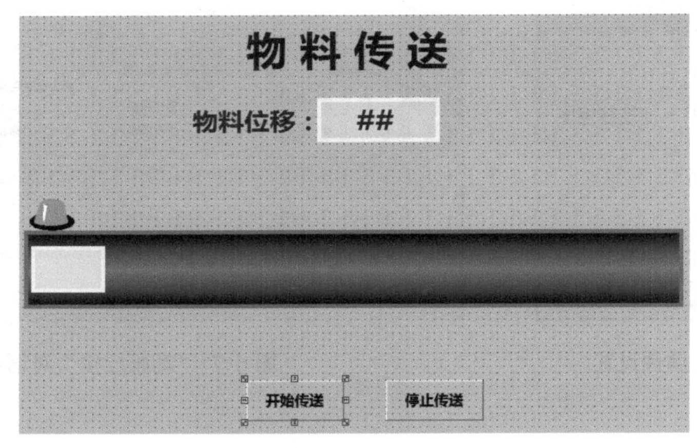

图 6-8 “物料传送系统”的画面制作

6.3.3 定义变量

在数据词典里分别定义物料位移、开始传送和停止传送变量，其中物料位移为内存实型；开始传送和停止传送为内存离散型，如图 6-9 所示。

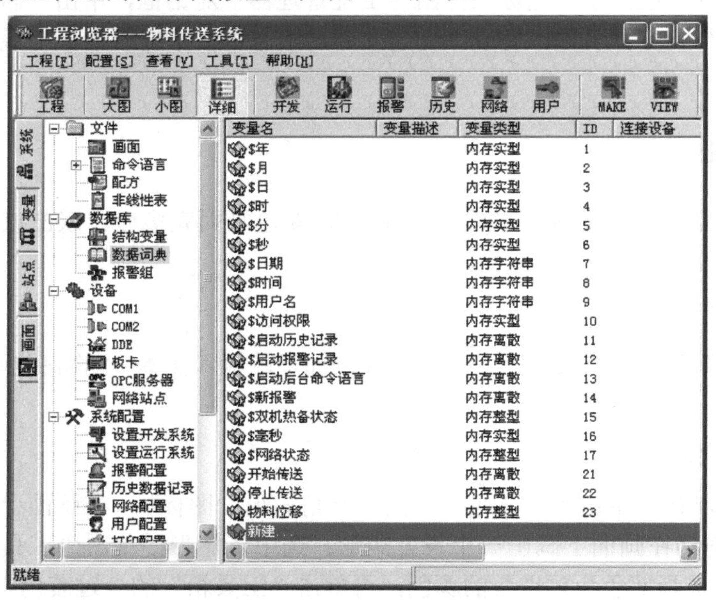

图 6-9 物料传送系统的变量

6.3.4 动画连接

1. 按钮

双击“开始传送”按钮，弹出“动画连接”对话框，选择“按下时”，弹出“命令语言”对话框，输入命令语言，如图 6-10 所示。

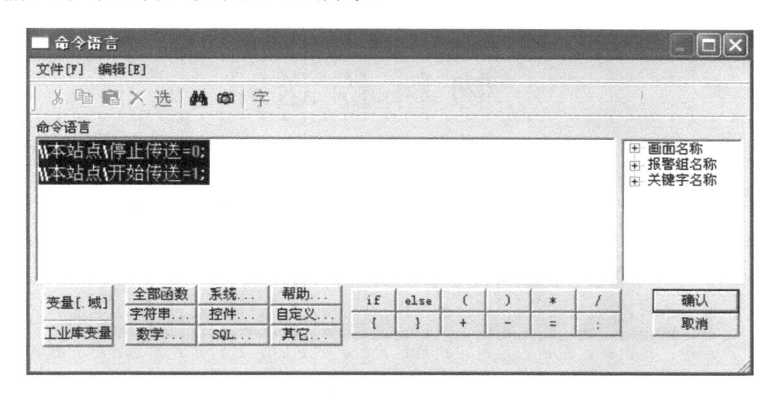

图 6-10 “开始传送”按钮的“命令语言”对话框

同理，“停止传送”按钮的命令语言如下：

开始传送=0;

停止传送=1;

2. 指示灯

双击“指示灯”图素，弹出“指示灯向导”对话框，设置变量名为“开始传送”，其他设置为默认值，如图 6-11 所示。

3. 位置显示

双击“物料位移”后面的“##”，弹出“动画连接”对话框，选择“模拟值输出”，弹出“模拟值输出连接”对话框，设置表达式为“物料位移”，如图 6-12 所示。

图 6-11 “指示灯向导”对话框

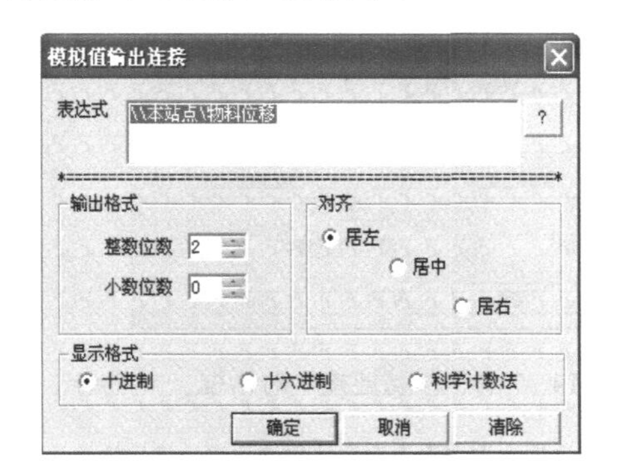

图 6-12 “模拟值输出连接”对话框

4．物料移动

首先要计算物料小矩形的水平移动距离，计算方法有两种。

（1）选中物料小矩形，单击鼠标右键，选择“动画连接向导”→“水平移动连接向导”，选择物料小矩形水平移动的起始位置为当前位置，单击鼠标左键，鼠标形状变为向左的箭头，再单击鼠标左键，鼠标形状变为向右的箭头，水平移动鼠标，画出一条移动轨迹线，如图 6-13 所示。

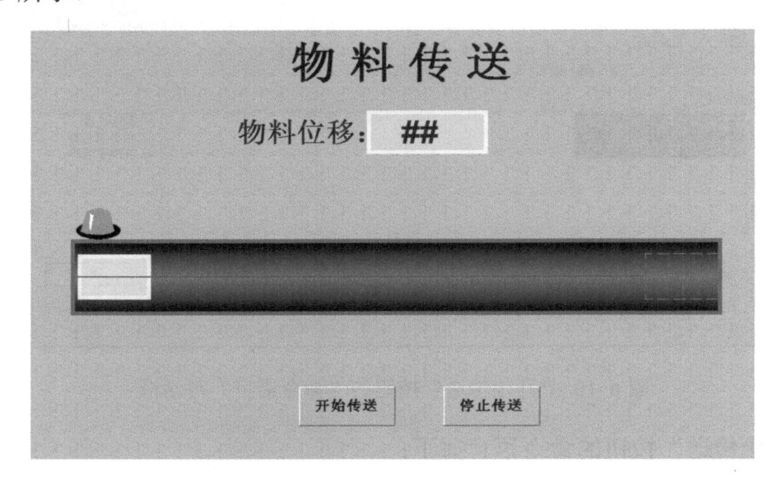

图 6-13　物料移动轨迹线

当到达水平移动的右边界时，单击鼠标左键，弹出“水平移动连接”对话框，移动距离自动产生，设置水平移动表达式为“物料位移”，物料移动到右边界对应值为“物料位移”变量的最大值，如图 6-14 所示。

图 6-14 “水平移动连接”对话框

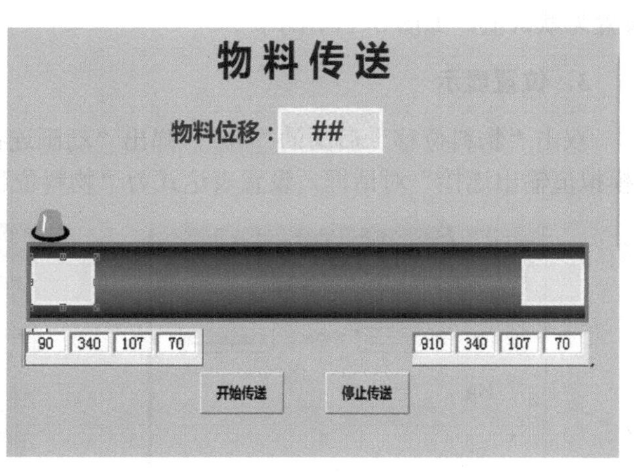

图 6-15　物料的向右移动距离计算

（2）选中物料小矩形后复制，粘贴，产生两个物料小矩形，将两个物料小矩形分别放到传动带的左边界和右边界，分别利用“工具箱”底部文本框中的数字含义（见图 6-15），将

两个物料的 x 坐标（左边界）相减，计算出中间的移动距离，即 910 减 90，结果为 820，即物料小矩形向右的移动距离为 820，如图 6-14 所示。

5．物料移动显示

双击物料小矩形，弹出“动画连接”对话框，选择“隐含”连接，弹出“隐含连接”对话框，单击条件表达式右侧的“？”按钮选择变量“物料位移”，输入 “==0”条件，即物料位移为 0（条件表达式为真）时，物料小矩形“隐含”，如图 6-16 所示。

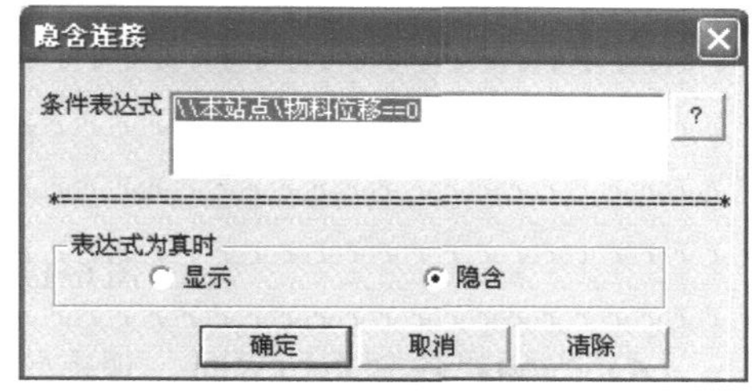

图 6-16 “隐含连接”对话框

6．画面命令语言

输入画面命令语言如下：

```
if（开始传送==1）
{物料位移=物料位移+10；}
if（物料位移>=1000）
{物料位移= 0；
开始传送=0；}
if（停止传送==1）
{物料位移=物料位移；}
```

6.3.5 运行与调试

（1）单击菜单“文件”→“全部存”，然后再单击菜单“文件”→“切换到 View”，进入系统运行环境。

（2）如图 6-17 所示，观察物料小矩形是否停留在传送带的最左边，传送指示灯是否为红色。

（3）按下“开始传送”按钮时，观察物料是否开始移动，传送指示灯是否变为绿色，如图 6-18 所示。

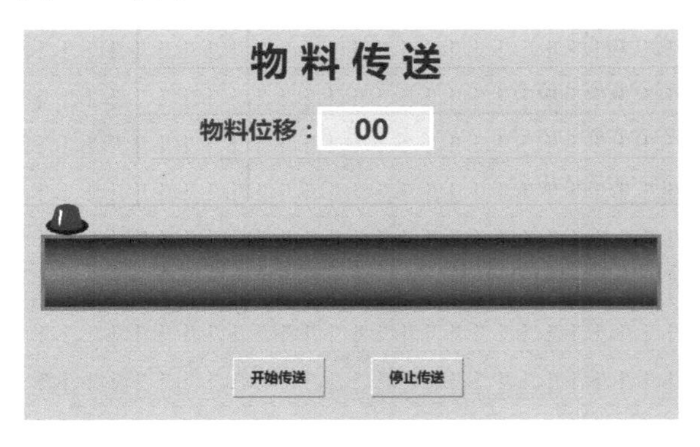

图 6-17 物料停止传送运行画面

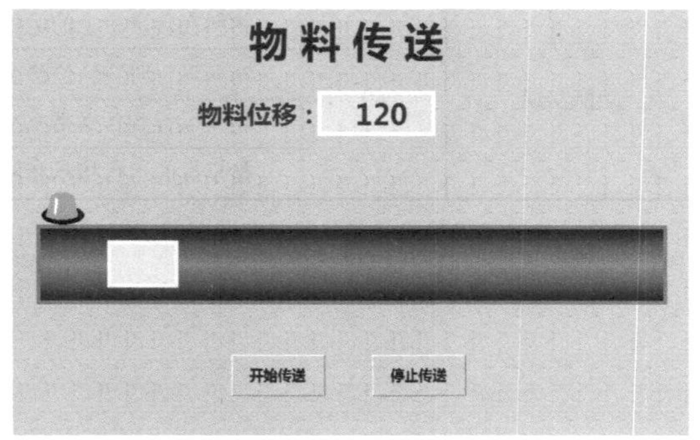

图 6-18 物料开始传送运行画面

（4）当物料小矩形移动时，观察物料位移是否实时监控显示位移量的变化。

（5）按下“停止传送”按钮时，观察物料小矩形是否停止移动，位移量是否停止变化，传送指示灯是否变为红色，如图 6-19 所示。

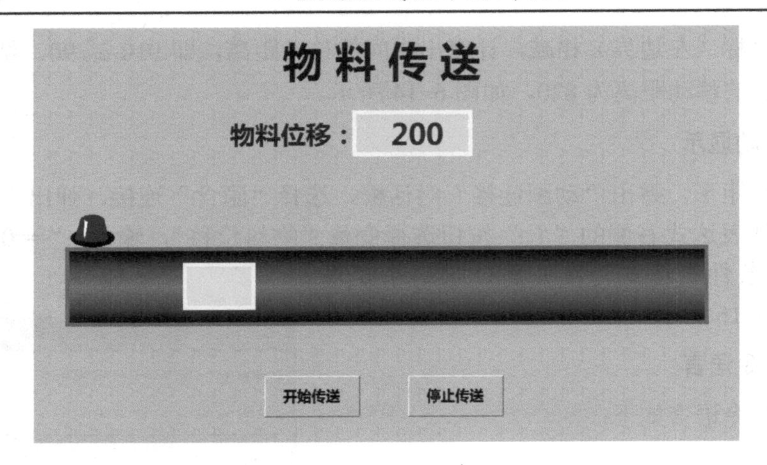

图 6-19　物料停止传送运行画面

（6）当物料移到右边界时，观察物料小矩形是否自动隐含。

6.4　项目考核

评分内容	分值	评分标准	扣分	得分
软件使用	20	工程建立（5 分）		
		菜单应用（5 分）		
		工具箱使用（5 分）		
		运行系统调试（5 分）		
新知识掌握	40	隐含动画连接的设置（10 分）		
		画面属性命令语言的编程（10 分）		
		水平移动动画连接设置（10 分）		
		模拟值输出动画连接（10 分）		
功能实现	40	物料在传送带上的运行实现（10 分）		
		物料运行时物料位移实时显示实现（10 分）		
		物料运行到传送带末端的隐含实现（10 分）		
		指示灯的运行指示和停止指示实现（10 分）		

项目 7

水监控系统的组态软件设计

7.1 水监控系统的项目任务

水监控系统工程共包含两个画面，分别为水箱水位画面和水位趋势曲线画面。在水箱水位画面中，水箱水位值每 200ms 递增 5，当水位大于等于 300 时水位值回零，再重新递增，画面中能够显示当前水位值，水箱的填充高度随水位值变化而变化；在水位趋势曲线画面中，显示“水位”实时趋势曲线和历史趋势曲线，其中历史趋势曲线时间轴可以向前移动和向后移动。

7.2 知 识 储 备

7.2.1 实时趋势曲线

选择菜单“工具”→“实时趋势曲线”或单击工具箱中的“实时趋势曲线”图标，此时鼠标在画面中变为“十”字形，在画面中用鼠标画出一个矩形，即为实时趋势曲线显示区间，用鼠标左键双击实时趋势曲线，弹出属性对话框，如图 7-1 所示，对实时趋势曲线的属性进行设置。

1．曲线定义属性卡片选项

坐标轴：选择曲线图表坐标轴的线型和颜色。选择“坐标轴”复选框后，坐标轴的线型和颜色选择按钮变为有效，通过单击线型按钮或颜色按钮，在弹出的列表中选择坐标轴的线型或颜色。

分割线为短线：选择分割线的类型。选中此项后在坐标轴上只有很短的主分割线，整个图纸区域接近空白状态，没有网格。同时，下面的“次分线”选择项变灰，图表上不显示次分割线。

X 方向、Y 方向：X 方向和 Y 方向的主分割线将绘图区划分成矩形网格，次分割线将再次划分主分割线划分出来的小矩形。这两种线都可改变线型和颜色。分割线的数目可以通过小方框右边的“±”按钮增加或减小，也可通过编辑区直接输入。工程人员可以根据实时趋势曲线的大小决定分割线的数目，分割线最好与标识定义（标注）相对应。

曲线：定义所绘的 1～4 条曲线 Y 坐标对应的表达式。实时趋势曲线可以实时计算表达式的值，因此它可以使用表达式。实时趋势曲线名的编辑框中可输入有效的变量名或表达式，表达式中所用变量必须是数据库中已定义的变量。右侧的“？”按钮可列出数据库中已定义的变量或变量域供选择。每条曲线可通过右侧的线型和颜色按钮来改变线型和颜色。定义曲线属性时，至少应定义一条曲线变量。

无效数据绘制方式：在系统运行时对于采样到的无效数据的绘制方式选择。可以选择三种形式：虚线、不画线和实线。

2．标识定义属性卡片选项

在“实时趋势曲线”对话框的上部,用鼠标单击“标识定义”属性卡片，则实时趋势曲线对话框变为图 7-2 所示的对话框。

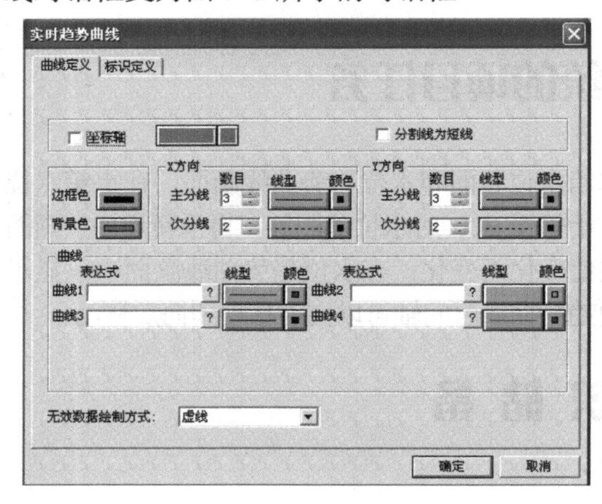

图 7-1　实时趋势曲线—曲线定义

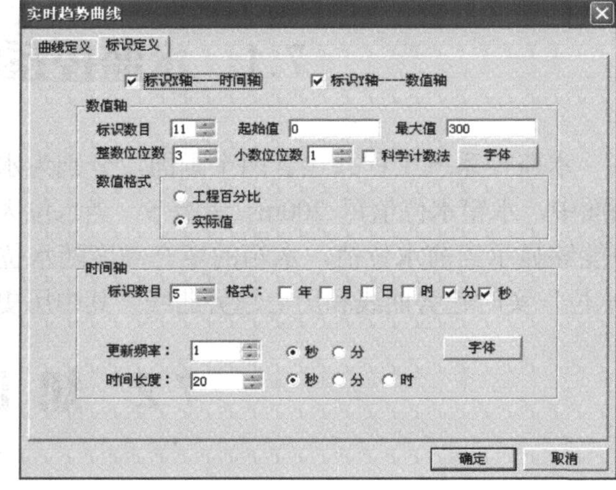

图 7-2　实时趋势曲线—标识定义

标识 X 轴——时间轴、标识 Y 轴——数值轴：选择是否为 X 或 Y 轴加标识，即在绘图区域的外面用文字标注坐标的数值。如果此项选中，左边的检查框中有小叉标记，同时下面定义相应标识的选择项也由无效变为有效。

数值轴（Y 轴）：因为一个实时趋势曲线可以同时显示 4 个变量的变化，而各变量的数值范围可能相差很大，为使每个变量都能表现清楚，“组态王”中规定，变量在 Y 轴上以百分数表示，即以变量值与变量范围（最大值与最小值之差）的比值表示。因此，Y 轴的范围是 0（0%）至 1（100%）。

标识数目：数值轴标识的数目，这些标识在数值轴上等间隔分布。

起始值：曲线图表上纵轴显示的最小值。如果选择“数值格式”为“工程百分比”，规定数值轴起点对应的百分比值，最小为 0；如果选择“数值格式”为“实际值”，则可输入变量的最小值。

最大值：曲线图表上纵轴显示的最大值。如果选择“数值格式”为“工程百分比”，规定数值轴终点对应的百分比值，最大为 100；如果选择“数值格式”为“实际值”，则可输入变量的最大值。

整数位位数：数值轴最少显示整数的位数。

小数位位数：数值轴最多显示小数点后面的位数。

科学计数法：数值轴坐标值超过指定的整数和小数位数时用科学计数法显示。

字体：规定数值轴标识所用的字体。可以弹出 WINDOWS 标准的字体选择对话框，相应的操作工程人员可参阅 WINDOWS 的操作手册。

工程百分比：数值轴显示的数据是百分比形式。

实际值：数值轴显示的数据是该曲线的实际值。

标识数目：时间轴标识的数目，这些标识在数值轴上等间隔分布。在组态王开发系统中时间是以 yy:mm:dd:hh:mm:ss 的形式表示的，在 TouchVew 运行系统中，显示实际的时间。

格式：时间轴标识的格式，选择显示哪些时间量。

更新频率：图表采样和绘制曲线的频率。最小为 1 秒。运行时不可修改。

时间长度：时间轴所表示的时间跨度。可以根据需要选择时间单位——秒、分、时，最小跨度为 1 秒，每种类型的单位最大值为 8000。

字体：规定时间轴标识所用的字体。与数值轴的字体选择方法相同。

7.2.2 历史趋势曲线

选择菜单“工具”→“历史趋势曲线”或单击工具箱中的“历史趋势曲线”图标，此时鼠标在画面中变为“十”字形，在画面中用鼠标画出一个矩形，即为历史趋势曲线对象，在对象上双击鼠标左键，弹出“历史趋势曲线”对话框。“历史趋势曲线”对话框由两个属性卡片“曲线定义”和“标识定义”组成。曲线定义选项卡如图 7-3 所示。

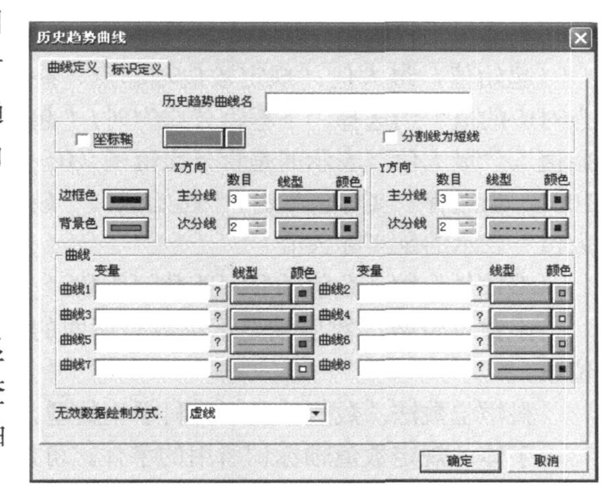

图 7-3 历史趋势曲线—曲线定义

1. 曲线定义属性卡片选项

坐标轴：选择是否在网格的底边和左边显示带箭头的坐标轴线。选中“坐标轴”检查框，表示需要坐标轴线。同时，下面的“轴线”按钮加亮，可选择轴线的颜色和线型。

分割线为短线：选择分割线的类型。选中此项后在坐标轴上只有很短的主分割线，整个图纸区域接近空白状态，没有网格。同时，下面的“次分线”选择项变灰。

边框色、背景色：分别规定网格区域的边框和背景颜色。按动这两个按钮的方法与坐标轴按钮类似，弹出的“颜色选择”浮动对话框和选择方法也与之大致相同。

X 方向、Y 方向：X 方向和 Y 方向的“主分线”将绘图区划分成矩形网格，“次分线”将再次划分主分割线划分成的小矩形。这两种线都可通过线型和颜色按钮选择各自分割线的颜色和线型。分割线的数目可以通过小方框右边的“±”按钮增加或减小，也可通过编辑区直接输入。

曲线：定义历史趋势曲线在数据库中的变量名（区分大小写），引用历史趋势曲线的各个域和使用一些函数时需要此名称。

曲线 1～曲线 8：定义历史趋势曲线绘制的 8 条曲线对应的数据变量名。数据变量名必须是在数据库中已定义的变量，不能使用表达式和域，并且定义变量时在“变量属性”对话框中选中了“是否记录”选择框，因为“组态王”只对这些变量进行历史记录。单击右侧的“？”按钮可列出数据库中已定义的变量或变量域供选择。每条曲线可由右侧的线型和颜色选择按钮分别选择颜色和线型。操作与“轴线”按钮类似。

无效数据绘制方式：曲线在曲线变量关联的设备通信失败，运行系统退出的情况下显示的方式，分为虚线，不画线，实线。

2．标识定义属性卡片选项

在“历史趋势曲线”对话框的上部，用鼠标单击“标识定义”属性卡片，则历史趋势曲线对话框变为图 7-4 所示的对话框。

标识 X 轴——时间轴、标识 Y 轴——数值轴：选择是否为 X 或 Y 轴加标识，即在绘图区域的外面用文字标注坐标的数值。如果此项选中，左边的检查框中出现“√”号。同时，下面定义相应标识的选择项也由灰变加亮。

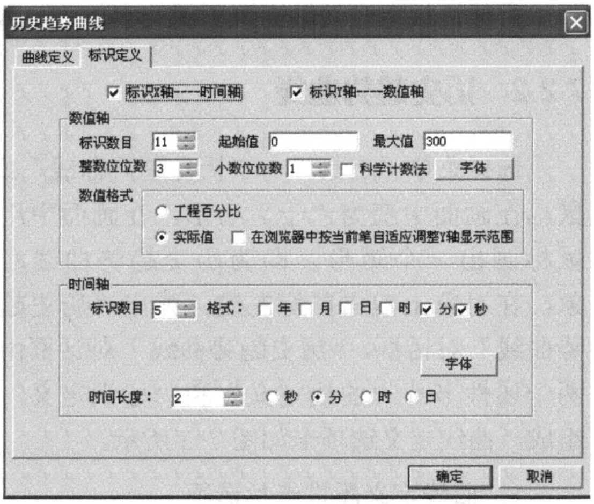

图 7-4　标识定义属性卡片

（1）数值轴（Y 轴）定义区。

标识数目：数值轴标识的数目，这些标识在数值轴上等间隔。

起始值，最大值：规定数值轴起点、终点对应的值。当选择“工程百分比”时，“起始值”、“最大值”表示的是百分比范围（0～100）；当选择“实际值”时，“起始值”、“最大值”表示的是实际数值。

整数位位数：数值轴显示整数的位数。

小数位位数：数值轴显示小数点后面的位数。

科学记数法：数值轴显示为科学记数型。

字体：规定数值轴标识所用的字体。可以弹出 WINDOWS 标准的字体选择对话框，相应的操作工程人员可参阅 WINDOWS 的操作手册。

工程百分比：数值轴按照百分比显示，即以变量值与变量范围（最大值与最小值之差）的比值表示。当选择“工程百分比”时，数值轴按照“起始值”、“最大值”设置的百分比显示。

实际值：数值轴按照实际值显示。当选择“实际值”时，数值轴按照“起始值”、“最大值”的设置数值显示。

（2）时间轴（X 轴）定义区。

标识数目：时间轴标识的数目，这些标识在数值轴上等间隔。在组态王开发系统中。时间是以 yy:mm:dd:hh:mm:ss 的形式表示的，在 TouchVew 运行系统中，显示实际的时间。

格式：时间轴标识的格式，选择显示哪些时间量。

时间长度：时间轴所表示的时间范围。运行时通过定义命令语言连接来改变此值。

字体：规定时间轴标识所用的字体。与数值轴的字体选择方法相同。

注意：在历史趋势曲线上显示的变量，必须在该变量定义对话框的“记录与安全区”页中选中“数据变化记录”。

7.2.3　填充动画连接

填充连接是使被连接对象的填充物（颜色和填充类型）占整体的百分比随连接表达式的值而变化。

填充连接的设置方法：在“动画连接”对话框中单击“填充连接”按钮，弹出的对话框如图 7-5 所示。

对话框中各项设置的意义如下。

表达式：在此编辑框内输入合法的连接表达式。单击右侧的“？”按钮可以查看已有的变量名。

最小填充高度：填充高度最小时对应的表达式的值（对应数值）及所占据的被连接对象的百分比（占据百分比）。

最大填充高度：填充高度最大时对应的表达式的值（对应数值）及所占据的被连接对象的百分比（占据百分比）。

填充方向：由“填充方向”按钮“A”和填充方向示意图两部分组成。共有 4 种填充方向，分别是向上填充、向下填充、向左填充和向右填充。

缺省填充画刷：填充画刷选项包括填充画刷的类型和填充颜色，可用鼠标左键按住并选择合适的填充画刷类型及颜色。

7.2.4　模拟值输入动画连接

模拟值输入动画连接的设置方法：在“动画连接”对话框中单击“模拟值输入”按钮，弹出“模拟值输入连接”对话框，如图 7-6 所示。

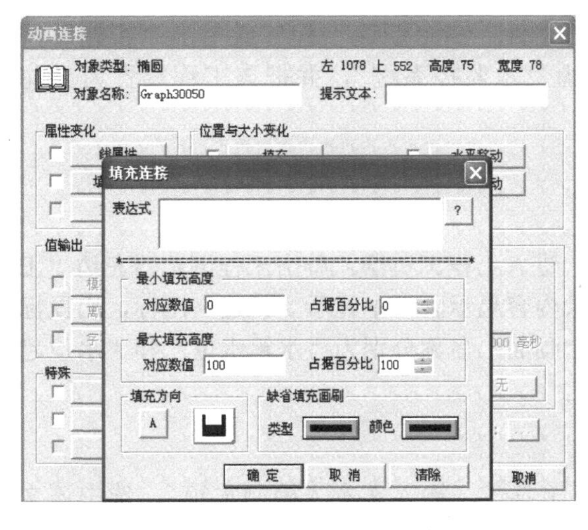

图 7-5 “填充连接”对话框

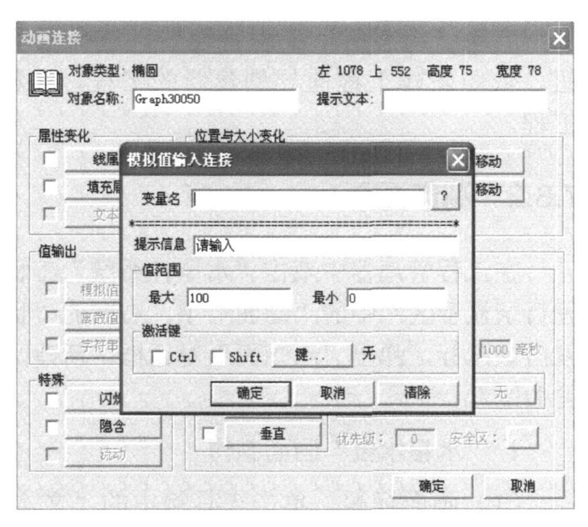

图 7-6 “模拟值输入连接”对话框

对话框中各项设置的意义如下。

变量名：要改变的模拟类型变量的名称。单击右侧的“？”按钮可以查看已定义的变量和变量域。

提示信息：运行时出现在弹出对话框上用于提示输入内容的字符串。

值范围：规定键入值的范围，应该是要改变的变量在数据库中设定的最大值和最小值。

7.2.5 系统函数

1．ShowPicture("PictureName");

此函数用于显示画面，通常用于画面切换。其中 PictureName 为组态王工程中画面的名称。

2．TScrollLeft(HistoryName,Percent);

此函数将趋势曲线的起始时间左移（提前）给定的百分比值。百分比是相对于趋势曲线的时间轴长度。移动后时间轴的长度保持不变。其中 HistoryName 为历史趋势曲线名称；Percent 为实数，代表图表要滚动的百分比(0.0～100.0)。

3．HTScrollRight(HistoryName,Percent);

此函数将趋势曲线的起始时间右移给定的百分比值。百分比是相对于趋势曲线的时间轴长度。移动后时间轴的长度保持不变。其中 HistoryName 为历史趋势曲线名称；Percent 为实数，代表图表要滚动的百分比(0.0～100.0)。

7.3 项目实施

7.3.1 新建工程

启动“组态王”工程管理器，选择菜单“文件”→“新建工程”或单击“新建”按钮，依照新建工程向导创建新的工程，名称为“水监控系统”，并把该工程设置为当前工程。

7.3.2 制作画面

在工程管理器中双击“水监控系统”工程，进入工程浏览器。单击工程浏览器左边“工程目录显示区”中的“画面”项，右面的“目录内容显示区”中显示“新建”图标，用鼠标双击该图标，弹出“新画面”对话框，新建两个画面，名称分别为“水箱水位”和“水位趋势曲线”。

1．“水箱水位”画面制作

（1）画面标题。单击工具箱中的“文本”工具T，输入文本“控制水箱”，选中该文本，单击工具箱中的“字体”工具，选择“隶书”、“常规”、“72”号字，使用工具箱中的

“调色板”工具，更改文本颜色为红色。

（2）当前水位值显示。单击工具箱中的“文本” 工具T，输入文本“当前水位：”，单击工具箱中的“圆角矩形”工具■绘制一个小的矩形框，在矩形框中输入文本“#####”用于显示当前水位值。

（3）水箱及刻度。单击工具箱中的“圆角矩形”工具■，绘制一个矩形水箱，采用“调色板”工具将水箱颜色填充为“橙色”；单击“直线”工具⁄，在水箱右侧绘制一条短线，将短线选中后单击“编辑”菜单中的“复制”和“粘贴”或按键盘的“ctrl+c”和“ctrl+v”绘制共 16 条短线，如图 7-7 所示。

将一条刻度线与水箱下边沿对齐，一条刻度线与水箱上边沿对齐，将刻度线全部选中，单击工具箱中的“图素左对齐”和“图素垂直等间隔”，将刻度线均匀放置在水箱右侧。刻度值采用“文本”工具输入，字体设置为“宋体”、“常规”、“17”号字。

（4）“水位趋势曲线”切换按钮。单击工具箱中的“按钮”工具，在页面右下角绘制一个按钮，用鼠标右键单击该按钮，弹出快捷菜单，选择“字符串替换”，将按钮上的文本更改为 “水位趋势曲线”，如图 7-8 所示。

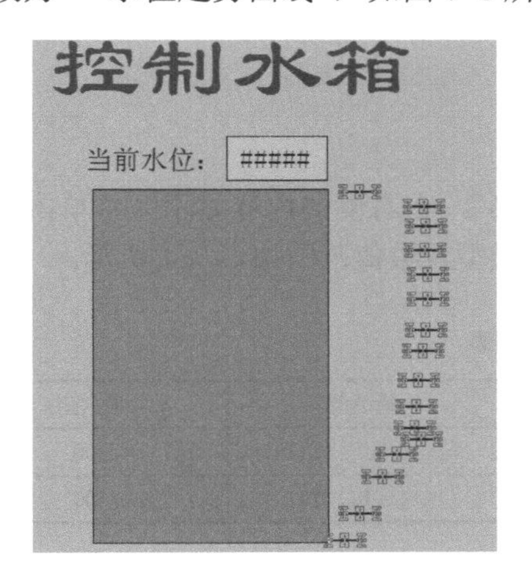

图 7-7 刻度线的绘制过程

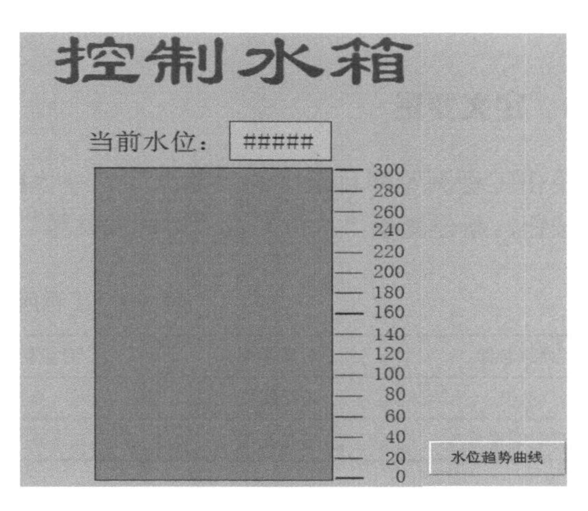

图 7-8 水箱水位画面

2.“水位趋势曲线”画面制作

（1）画面标题。单击工具箱中的“文本”工具，输入文本“水位趋势曲线”，选中该文本，单击工具箱中的“字体”工具，选择“宋体”、“常规”、“53”号字，使用工具箱中的“调色板”工具，更改文本颜色为黄色。

（2）实时趋势曲线。单击工具箱中的“实时趋势曲线”工具，拖出一个矩形区域即为实时趋势曲线显示区，选中该曲线控件，利用“调色板”工具更改实时趋势曲线控件的外边框颜色为橘色。

（3）历史趋势曲线。单击工具箱中的“历史趋势曲线”工具，拖出一个历史趋势曲线显示区，选中该控件，利用“调色板”工具更改实时趋势曲线控件的外边框颜色为橘色。

（4）历史趋势曲线时间轴的移动。采用工具箱中的“按钮”工具绘制左移、右移按钮，两个按钮中间绘制一个圆角矩形，将圆角矩形填充为橘色，输入文本“偏移量”，水位趋势曲线的总体效果如图 7-9 所示。

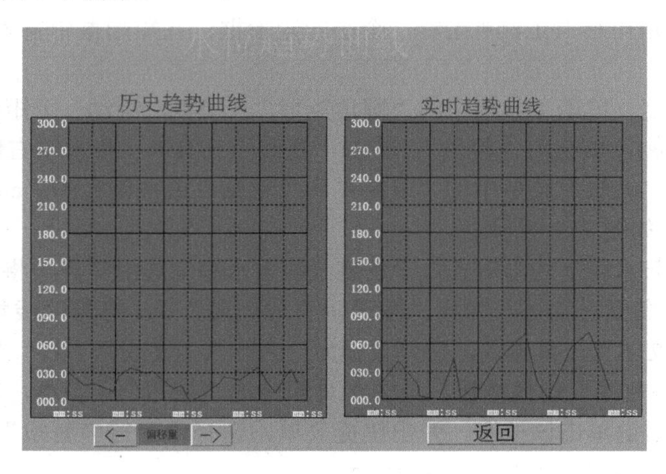

图 7-9　水位趋势曲线画面

7.3.3　定义变量

单击工程浏览器目录区的“数据库”→“数据词典”，在右侧的内容显示区中单击“新建”按钮，新建变量“水位”及“时间偏移量”。对象类型及数值范围如表 7-1 所示。

表 7-1　工程所需变量列表

对象名称	对象类型	对象初值	最小值	最大值
水位	内存实型	0	0	300
时间偏移量	内存实型	0	0	100

在历史趋势曲线上要显示“水位”曲线，因此需要在水位的“定义变量”对话框的“记录和安全区”选项页中选中“数据变化记录”，如图 7-10 所示。如果不设置该项，将无法在历史趋势曲线中显示水位变量曲线。

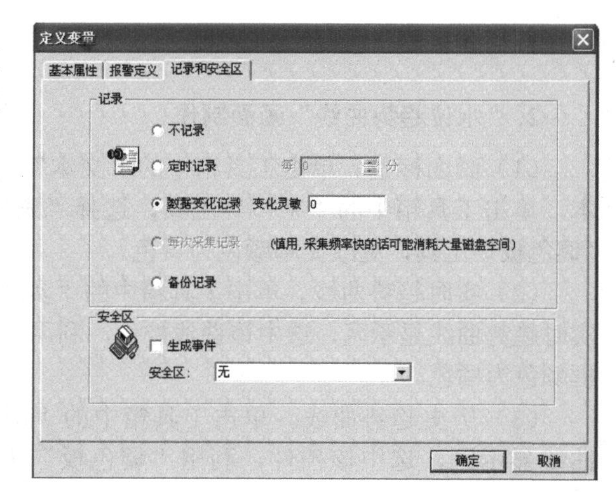

图 7-10　水位“定义变量”对话框中的“记录和安全区”选项页

7.3.4　动画连接

1.“水箱水位”画面动画连接

（1）显示当前水位值。双击文本“######”弹出文本的“动画连接”对话框，单击“模拟值输出”按钮，弹出“模拟值输出连接”对话框，如图 7-11 所示，连接变量为“水位”。

（2）水箱水位变化。水箱水位动画利用“填充动画连接”来完成，双击水箱，弹出“动画连接”对话框，选中“填充”按钮，弹出“填充连接”对话框，具体设置如图 7-12 所示，连接表达式为“水位”；通过单击 A 按钮更改填充方向，选择由下向上的填充方式，“水位”变量的变化范围为 0～300 时对应水箱的填充高度为 0～100%。

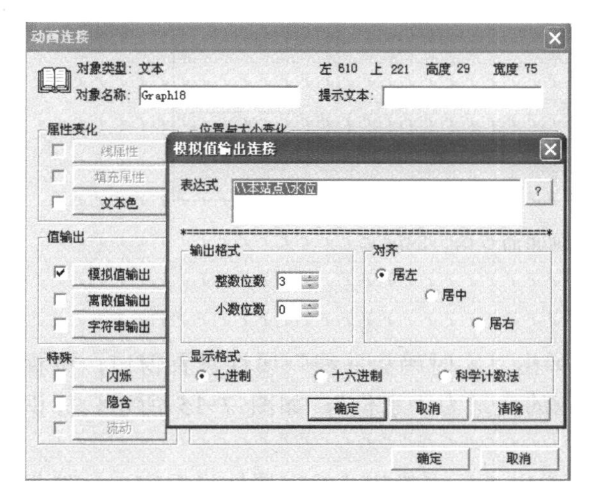

图 7-11　“模拟值输出连接”对话框

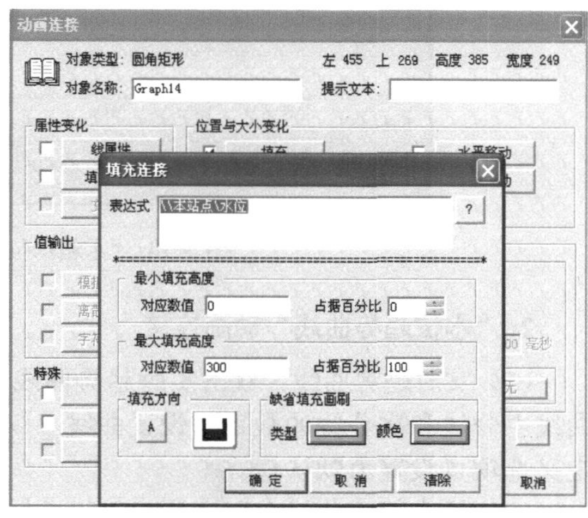

图 7-12　“填充连接”对话框

（3）画面切换。双击按钮“水位趋势曲线”，在“动画连接”对话框中选择“弹起时”，进入按钮弹起时命令语言的编写界面，输入函数 ShowPicture("水位趋势曲线")，如图 7-13 所示，或单击命令语言编辑窗口下方的“全部函数”按钮选择该函数，选择显示的画面“水位趋势曲线”。

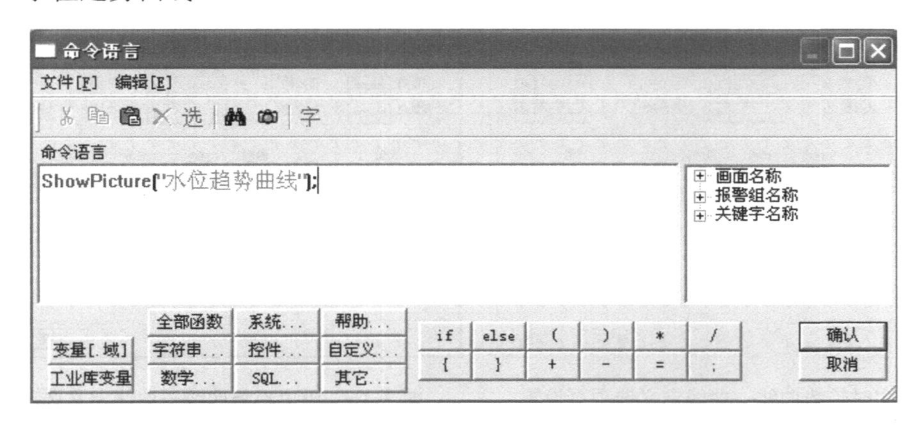

图 7-13　“水位趋势曲线”按钮弹起时命令语言

（4）画面命令语言。在“水箱水位”画面任意位置单击鼠标右键，在快捷菜单中选择“画面属性”，打开画面属性窗口，用鼠标左键单击“命令语言”按钮，打开“画面命令语言”编辑窗口，在“存在时”选项页中输入脚本程序，如图 7-14 所示。

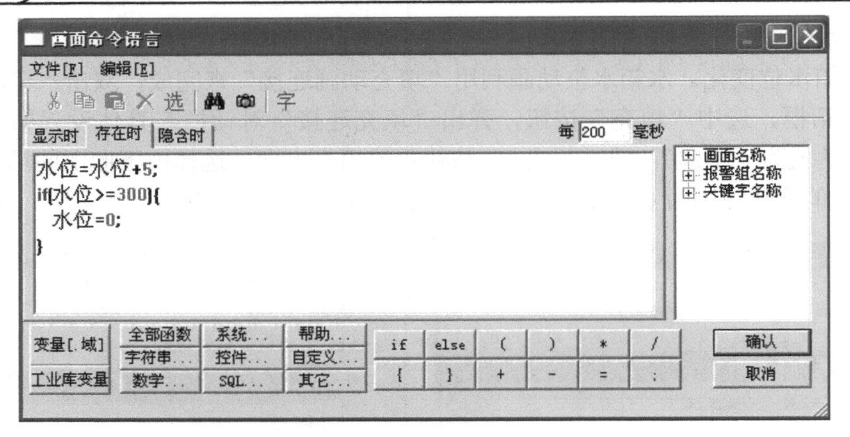

图 7-14 “水箱水位”画面命令语言的编写

2. “水位趋势曲线”动画连接

（1）实时趋势曲线。双击实时趋势曲线，弹出“实时趋势曲线”属性设置窗口，设置曲线主分线和次分线的数目，设置曲线 1 对应的变量为“水位”，如图 7-15 所示。标识定义选项页设置为默认值。

（2）历史趋势曲线。双击历史趋势曲线，弹出“历史趋势曲线”属性设置窗口，选择“曲线定义”选项页，历史趋势曲线取名为“水位历史趋势曲线”，曲线 1 选择“水位”变量，修改主分线和次分线数目，其他值为默认值，如图 7-16 所示。标识定义选项页设置为默认值。

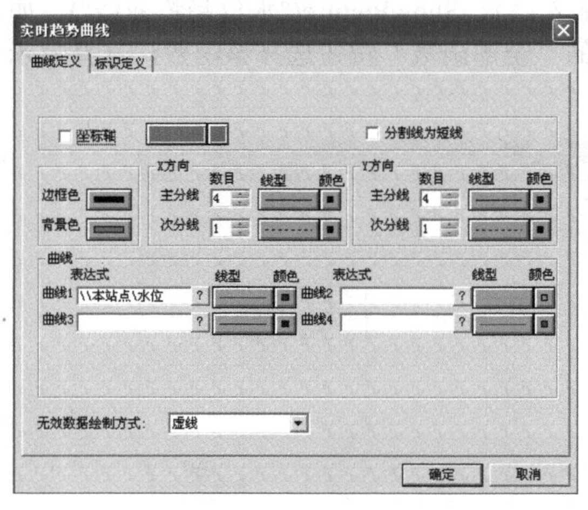

图 7-15 实时趋势曲线—曲线定义选项页设置

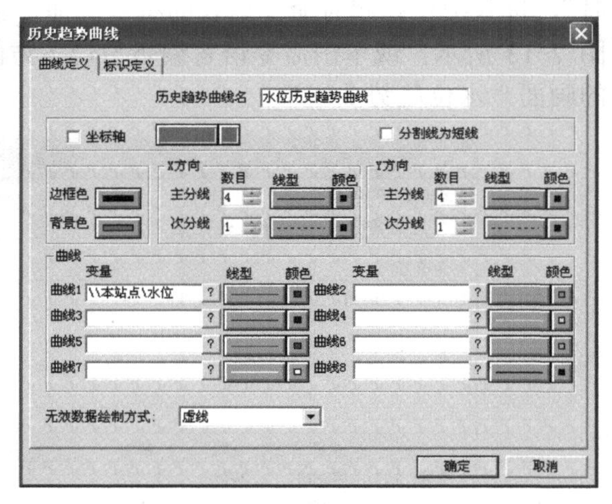

图 7-16 历史趋势曲线—曲线定义选项页设置

（3）设置历史趋势曲线的时间偏移量。操作人员手动输入偏移量的数值，选择模拟值输入动画连接。双击“偏移量”文本，进入“动画连接”对话框，选择“模拟值输入连接”，连接变量名为“时间偏移量”，输入数值范围为 0～100，如图 7-17 所示。偏移量的数值还需要实时显示输出，选择“模拟值输出连接”，连接变量为“时间偏移量”，如图 7-18 所示。

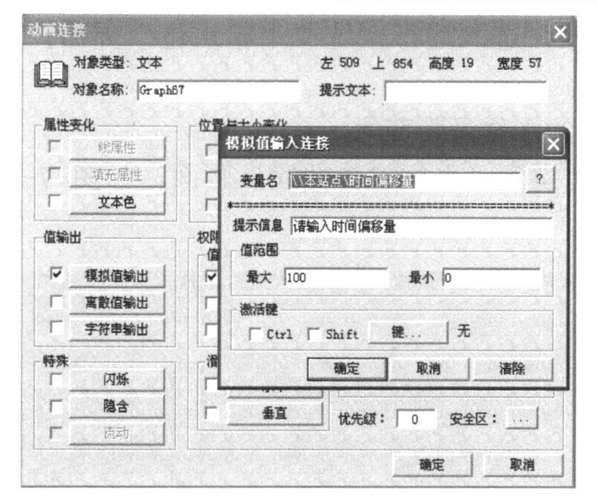

图 7-17 “偏移量”模拟值输入连接

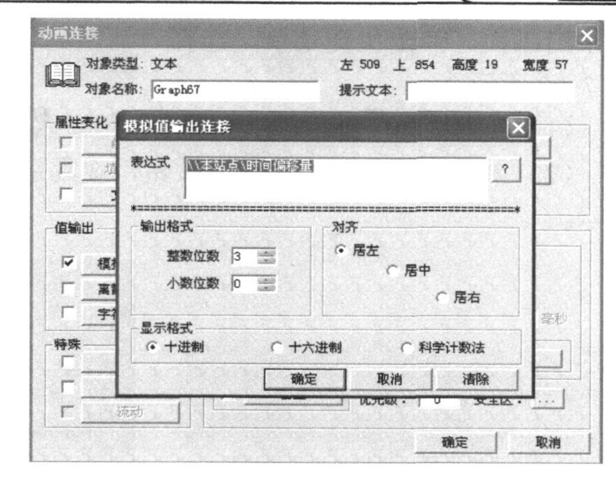

图 7-18 “偏移量”模拟值输出连接

（4）历史趋势曲线时间轴移动。双击“←”左移按钮，打开按钮“动画连接”后单击“弹起时”，在按钮命令语言编辑窗口中输入函数“HTScrollLeft(水位历史趋势曲线，时间偏移量);”，如图 7-19 所示。同理，在 “→”右移按钮的“弹起时”命令语言编辑窗口中输入函数“HTScrollRight(水位历史趋势曲线, 时间偏移量);”。

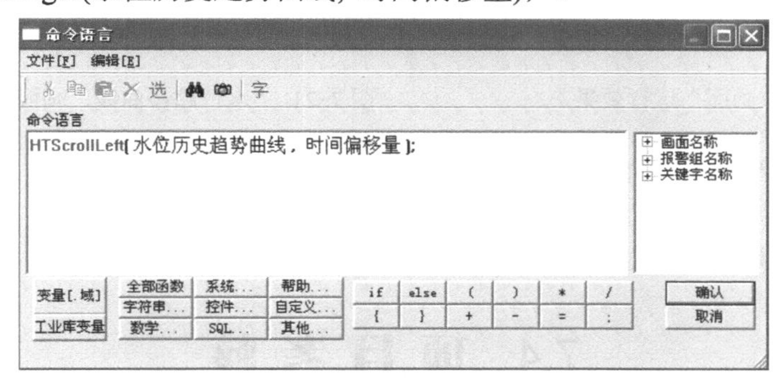

图 7-19 左移按钮“弹起时”命令语言

（5）返回功能。双击“返回”按钮，打开按钮“动画连接”，单击“弹起时”按钮，输入命令语言“ShowPicture("水箱水位");”，即可实现返回“水箱水位”画面功能。

3．画面命令语言

将“水箱水位”画面“存在时”的命令语言复制到“水位趋势曲线”画面中，并将“存在时”程序循环周期设置为 200ms。

7.3.5 运行与调试

1．设置启动画面

单击工程浏览器菜单“配置”→“运行系统”，弹出“运行系统设置”对话框，选中“主画面配置”选项页，选择“水箱水位”作为主画面。

2．运行调试

单击菜单“文件”→“全部存”，再单击“文件”菜单中的“切换到 view”或用鼠标右键单击画面，弹出快捷菜单，选择“切换到 view”，进入运行系统“水箱水位”界面，如图 7-20 所示。

（1）观察画面中是否显示当前水位值，水箱中的水位是否变化。

（2）单击“水位趋势曲线”按钮，观察是否切换到“水位趋势曲线”画面，如图 7-21 所示。

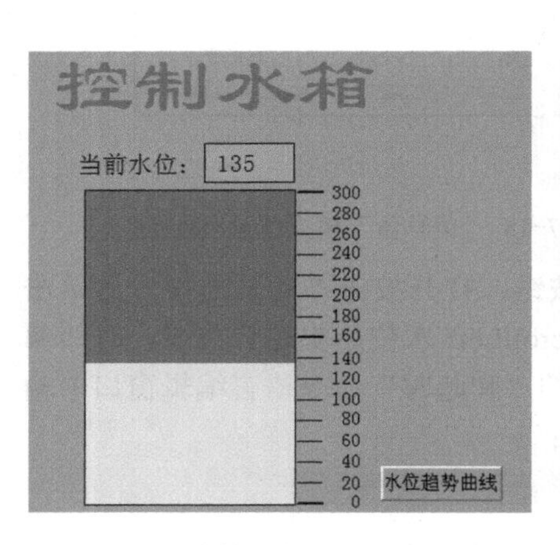

图 7-20 “水箱水位画面”运行效果

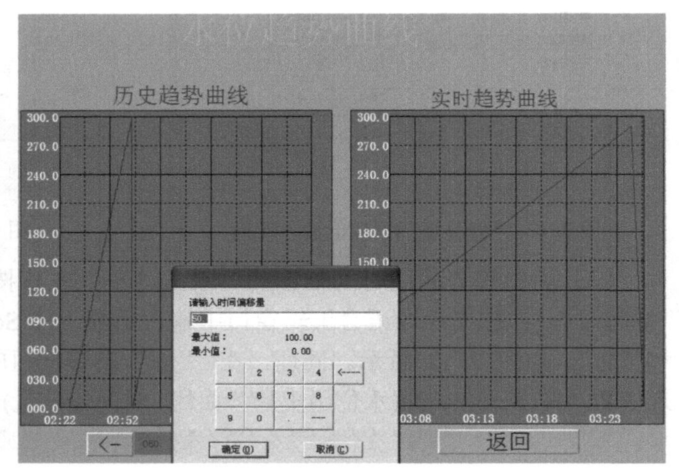

图 7-21 “水位趋势曲线”画面运行效果

（3）观察画面中的实时趋势曲线是否实时显示“水位”曲线。

（4）观察输入“时间偏移量”数值后，画面中显示的数据是否变化。

（5）观察调整时间轴前移或后移时，历史趋势曲线显示是否有变化。

7.4 项目考核

评分内容	分值	评分标准	扣分	得分
软件使用	10	工程建立（5 分）		
		菜单应用（5 分）		
		工具箱使用（5 分）		
		运行系统应用（5 分）		
新知识掌握	40	历史趋势曲线设置（10 分）		
		实时趋势曲线设置（10 分）		
		填充连接（10 分）		
		模拟值输入连接（10 分）		
功能实现	40	水箱填充及水位显示功能实现（10 分）		
		画面切换（10 分）		
		历史趋势曲线向前查看（10 分）		
		历史趋势曲线向后查看（10 分）		

项目 8

农业灌溉系统的组态软件设计

8.1 农业灌溉系统的项目任务

制作一个农业灌溉系统，从水源取水，通过管道配水至农田进行灌溉，系统中有水泵和 4 个阀门，可以手动控制水泵和阀门的开、关状态，调节水流大小，并采用实时数据报表和历史数据报表记录流量，产生报警信息。

8.2 知 识 储 备

8.2.1 实时报表

实时数据报表主要用来显示系统实时数据。除了在表格中实时显示变量的值外，报表还可以按照单元格中设置的函数、公式等实时刷新单元格中的数据，如图 8-1 所示。

在单元格中显示变量的实时数据一般有直接引用变量和单元格设置函数两种方法，其中直接引用变量是在报表的单元格中直接输入“=变量名”，运行时在该单元格中显示变量的值，当变量的数据发生变化时，单元格中显示的值也会被实时刷新，这种方式适用于在表格的单元格中显示固定变量的数据；如果要在单元格中显示不同变量的数据或值的类型不固定，最好选择单元格设置函数，显示同一个变量的值也可以使用这种方法。

8.2.2 历史报表

历史报表记录以往的生产记录数据，对用户来说是非常重要的，如图 8-2 所示。历史报表的制作根据所需数据的不同有不同的方法，这里介绍两种常用的方法。

1．向报表单元格中实时添加数据

要设计一个锅炉功耗记录表，该报表 8 小时生成一个（类似于班报），记录每小时最后一刻的数据作为历史数据，而且该报表在查看时应该实时刷新。

对于这个报表，可以采用在单元格中定时刷新数据的方法来实现。按照规定的时间，在不同的小时里，将变量的值定时用单元格设置函数如 ReportSetCellValve()设置到不同的单元格中，这时，报表单元格中的数据会自动刷新，带有函数的单元格也会自动计算结果。到换班时，保存当前填有数据的报表为报表文件，清除上班填充的数据，继续填充，就完成了要求。这好比操作员每小时在记录表上记录一次现场数据，换班时，由下一班在新的记录表上开始记录。

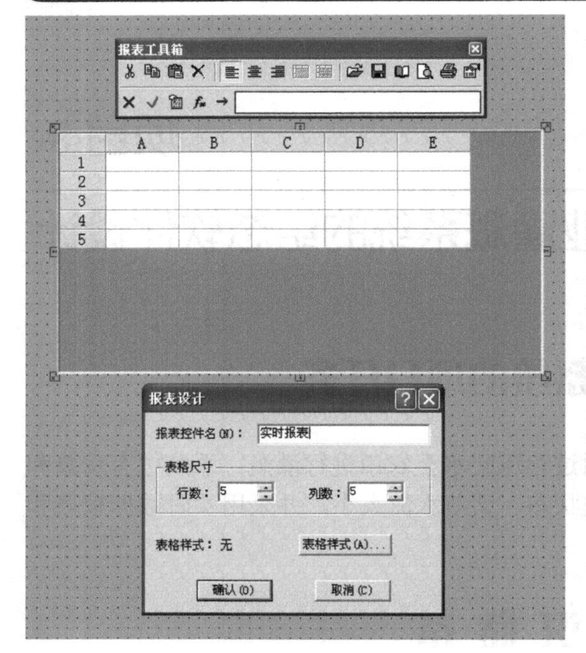

图 8-1　实时报表

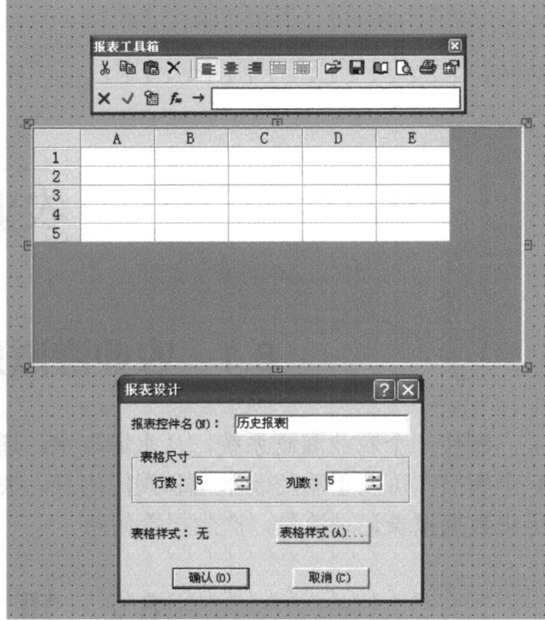

图 8-2　历史报表

2．使用历史数据查询函数

要制作一个定时自动查询历史数据的报表，或者制作格式固定的历史报表时，可以使用 ReportSetHistData（ReportName，TagName，StartTime，SepTime，szContent）函数。使用时，需要指定查询的起始时间、查询间隔和变量数据的填充范围。

8.2.3　报警

报警是指当系统中某些量的值超过了所规定的界限时，系统自动产生相应的警告信息，提醒操作人员。例如，炼油厂的油品储罐往罐中输油时，如果没有规定油位的上限，系统就不能产生报警，无法有效地提醒操作人员，有可能会造成“冒罐”，产生危险。

在监控系统中，为了方便查看、记录和区别，要将变量产生的报警信息归到不同的组中，即使变量的报警信息属于某个规定的报警组。组态王中提供了报警组的功能。

报警组是按树状组织的结构，默认情况下只有一个根节点，默认名为 RootNode（可以改成其他名字）。通过“报警组定义”对话框为这个结构加入多个节点和子节点。这类似于树状的目录结构，每个子节点报警组下所属的变量属于该报警组的同时，属于其上一级父节点报警组，其原理如图 8-3 所示。组态王中最多可以定义 512 个节点的报警组。

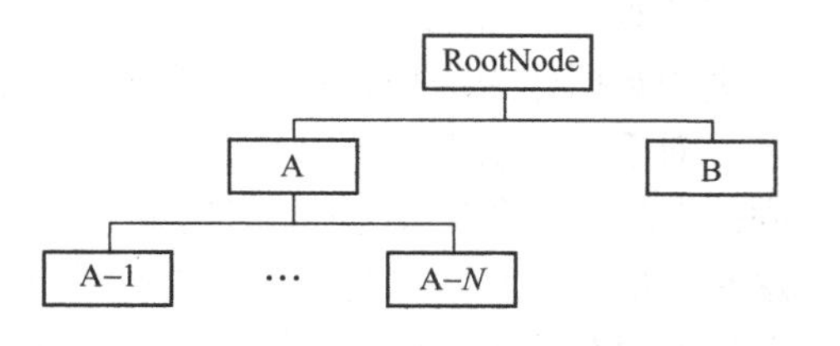

图 8-3　报警组的树状结构

通过报警组名，可以按组处理变量的报警事件，如报警窗口可以按组显示报警事件，记录报警事件也可以按组进行，还可以按组对报警事件进行报警确认。定义报警组后，组态王会按照定义报警组的先后顺序为每一个报警组设定一个 ID，在引用变量的报警组域时，系统显示的都是报警组的 ID，而不是报警组名称。每个报警组的 ID 是固定的，当删除某个报警组后，其他报警组的 ID 不会发生变化，新增加的报警组也不会再占用这个 ID。

8.2.4 系统函数

“组态王”支持使用内建的复杂函数，其中包括字符串函数、数学函数、系统函数、控件函数、报表函数、SQL 函数、配方函数、报警函数及其他函数。报表函数分为报表内部函数、报表单元格操作函数、报表存取函数、报表历史数据查询函数、统计函数、报表打印函数等。

1. ReportSetCellValue()

此函数为报表专用函数，将指定报表的指定单元格设置为给定值。其使用格式如下：

```
ReportSetCellValue(ReportName, Row, Col,Value);
```

其中 ReportName 为报表名称；Row 为要设置数值报表的行号（整型数据，可用变量代替）；Col 为要设置数值报表的列号（整型数值，可用变量代替）；Value 为要设置的数值。当返回值为 0 时，表示设置成功；当返回值为-1 时，表示行列数小于等于零；当返回值为-2 时，表示报表名称错误。

2. HTConvertTime()

此函数将指定的时间格式（年，月，日，时，分，秒）转换为以秒为单位的长整型数，转换的时间基准是 UTC（格林尼治）1970 年 1 月 1 日 00:00:00。例：北京为东八区，则转换的时间基准为 1970 年 1 月 1 日 8:00:00。其使用格式如下：

```
HTConvertTime(Year,Month, Day,Hour,Minute,Second);
```

其中 Year 为年，整型数据，此值必须介于 1970 和 2019 之间；Month 为月，整型，此值必须介于 1 和 12 之间；Day 为日，整型，此值必须介于 1 和 31 之间；Hour 为小时，整型，此值必须介于 0 和 23 之间；Minute 为分钟，整型，此值必须介于 0 和 59 之间；Second 为秒，整型，此值必须介于 0 和 59 之间。

在定义返回值变量时，应注意将其最大值置为整型数的最大范围，如 2×10^9，否则可能会因为返回数据超出范围导致转换的时间不正确。

3. ReportSetHistData()

此函数为报表专用函数，按照用户给定的参数查询历史数据。其使用格式如下：

```
ReportSetHistData(ReportName, TagName, StartTime, SepTime, szContent);
```

其中 ReportName 为报表名称；TagName 为所要查询的变量名称，字符串型；StartTime 为数据查询的开始时间，该时间是通过组态王 HTConvertTime 函数转换的以 1970 年 1 月 1 日 8：00：00（东八区）为基准的长整型数，因此用户在使用本函数查询历史数据之前，应先将查询起始时间转换为长整型数值；SepTime 为查询数据的时间间隔，单位为秒；szContent 为查询结果填充的单元格范围。

8.3 项目实施

8.3.1 新建工程

单击桌面上的“组态王” 图标，弹出“工程管理器”窗口，单击“新建”按钮，弹出“新建工程向导之一”对话框，按照向导输入工程路径和工程名称，完成工程建立后，设置为当前工程。

8.3.2 制作画面

（1）新建画面一，命名为“农业灌溉系统的制作”。 设计画面如图 8-4 所示。

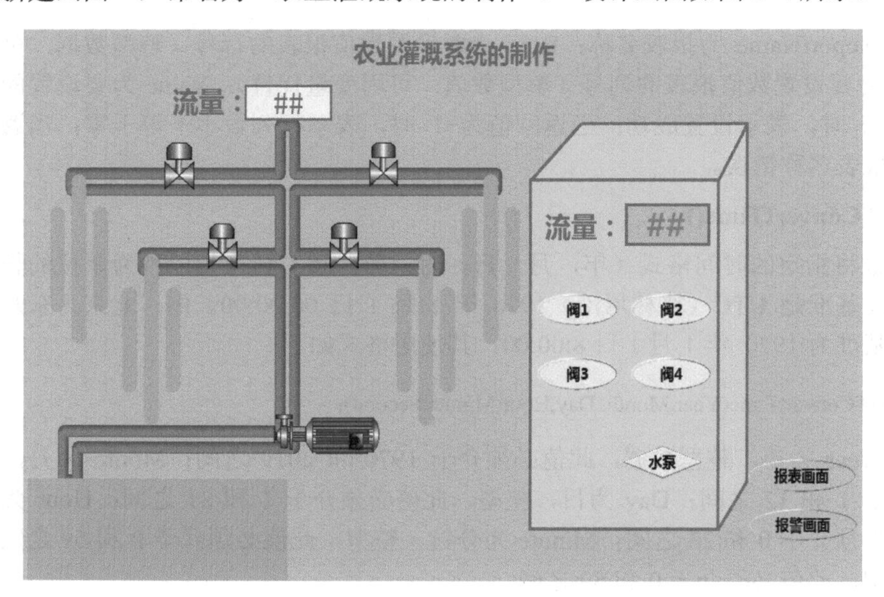

图 8-4 农业灌溉系统画面

① 系统标题。单击“工具箱” 中的 “文本”图标T ，在画面顶端输入文本 “农业灌溉系统”作为标题，设置两个文本“流量:”和“##”，实时显示系统流量。

② 储水箱和控制柜。绘制一个矩形代表储水箱，设置填充颜色。在旁边绘制一个控制柜，上面添加五个按钮，分别输入文本“阀 1”、“阀 2”、“阀 3”、“阀 4”、“水泵”。在控制柜旁边再绘制两个按钮，分别输入文本“报表画面”和“报警画面”。

③ 管道。单击“工具箱”中的“立体管道”图标，在画面上出现一个“小十字花”，拖动鼠标按照要求进行绘制。绘制管道时，管道线可以重叠，但必须一次性连续画出，只有这样才能画出管道相互贯通的效果，最后双击鼠标，结束管道的绘制。

④ 水滴。单击“工具箱”中的“椭圆”图标画 1 个圆形，复制多个后，排列成一列，用“显示调色板”设置填充颜色，使它们看起来像水滴，如图 8-5（a）所示；将这 4 个水滴依次等间距叠加起来，如图 8-5（b）所示。将 4 个水滴全部选中，单击“工具箱”中的“合成组合图素”组合为一个整体，用它来代表一束水流，如图 8-5（c）所示。

⑤ 水泵和阀门。从系统提供的图库精灵中选择水泵和阀门。值得注意的是，所选图素的数据类型必须为离散量。

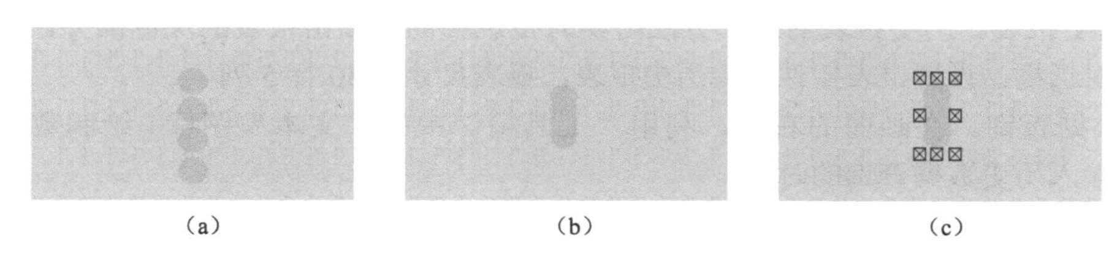

图 8-5 水滴制作

（2）新建画面二，命名为“报表画面”。设计画面如图 8-6 所示。

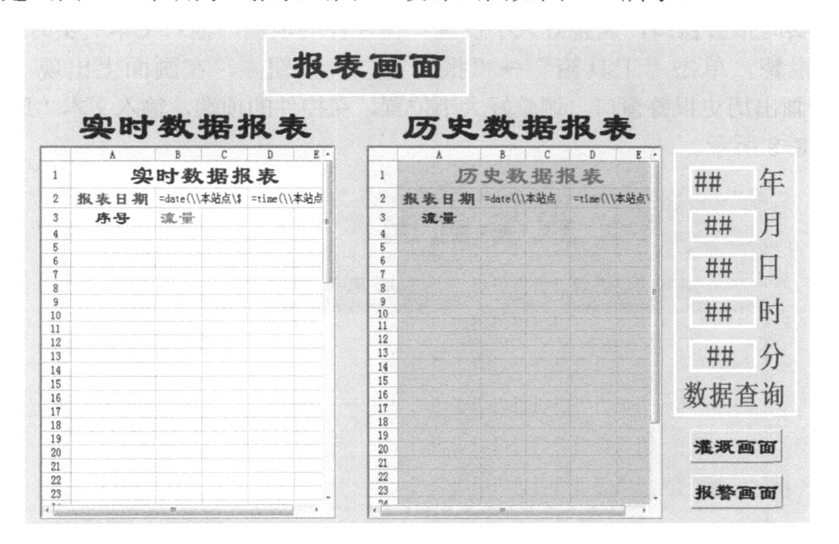

图 8-6 报表画面

① 系统标题。在画面的最上面绘制出系统标题“报表画面”，绘制两个“按钮”，分别输入文本“灌溉画面”和“报警画面”。

② 实时报表。单击“工具箱”→“报表窗口”按钮，在画面上出现一个小“十”字，拖动鼠标画出矩形框，调整好大小位置。在实时报表的上面，输入文本“实时数据报表”。

双击报表的深色部分，弹出“报表设计”对话框，设置报表控件名为实时报表，报表尺寸为 65 行 5 列，单击“确定”按钮，如图 8-7 所示。

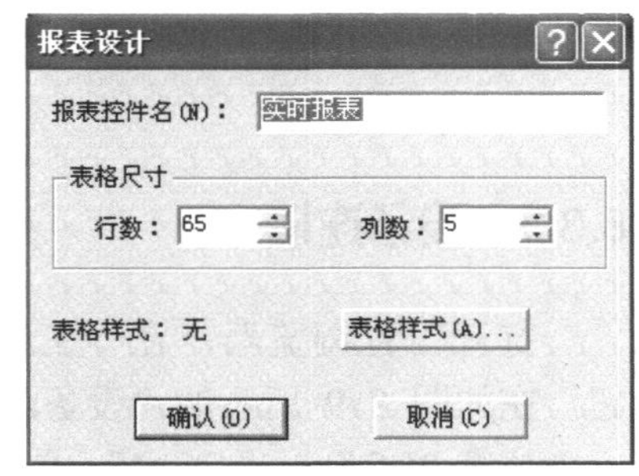

图 8-7 实时报表设计对话框

用鼠标选中 A1～E1 这 5 个单元格，单击“报表工具箱”（见图 8-1）中的合并单元格按钮，把这 5 个单元格合为一个单元格，输入“实时数据报表”；用鼠标右键单击此单元格，在弹出的菜单中单击“设置单元格形式”菜单项进行文字格式设置。

在单元格 A2 中输入“报表日期”；将单元格 B2 和 C2 合并，输入文字“=Date（$年、$月、$日）”；将单元格 D2 和 E2 合并，输入文字“=Time（$时、$f 分、$秒）”；在 A3 和 B3 中分别输入提示文字“序号”和“流量”。

③ 历史报表。历史报表的制作方法与实时报表相同。双击报表的深色部分，弹出“报表设计”对话框，设置报表控件名为历史报表，报表尺寸为 30 行 5 列。

④ 数据查询。在画面的右侧，利用“工具箱”中的“文本”图标 T 绘制数据查询内容，用来输入历史数据查询的时间。

（3）新建画面三，命名为“报警画面”。

① 系统标题。在画面的最上面绘制出系统标题“报警画面”，并绘制两个“按钮”，分别输入文本 “灌溉画面”和“报表画面”。

② 实时报警。单击“工具箱”→“报警窗口”按钮，在画面上出现一个小“十”字，拖动鼠标画出实时报警窗口，调整好大小位置。在控件的顶端，输入文本“实时报警窗”。

③ 历史报警。单击“工具箱”→“报警窗口”按钮，在画面上出现一个小“十”字，拖动鼠标画出历史报警窗口，调整好大小位置。在控件的顶端，输入文本“历史报警窗”。报警画面如图 8-8 所示。

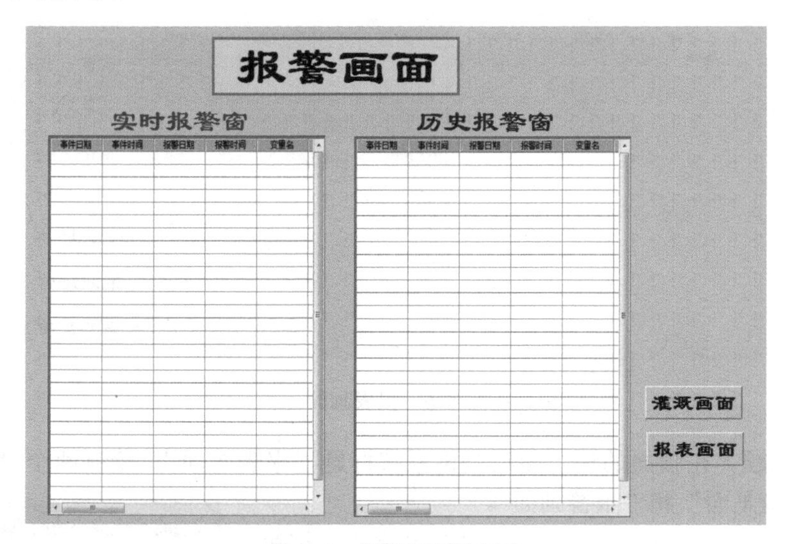

图 8-8　报警画面的制作

8.3.3　设备连接

打开工程浏览器，在“工程目录显示区”选择“板卡”，双击状态栏中的“新建”按钮，在如图 8-9 所示的“设备配置向导”对话框的树形设备列表中选择“PLC”→“亚控”→“仿真 PLC”→“COM”，单击“下一步”按钮，给该设备命名，如“新 I/O 设备”，继续执行下面的操作，直到出现“完成”对话框。

8.3.4　定义变量

选择工程浏览器中的“数据库”→“数据词典”，双击状态栏中的“新建”按钮，新建变量“水滴”，选择变量类型为“I/O 整数”，连接设备选择“新 I/O 设备”，寄存器选择“INCREA3”，数据类型选择“SHORT”，如图 8-10 所示。

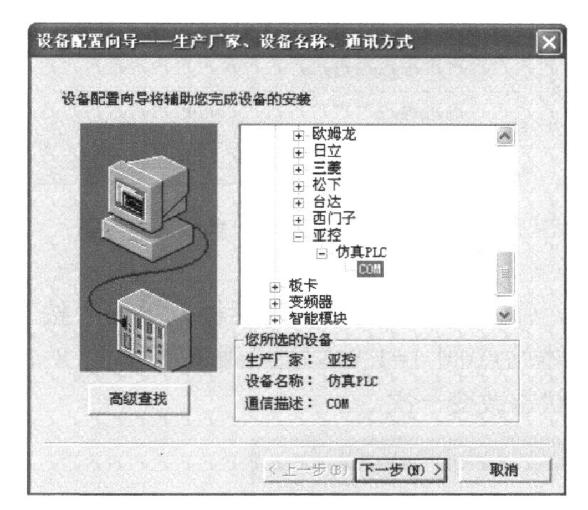

图 8-9　通信设备的连接

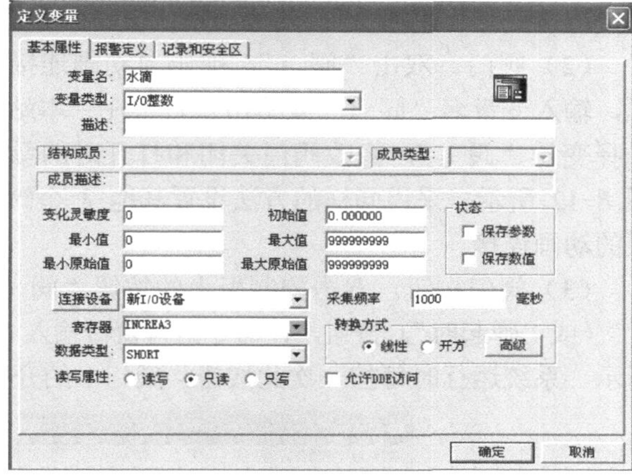

图 8-10　水滴的“定义变量”对话框

同理，定义“流量”为内存实型，“阀 1”、“阀 2”、“阀 3”、“阀 4”、“水泵”为内存离散，如图 8-11 所示。

图 8-11　数据词典

8.3.5 动画连接

1. 农业灌溉画面

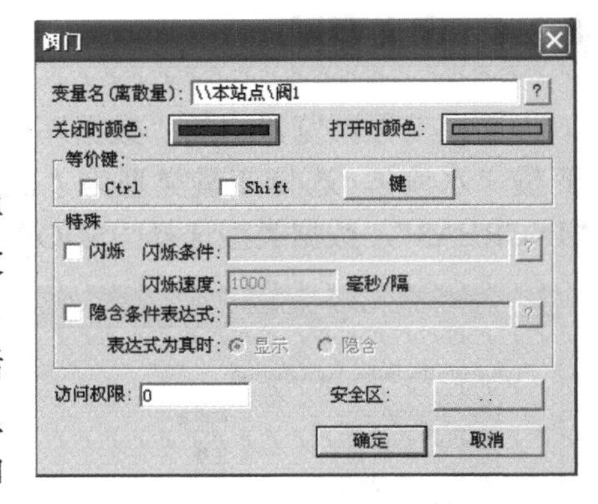

图 8-12 设置对象的连接变量

（1）流量显示。双击“流量:”旁边的“##”，弹出“动画连接”对话框，进行“模拟值输出连接”设置，连接变量为“流量”，其他为默认值。

（2）阀门。双击“阀 1”，弹出“动画连接”对话框，输入变量名“阀 1”或单击“？”在“本站点”里选择变量“阀 1”，修改阀门关闭和打开时的颜色，如图 8-12 所示。采用同样的方法设置其他 3 个阀门和水泵的动画连接。

（3）阀门按钮。双击控制柜上的按钮“阀 1”，弹出“动画连接”对话框，单击“按下时”(或“弹起时”) 按钮，在命令语言窗口输入“\\本站点\阀 1=！\\本站点\阀 1”，如图 8-13 所示。系统运行时每按一次此按钮，阀门 1 的开关状态改变一次。

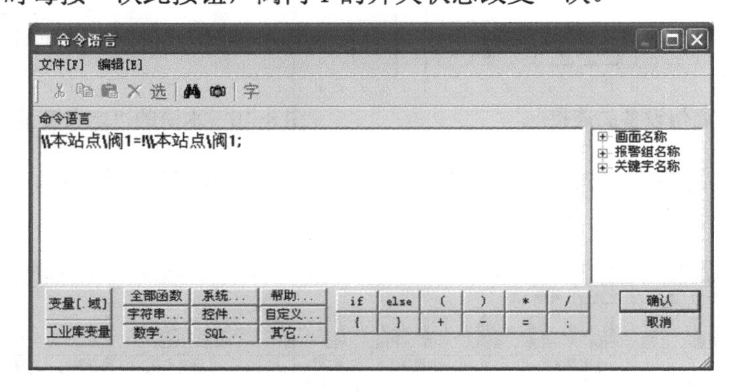

图 8-13 “阀 1”按钮的命令语言

采用同样的方法进行其他 3 个阀门和水泵按钮的动画连接。

（4）画面切换按钮。双击“报表画面”按钮，弹出“动画连接”对话框，选择“按下时”(或“弹起时”)，编写命令语言，如图 8-14 所示。

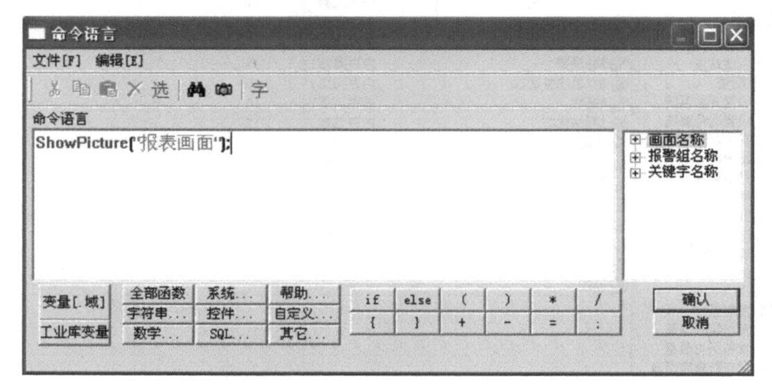

图 8-14 “报表画面”按钮的命令语言

双击“报警画面”按钮，弹出“动画连接”对话框，选择“按下时”（或“弹起时”），编写命令语言为 Showpicture（“报警画面”），实现画面之间的互相切换。

（5）阀门 1 的水滴。为了实现逼真的流水效果，在阀门 1 的下面制作了 5 个水滴，分别对水滴进行隐含动画连接，即每次只显示一个水滴。第一个水滴的显示条件设置为“水泵==1&&阀 1==1&&水滴==0”；第二个水滴的显示条件设置为“水泵==1&&阀 1==1&&水滴==1”；第三个水滴的显示条件设置为“水泵==&&阀 1==1&&水滴==2”；第四个水滴的显示条件设置为“水泵==&&阀 1==1&&水滴==3”；第五个水滴的显示条件设置为“水泵==&&阀 1==1&&水滴==4”。

2．报表画面

（1）实时数据报表。要想在第 4～65 行显示 0～59 秒期间对应的数据，每秒占一行，要先在数据词典里定义一个内存整型变量“行”。打开“画面属性”→“命令语言”，在“存在时”编程如下：

```
行=$秒+4;                                              //从第 4 行开始显示数据
ReportSetCellValue（“实时数据”，行，1，$秒）；   //第 1 列显示$秒作为序号
ReportSetCellValue（“实时数据”，行，1，流量）；
```

（2）历史数据报表。在数据词典里新建“起始时间”、“年”、“月”、“日”、“时”、“分”、“秒”变量，变量类型为内存整型。

双击画面“年”前面的“##”，弹出“动画连接”对话框，单击“模拟值输出连接”，表达式选择变量“\\本站点\年”，单击“确定”按钮，如图 8-15 所示；单击“模拟值输入连接”，变量名选择变量“\\本站点\年”，提示信息“请输入”，范围值最大为“3000”，最小为“0”，单击“确定”按钮，如图 8-16 所示。

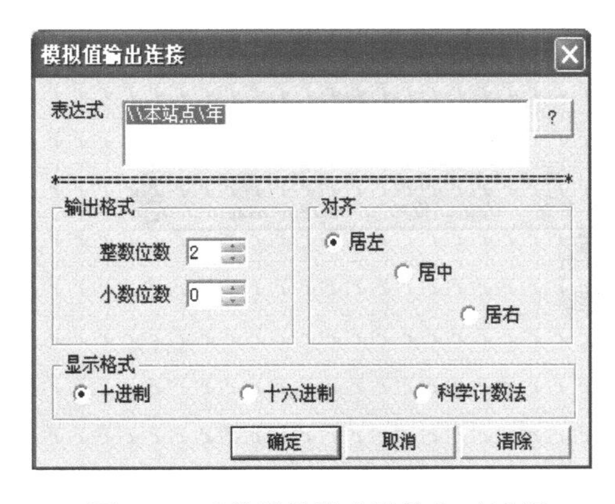

图 8-15　“模拟值输出连接”对话框

图 8-16　“模拟值输入连接”对话框

采用同样的方法设置其他“##”的“模拟值输出连接”和“模拟值输入连接”，需要注意的是输入值的范围。

（3）历史数据查询。双击文字“数据查询”，弹出“动画连接”对话框，单击“按下时”（或“弹起时”），弹出“命令语言”对话框，编程如下：

```
long a;
```

```
a=HTConvertTime(年,月,日,时,分,0);
ReportSetHistData("历史报表","流量",a,60,"a4:a30");
起始时间=HTConvertTime(年,月,日,时,分,0);
```

3．报警画面

（1）实时报警。双击报警窗口，打开“报警窗口配置属性页”，输入报警窗口名称“实时报警窗口”。选择“实时报警窗”，进行属性、日期和时间格式的选择，如图 8-17 所示。

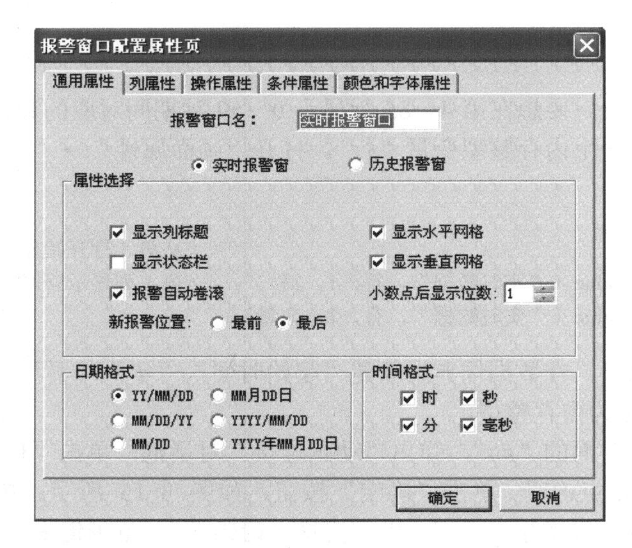

图 8-17 “报警窗口属性设置页”对话框

在“工程浏览器”的目录树中选择“数据库”→“报警组”，如图 8-18 所示。

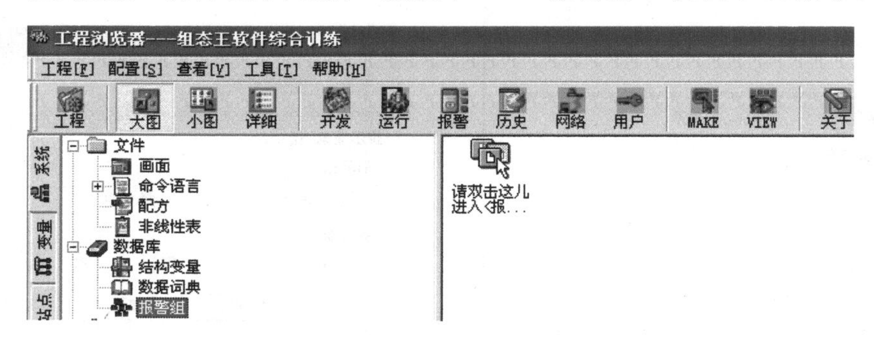

图 8-18 “工程浏览器”的目录树

双击右侧的“请双击这儿进入<报警组>对话框…”，将弹出“报警组定义”对话框，如图 8-19 所示。

选择图 8-19 中的“RootNode”报警组，单击“修改”按钮，将弹出“修改报警组”对话框，将编辑框中的内容修改为“辽宁机电学院”，确定后，原“RootNode”报警组名称变为“辽宁机电学院”，如图 8-20 所示。

图 8-19　“报警组定义”对话框

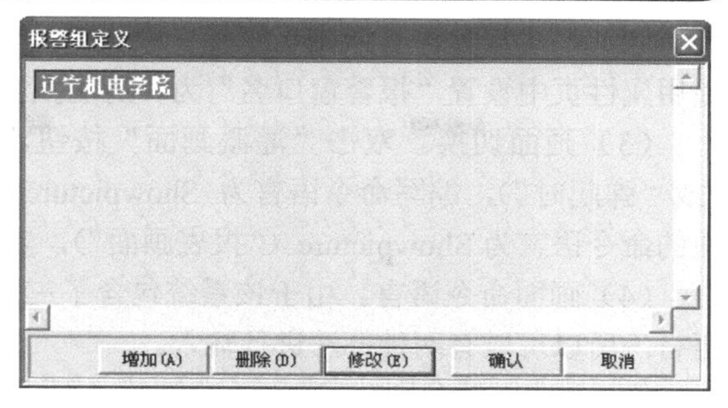

图 8-20　修改后的报警组

选中图 8-20 中的“辽宁机电学院”，单击“增加”按钮，将弹出“增加报警组”对话框，如图 8-21 所示。在对话框中输入“储水箱”，确定后，在“辽宁机电学院”报警组下会出现一个“储水箱”报警组节点。

选中“储水箱”报警组，单击“增加”按钮，在弹出的“增加报警组”对话框中输入“流量值”，则在“储水箱”报警组下会出现一个“流量值”报警组节点，结果如图 8-22 所示。

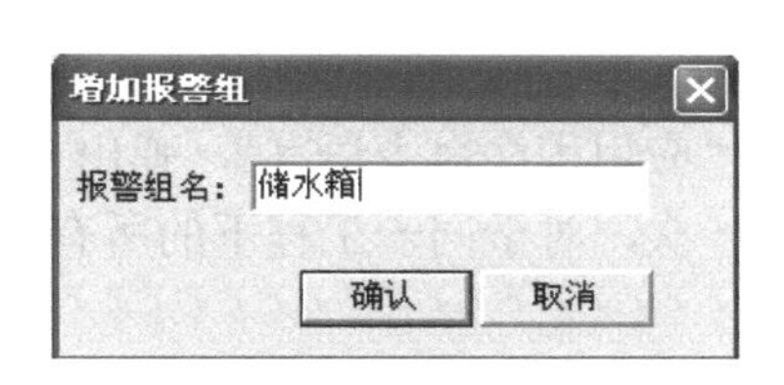

图 8-21　“增加报警组”对话框

图 8-22　“报警组定义”对话框

打开“工程浏览器”→“数据词典”，双击变量“流量”，打开“定义变量”对话框的“报警定义”选项卡，选择报警组，确定报警方式和报警限，如图 8-23 所示。

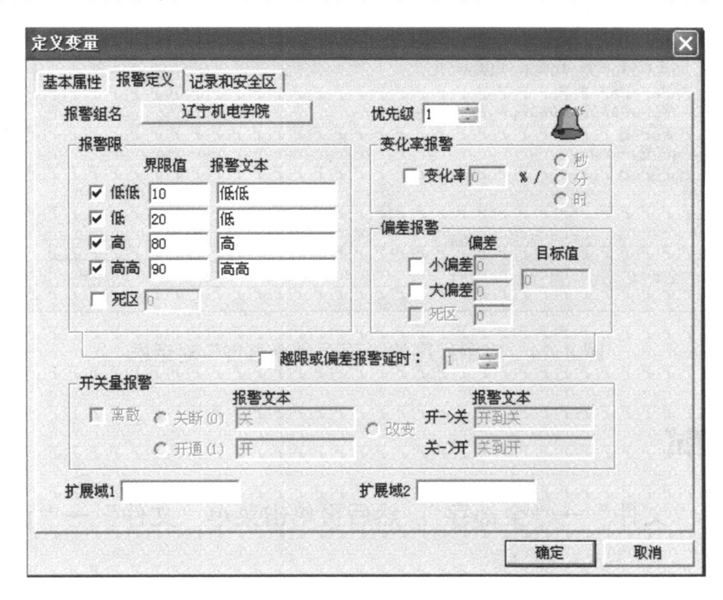

图 8-23　变量的报警设置

（2）历史报警窗。双击设置另一个报警控件，弹出“报警窗口配置属性页”对话框，在通用属性页中设置“报警窗口名”为“历史报警窗口”，属性为“历史报警窗”。

（3）画面切换。双击“灌溉画面”按钮，弹出“动画连接”对话框，选择“按下时”（或“弹起时”），编写命令语言为 Showpicture（“灌溉画面”）；同理，设置 “报表画面”按钮的命令语言为 Showpicture（“报表画面”），实现画面之间的切换。

（4）画面命令语言。由于该系统包含了三个画面，且每个画面里都需要用到相同的命令语言，所以可以有两种办法进行输入。

第一种办法是分别在三个画面中选择“画面属性”→“命令语言”，编写相同的程序如下：

```
if（阀 1==0&&阀 2==0&&阀 3==0&&阀 4==0）
{水泵=0；}
if（水泵==1）
{if（阀 1==1&&阀 2==1&&阀 3==1&&阀 4==1）
 {流量=流量+5；}
 else{if(阀 1==1 || 阀 2==1 || 阀 3==1 || 阀 4==1)
 {流量=流量+1；}}}
if（流量>=100）
 {流量=0；}
```

第二种办法是在工程浏览器中选择“命令语言”→“应用程序命令语言”，弹出 “画面命令语言”对话框，把程序编写在这里，这样只需编写一次，对于同一工程下的所有画面都有效，如图 8-24 所示。

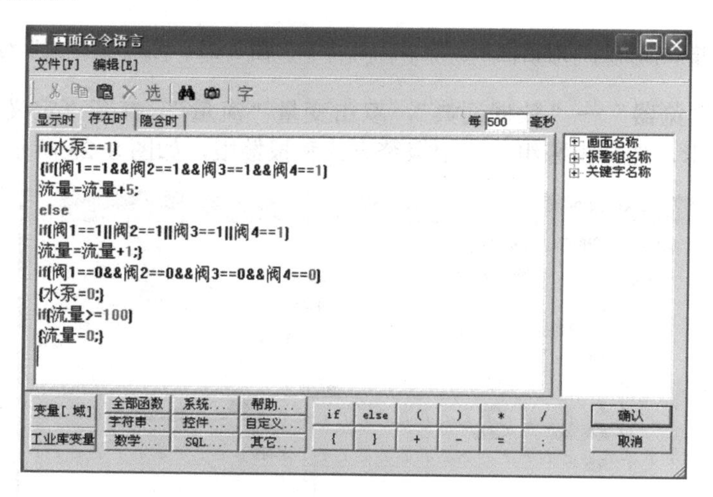

图 8-24　应用程序的“画面命令语言”对话框

8.3.6　运行与调试

（1）单击菜单“文件”→“全部存”，然后再单击菜单“文件”→“切换到 view”，如图 8-25 所示。

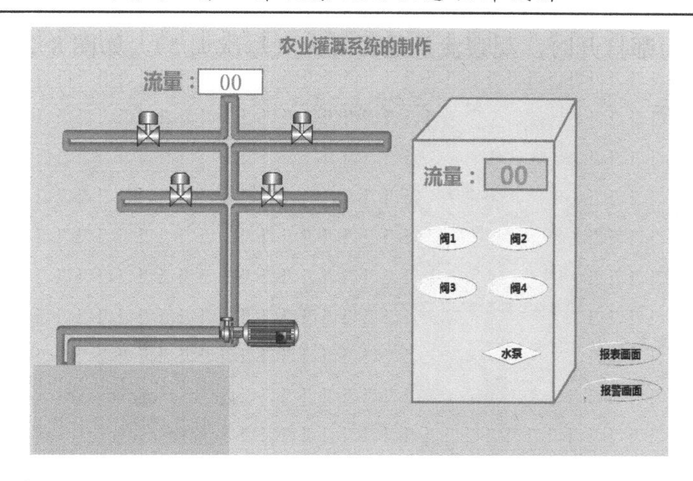

图 8-25　农业灌溉系统运行画面

（2）单击画面上的“阀门”按钮或“阀门”对象，同时单击“水泵”，观察对应的阀门水管是否有水流出；当阀门依次打开时，观察流量是否有变化（每次加 1），如图 8-26 所示。

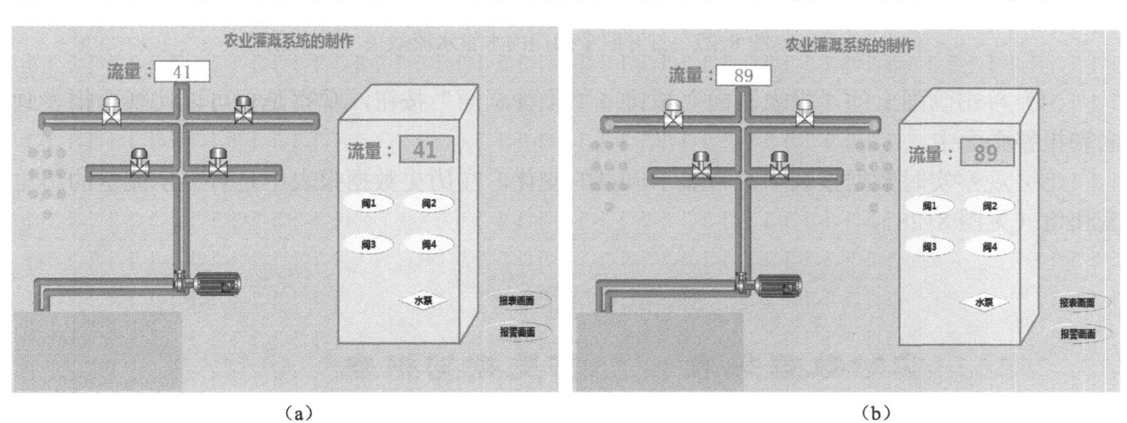

（a）　（b）

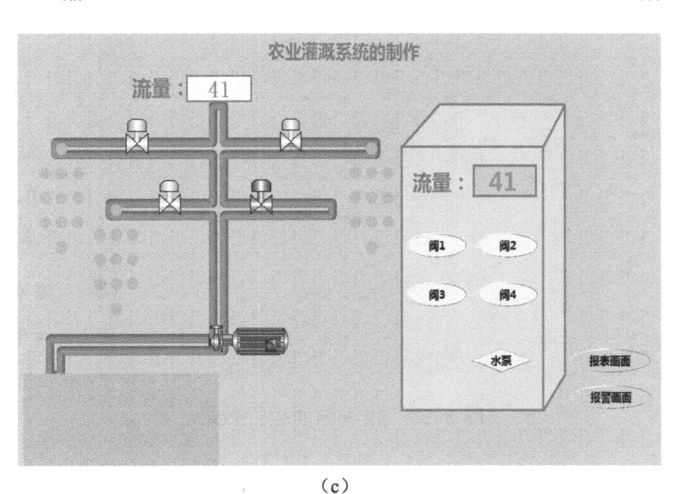

（c）

图 8-26　阀门水管的水流效果

（3）当四个阀门都打开时，观察流量是否变大（每次加 5），如图 8-27 所示。

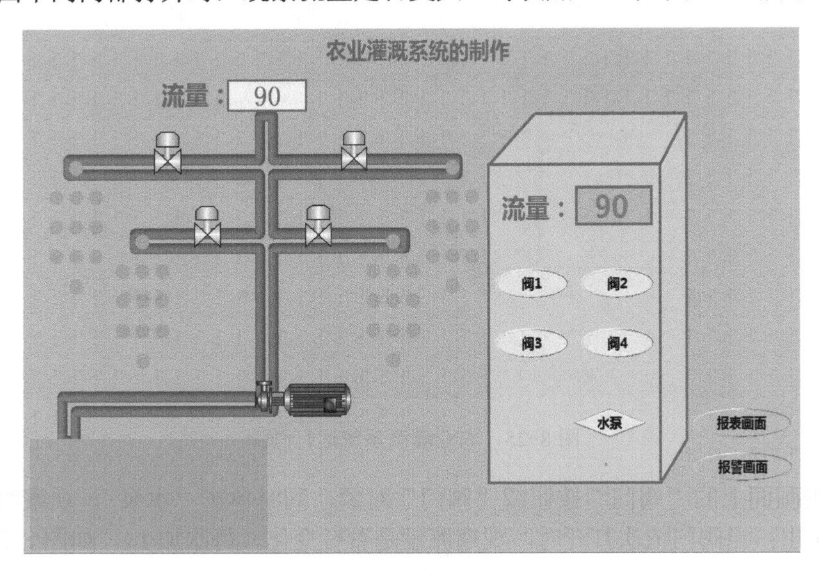

图 8-27　打开四个阀门的水管水流效果

（4）单击画面上的“报表画面”按钮或“报警画面”按钮，观察是否可以切换至报表画面和报警画面中。

（5）观察实时数据报表中是否显示流量的变化，在历史数据报表中是否显示流量的历史变化值（见图 8-28）。

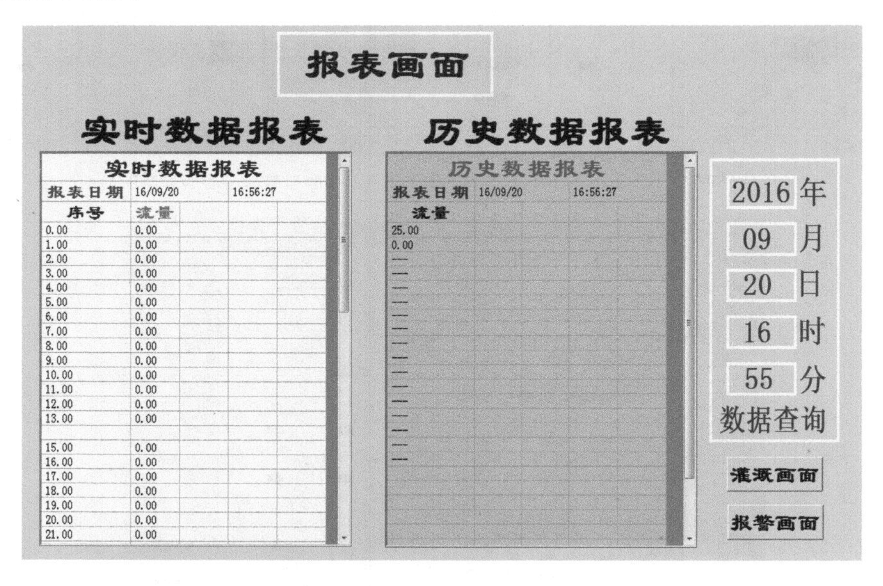

图 8-28　报表画面运行效果

（6）如图 8-29 所示，观察在实时报警窗口中是否实时显示流量的报警信息，在历史报警窗口中是否显示流量的历史报警信息。

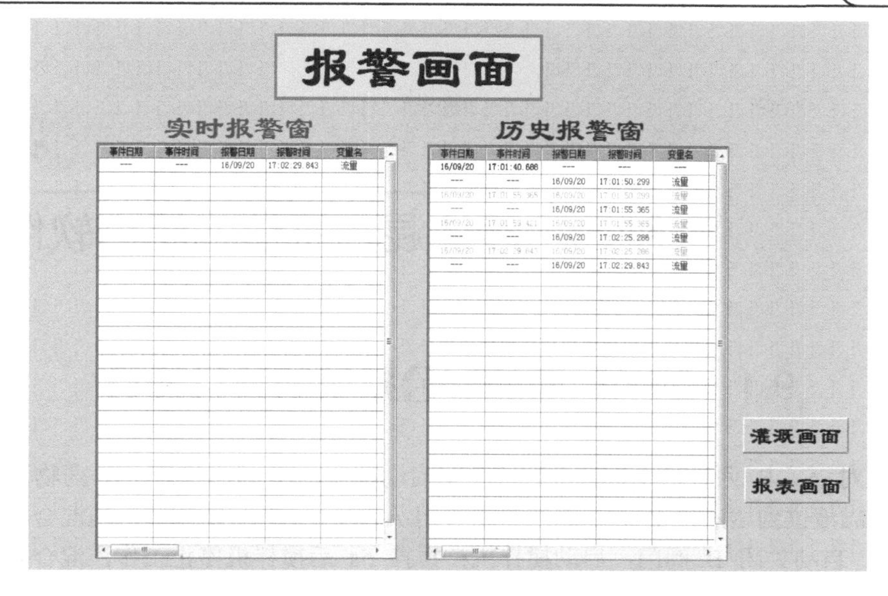

图 8-29　报警画面运行效果

8.4　项目考核

评分内容	分值	评分标准	扣分	得分
软件使用	20	工程建立（5 分）		
		菜单应用（5 分）		
		工具箱使用（5 分）		
		运行系统调试（5 分）		
新知识掌握	40	图库精灵及离散变量使用和设置（10 分）		
		报表控件的使用（10 分）		
		报警组定义及报警控件使用和设置（10 分）		
		条件语句（多层嵌套）的使用（10 分）		
功能实现	40	农业灌溉系统的运行实现（10 分）		
		报表画面的运行实现（10 分）		
		报警画面的运行实现（10 分）		
		画面切换（10 分）		

项目 9

制药厂液体混合系统的组态软件设计

9.1 制药厂液体混合系统的项目任务

制药厂对 A、B 两种药物进行混合，按下启动按钮，A 阀门打开，A 药物流入混合罐中；当混合罐液位到达液位 B 时，系统自动关闭 A 阀门，打开 B 阀门；当混合罐液位到达液位 C 时，自动关闭 B 阀门，启动搅拌机；搅拌 5s 后搅拌机停止工作，混合药物阀门打开，混合药物流出；当液位下降到液位 A 时，混合药物阀门自动关闭，再次按下启动按钮开始下一周期的工作。

9.2 知 识 储 备

9.2.1 I/O 设备管理

组态王采用工程浏览器界面来管理硬件设备，已配置好的设备统一列在工程浏览器界面下的设备分支，如图 9-1 所示。

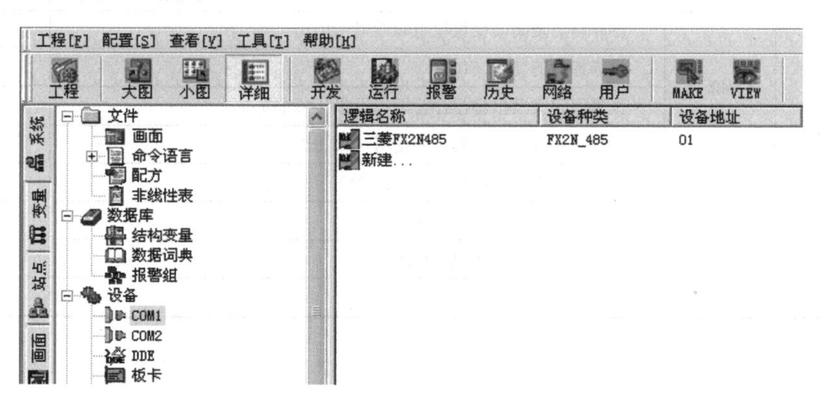

图 9-1　配置好的设备举例

每一个实际 I/O 设备都必须在组态王中指定一个唯一的逻辑名称，此逻辑设备名就对应着该 I/O 设备的生产厂家、实际设备名称、设备通信方式、设备地址、与上位 PC 机的通信方式等信息内容。具体 I/O 设备与逻辑设备名是一一对应的，有一个 I/O 设备就必须指定一个唯一的逻辑设备名，特别是设备型号完全相同的多台 I/O 设备，也要指定不同的逻辑设备名。组态王中变量、逻辑设备与实际设备对应的关系如图 9-2 所示。

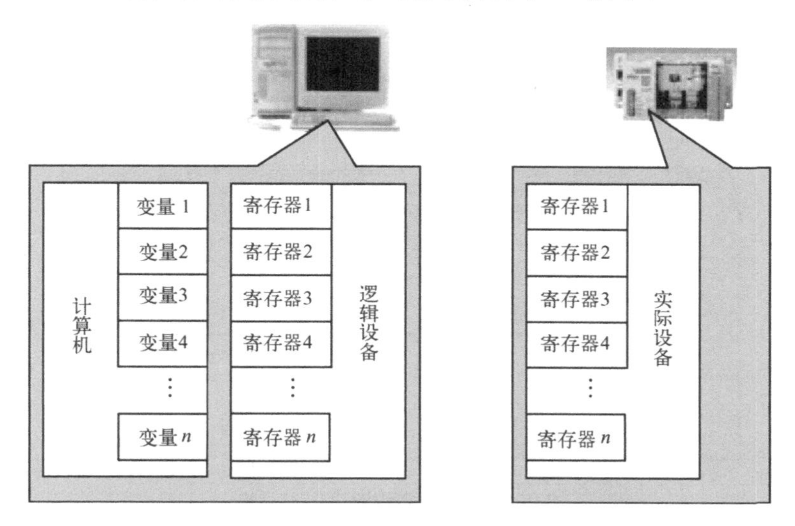

图 9-2　组态王中变量、逻辑设备与实际设备对应的关系

例如，设有二台型号为三菱公司的 FX2-60MR PLC 作为下位机控制工业生产现场。同时，这两台 PLC 均要与装有组态王的上位机通信，则必须给两台 FX2-60MR PLC 指定不同的逻辑名，如图 9-3 所示。图中的“设备 PLC1”、“设备 PLC2”是由组态王定义的逻辑设备名（此名由工程人员自己确定），而不一定是实际的设备名称。

组态王中的 I/O 变量与具体 I/O 设备的数据交换就是通过逻辑设备名来实现的，当工程人员在组态王中定义 I/O 变量属性时，就要指定与该 I/O 变量进行数据交换的逻辑设备名。一个逻辑设备可与多个 I/O 变量对应。I/O 变量与逻辑设备名之间的关系如图 9-4 所示。

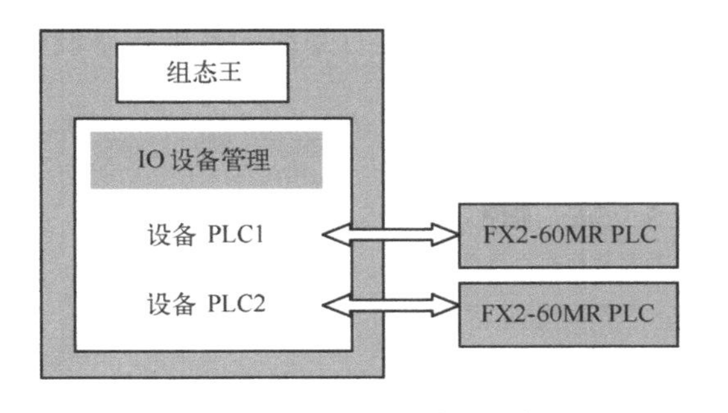

图 9-3　逻辑设备与实际设备

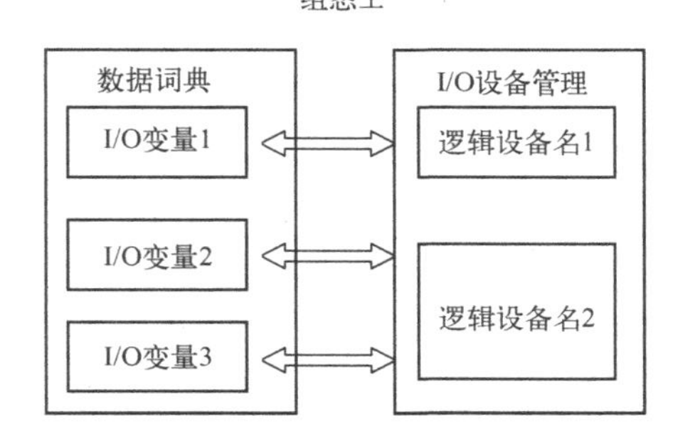

图 9-4　I/O 变量与逻辑设备名之间的关系

9.2.2　管道流动动画连接

用鼠标双击立体管道，在“动画连接”对话框中单击“流动”按钮，弹出“管道流动连接”对话框，如图 9-5 所示。

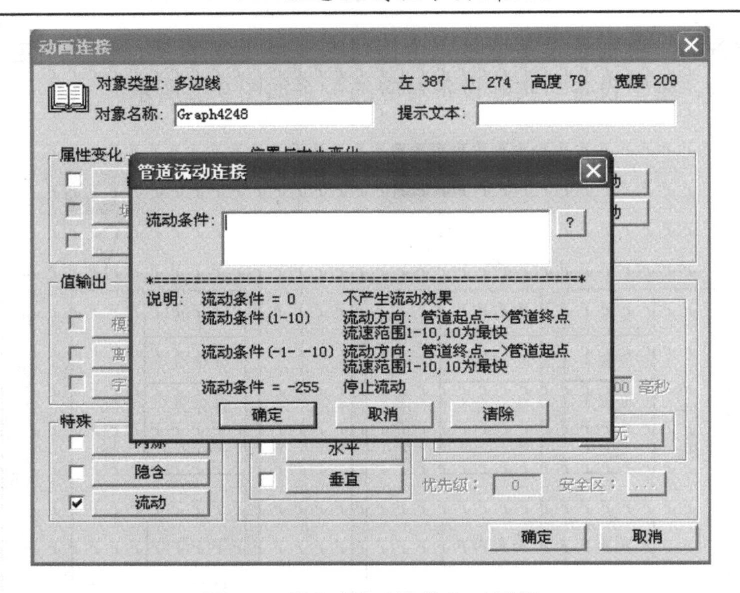

图 9-5 “流动流动连接”对话框

“流动条件”：输入流动状态关联的组态王变量，应为整型变量。单击右侧的“？”按钮可以选择已定义的变量名。

管道流动的状态由关联的变量的值确定：

当变量值为 0 时，不产生流动效果，管道内不显示流线；

当变量值在(1,10)范围内时，管道内液体流线的流动方向为管道起点至管道终点，流速为设定值，10 为速度的最大值；

当变量值为(−10, −1)时，管道内液体流线的流动方向为管道终点至管道起点，流速为设定值，−10 为速度的最大值；

当变量值为−255 时，停止流动，管道内显示静止的流线。

管道流动速度与组态王运行系统的基准频率有关。当组态王运行系统的基准频率设置值大时，管道显示流动速度慢，否则快。

9.3 项目实施

9.3.1 新建工程

启动“组态王”工程管理器，选择菜单“文件”→“新建工程”或单击“新建”按钮，依照新建工程向导创建新的工程，命名为“液体混合系统”，并把该工程设置为当前工程。

9.3.2 制作画面

在工程管理器中双击“液体混合系统”工程，进入工程浏览器。单击“工程浏览器”左边的“工程目录显示区”中的“画面”项，右面的“目录内容显示区”中显示“新建”图标，用鼠标双击该图标，弹出“新画面”对话框，新画面命名为“液体混合”。双击“液体混合”画面，进入开发系统。

1．画面标题

单击工具箱上的“文本”工具T，输入文本“液体混合系统”，选中该文本，单击工具箱中的“字体”工具，选择“宋体”、“常规”、“初号”字，使用工具箱中的“调色板”工具更改文本颜色。

2．液体混合罐

单击工具箱中的“打开图库”，打开“图库管理器”，选择合适的“反应器”，双击鼠标左键，将其放置在画面上，用鼠标拖曳到合适大小；采用工具箱中的“圆角矩形”绘制反应器流入液体管道口和流出液体管道口；采用“过渡色类型”的填充效果完成管道口的绘制。混合罐外形图如图9-6所示。在混合罐上层放置一个圆角矩形，用于实现混合罐液位填充效果。

3．搅拌器

单击工具箱中的“圆角矩形”工具绘制一个细长的矩形框，采用“过渡色类型”填充完成搅拌器手柄的绘制；单击工具箱中的“多边形”工具绘制搅拌器扇叶，如图9-7所示。

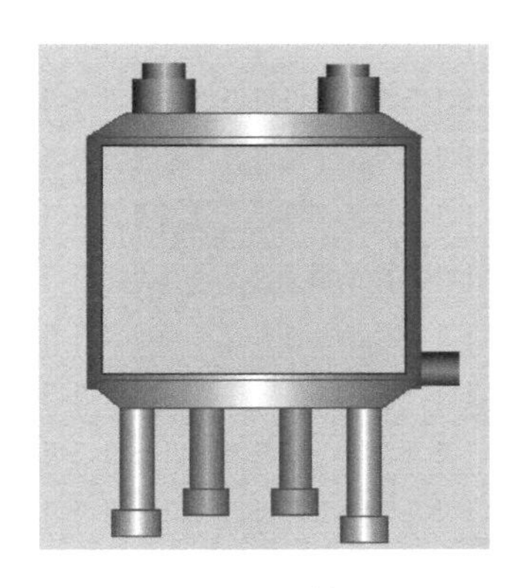

图9-6　混合罐外形图

图9-7　搅拌器绘制

4．管道

单击“工具”→“立体管道”，此时鼠标光标变为“十”字形，将鼠标光标置于一个起始位置，此位置就是立体管道的起始点，单击鼠标的左键并拖曳鼠标，在需要转弯的地方单击一下鼠标左键，最后双击鼠标左键，则折线变为立体管道。刚绘制完的立体管道外形如图9-8所示。

选中管道，单击鼠标右键弹出快捷菜单，选择“图素位置”→“图素后移”，将管道移到后一层；单击鼠标右键弹出快捷菜单，选择“管道属性”，弹出“管道属性”对话框，参数设置如图9-9所示。

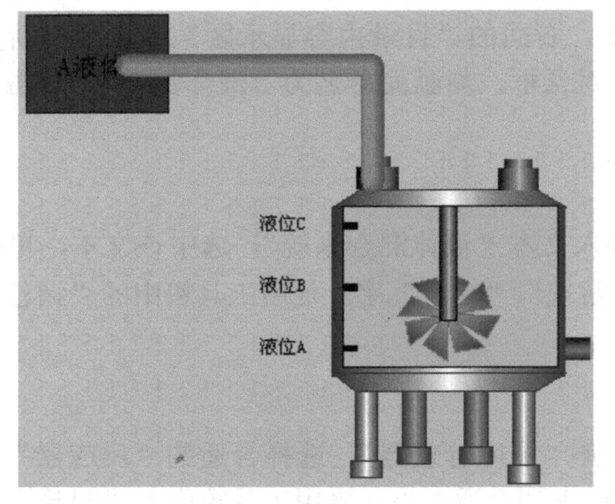

图 9-8 立体管道的绘制

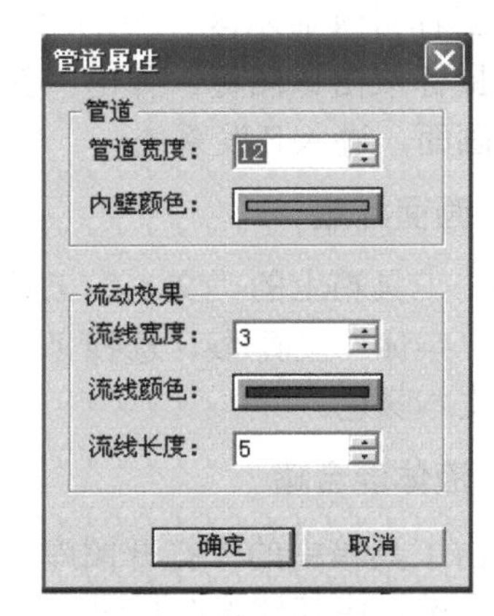

图 9-9 “管道属性”对话框

5．阀门

单击工具箱中的“打开图库”，打开“图库管理器”，选择“阀门”，双击阀门，将阀门调整成合适的大小放置在管道上。

6．液位开关

利用工具箱中的“圆角矩形”工具绘制三个小矩形左对齐并且垂直等间距放置于混合罐左侧，用文本工具输入液位 A、液位 B 及液位 C。液体混合工程画面的总体效果如图 9-10 所示。

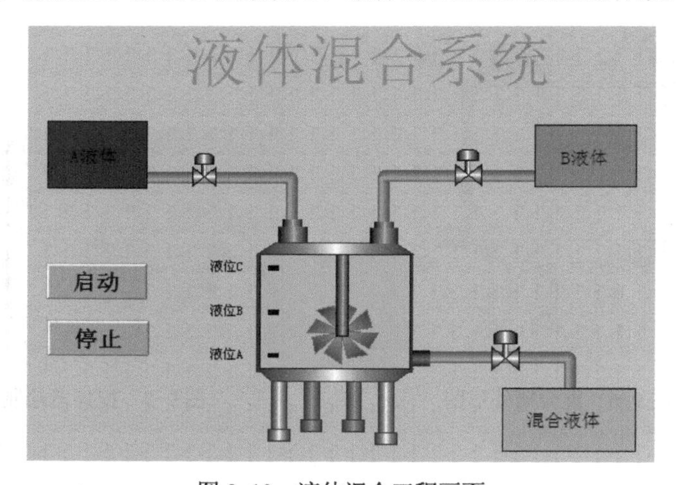

图 9-10 液体混合工程画面

9.3.3 设备连接

该项目中要添加的外部设备为三菱的 PLC，型号为 FX2N-485，该设备采用 RS485 总线实现与计算机的通信，计算机一侧为 RS232 通信方式，具体设备连接方法如下。

（1）在“工程浏览器”的“目录显示区”，用鼠标左键单击“设备”下的成员 COM1 或 COM2，则在“目录内容显示区”出现“新建”图标，选中“新建”图标后双击鼠标左键，弹出“设备配置向导”对话框；或者单击鼠标右键，弹出浮动式菜单，选择菜单命令“新建逻辑设备”，也弹出“设备置配向导——生产厂家、设备名称、通信方式”对话框，如图9-11所示。

从树形设备列表区中可选择PLC、智能仪表、智能模块、板卡、变频器等节点中的一个，如PLC→三菱FX2N_485→COM。

（2）单击“下一步”按钮，则弹出“设备配置向导——设备名称”对话框，给要配置的串口设备指定一个逻辑名称，如图9-12所示。

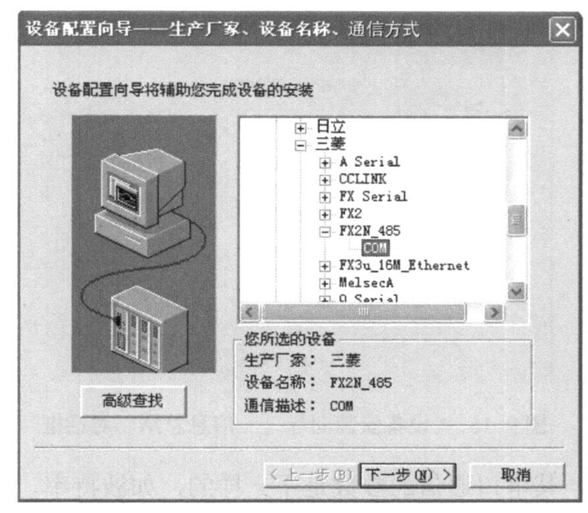

图9-11　“设备配置向导——生产厂家、设备名称、通信方式”对话框

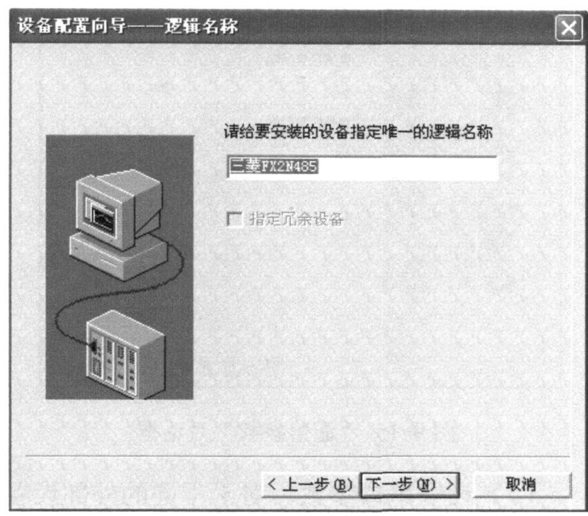

图9-12　“设备配置向导——逻辑名称”对话框

（3）继续单击“下一步”按钮，则弹出“设备配置向导——选择串口号”对话框，串行设备指定的计算机相连的串口共有128个串口号，选择COM1，如图9-13所示。

（4）继续单击“下一步”按钮，则弹出“设备配置向导——设备地址设置”对话框，该地址由工程人员指定，应对应实际设备定义的地址，如图9-14所示。

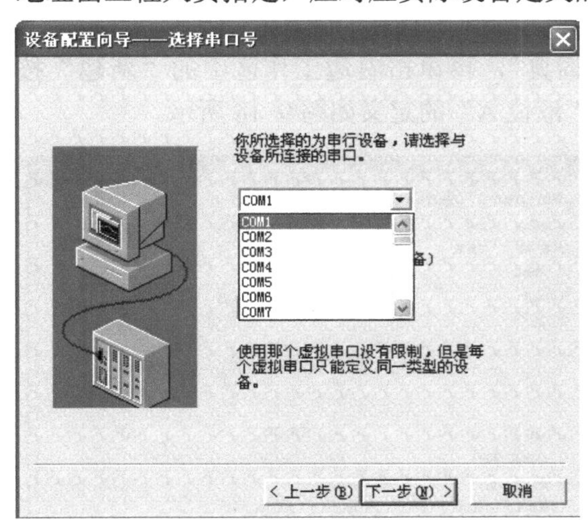

图9-13　“设备配置向导——选择串口号”对话框

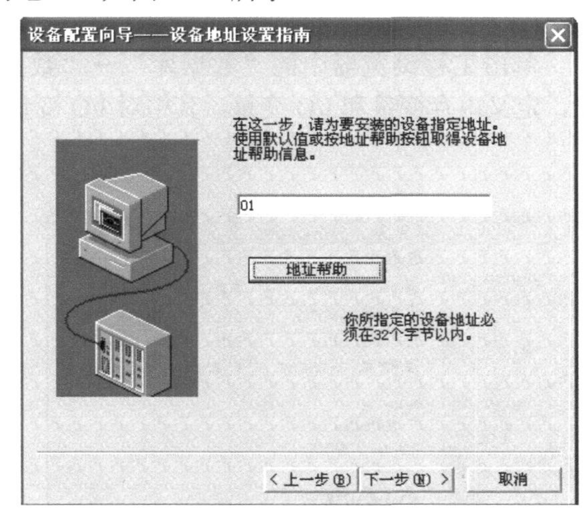

图9-14　“设备配置向导——设备地址设置指南”对话框

（5）继续单击“下一步”按钮，则弹出“通信参数”对话框，如图9-15所示。

（6）继续单击“下一步”按钮，则弹出“设备配置向导——信息总结”对话框，如

图 9-16 所示。此向导页显示已配置的串口设备的设备信息，供工程人员查看，如果需要修改，可单击“上一步”按钮，返回上一个对话框进行修改。如果不需要修改，单击“完成”按钮，则工程浏览器设备节点处会显示已添加的串口设备。

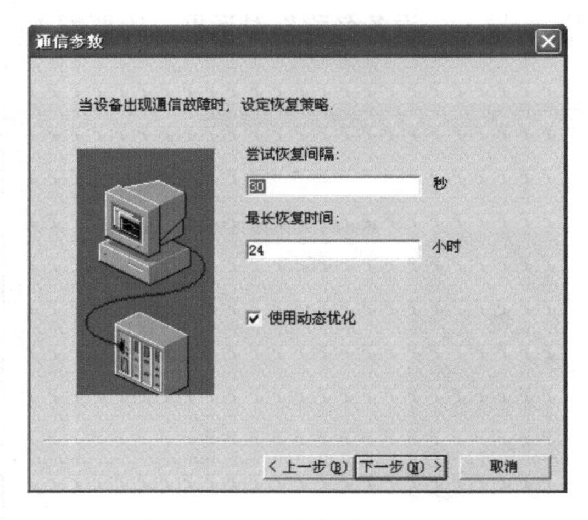

图 9-15 “通信参数”对话框

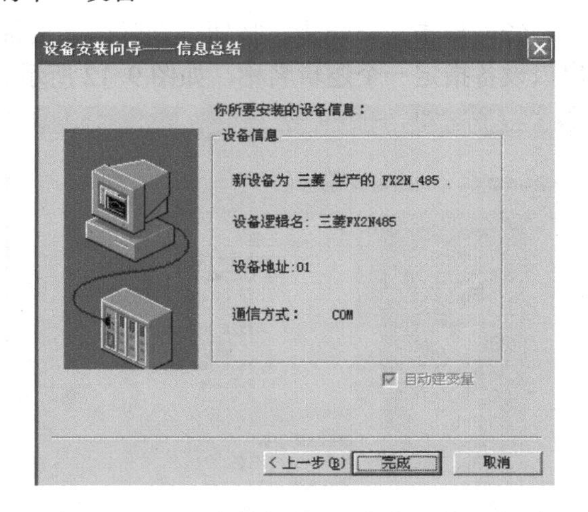

图 9-16 “设备安装向导——信息总结”对话框

（7）设置串口参数。对于不同的外部设备，其串口通信的参数是不一样的，如波特率、数据位、校验位等。因此，定义完设备之后，还需要根据实际的外部设备通信参数对计算机的通信参数进行设置。例如，定义设备时，选择了 COM1 口，则在工程浏览器的目录显示区选择“设备”，双击“COM1”图标，弹出“设置串口——COM1”对话框，设置对应设备的波特率、数据位、校验类型、停止位等，这些参数的选择必须与下位机设备内的通信参数相一致，如图 9-17 所示。

9.3.4 定义变量

单击工程浏览器中的“数据库”→“数据词典”，再单击右边工作区中的“新建”按钮，定义内存变量和 I/O 变量，其中对 I/O 变量“液位 A”的定义如图 9-18 所示。

图 9-17 串口通信参数设置

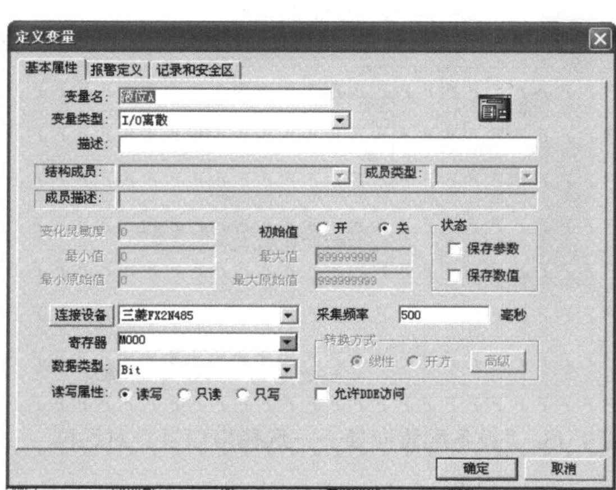

图 9-18 定义 I/O 变量“液位 A”

如图 9-19 所示，该系统需要 14 个 I/O 变量及内存变量，其中内存实型变量“液位值”用于实现混合罐的液位填充，液位值范围为 0～500；变量“A 液体管道”、“B 液体管道”和“混合液体管道”用于完成立体管道流体流动效果；变量“搅拌时间”用于制作搅拌器的旋转动画连接。

液位A	I/O离散	26	三菱FX2N485	M000
液位B	I/O离散	27	三菱FX2N485	M001
液位C	I/O离散	28	三菱FX2N485	M002
启动按钮	I/O离散	29	三菱FX2N485	M003
停止按钮	I/O离散	30	三菱FX2N485	M004
A液体阀门	I/O离散	31	三菱FX2N485	Y000
B液体阀门	I/O离散	32	三菱FX2N485	Y001
混合液体阀门	I/O离散	33	三菱FX2N485	Y002
搅拌电机	I/O离散	34	三菱FX2N485	Y003
液位值	内存实型	36		
A液体管道	内存实型	37		
B液体管道	内存实型	38		
混合液体管道	内存实型	39		
搅拌时间	内存整型	41		

图 9-19　变量定义

9.3.5　动画连接

1．“启动”功能实现

双击“启动”按钮，弹出“动画连接”对话框，单击“弹起时”，输入命令语言：

停止按钮=0;

启动按钮=1;

2．“停止”功能实现

双击“停止”按钮，弹出“动画连接”对话框，单击“弹起时”，输入命令语言：

启动按钮=0;

停止按钮=1;

A 液体管道=0;

B 液体管道=0;

混合液体管道=0;

液位值=0;

3．阀门开关状态实现

双击“A 液体阀门”，弹出阀门的属性设置对话框，如图 9-20 所示，当“A 液体阀门”变量为 1 时，阀门打开，显示绿色；当“A 液体阀门”变量为 0 时，阀门关闭，显示红色。B 液体阀门与混合液体阀门的属性设置方法相同。注意，B 液体阀门对应的变量选择“B 液体阀门”，混合液体阀门

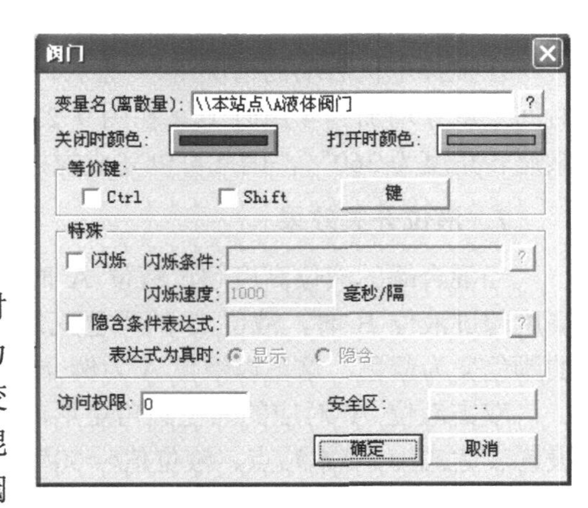

图 9-20　阀门的属性设置对话框

对应的变量选择“混合液体阀门”。

4. 管道流动效果实现

双击“A 液体管道”，弹出“动画连接”对话框，单击“流动”，设置管道流动连接，如图 9-21 所示。B 液体管道对应的流动条件为“//本站点/B 液体管道”；混合液体管道对应的流动条件为“//本站点/混合液体管道”。

5. 混合罐液位填充效果实现

双击混合罐上的圆角矩形，弹出“动画连接”对话框，选择“填充”，设置如图 9-22 所示。

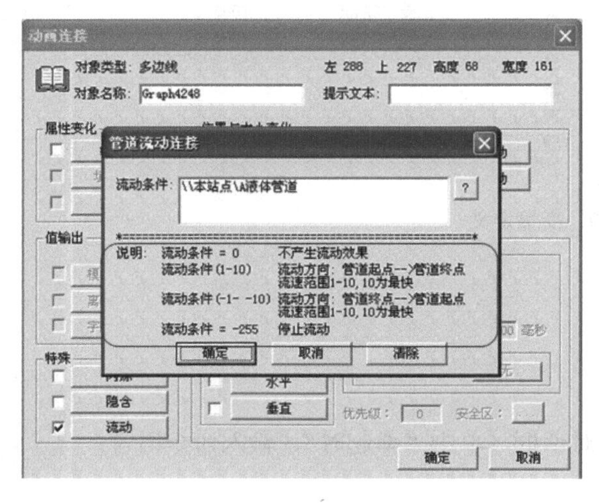

图 9-21 “管道流动连接”对话框

图 9-22 “填充连接”对话框

6. 搅拌器旋转效果实现

搅拌电机启动之后，组态画面中要求实现搅拌器的搅拌效果，在该项目中采用旋转动画连接完成此功能。双击搅拌器图素，弹出“动画连接”对话框，单击“旋转”按钮，弹出“旋转连接”对话框，如图 9-23 所示。

在搅拌电机启动的情况下，“搅拌时间”每 200ms 增加 1，增加到 4 后归零，即“搅拌时间”从 0 增加到 4 用时 1s。在图 9-23 中，“搅拌时间”从 0 增加到 4 的过程中，搅拌器图素旋转角度为 360°，因此可以完成搅拌器图素 1s 旋转 360°的动画效果。

7. 液位开关效果

当混合罐的液位高度超过液位 A 时，液位 A 的颜色变为蓝色。同样，当混合罐的液位高度超过液位 B 时，液位 B 的颜色变为蓝色。当混合罐的液位高度超过液位 C 时，液位 C 的颜色变为蓝色。这里以液位 A 为例介绍实现液位开关效果的实现方法。

双击液位 A 对应的黑色圆角矩形，弹出“动画连接”对话框，选择“填充属性连接”，设置表达式为“\\本站点、液位值>=50”，即当表达式不成立时，圆角矩形填充颜色为黑色，当表达式成立时，圆角矩形填充颜色为蓝色，如图 9-24 所示。

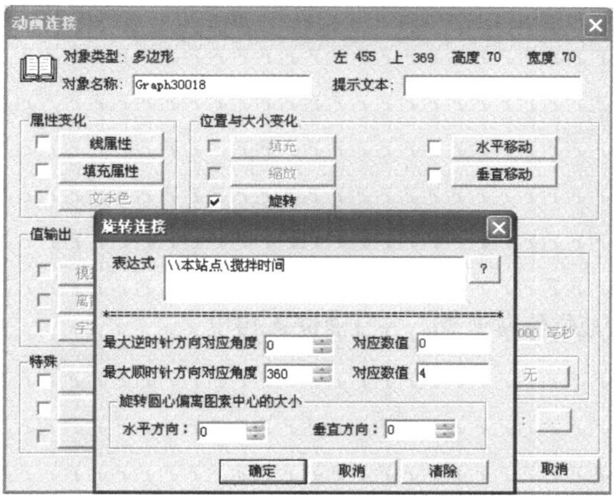

图 9-23　“旋转连接”对话框

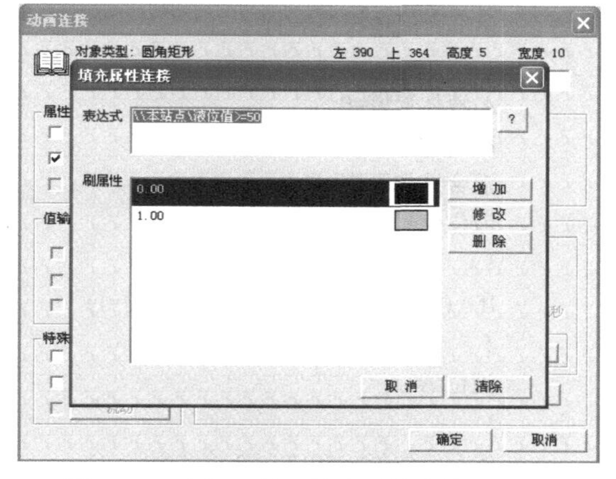

图 9-24　液位 A 的“填充属性连接”设置

8．画面命令语言

用鼠标右键单击画面的任何位置，选择“画面属性”→“命令语言”，输入画面命令语言脚本程序，如下所示。

```
if(A 液体阀门==1)                //A 液体阀门打开，A 液体管道产生流动效果
{
A 液体管道=10;
B 液体管道=0;
混合液体管道=0;
液位值=液位值+10;
}
if(B 液体阀门==1)                //B 液体阀门打开，B 液体管道产生流动效果
{
A 液体管道=0;
B 液体管道=10;
混合液体管道=0;
液位值=液位值+10;
}
if(搅拌电机==1)                  //搅拌电机启动，搅拌器开始旋转
{
A 液体管道=0;
B 液体管道=0;
混合液体管道=0;
搅拌时间=搅拌时间+1;             //用于完成搅拌器的旋转动画效果
}
if(搅拌时间>=5)                  //控制搅拌器旋转 360° 所用的时间
{
搅拌时间=0;
}
```

```
if(混合液体阀门==1)                      //混合液体阀门打开，混合液体管道有流动效果
{
A 液体管道=0;
B 液体管道=0;
混合液体管道=10;
液位值=液位值-10;
}
If ((液位值>=50)&&(A 液体阀门=1)          //液位值高于 50，并且液位 A 得电
{
液位 A=1;
}
If ((液位值>=50)&&(B 液体阀门=1)
{
液位 A=1;
}
If ((液位值>=250)&&(A 液体阀门=1)         //液位值高于 250，并且 A 液体阀门
                                          //打开，A 液体正在流入,液位 B 得电
{
液位 B=1;
}
If ((液位值>=450)&&(B 液体阀门=1)         //液位值高于 450，并且 B 液体阀门打
                                          //开，B 液体正在流入，液位 C 得电
{
液位 C=1;
}
If ((液位值<50)&&(混合液体阀门=1)         //液位值低于 50，同时混合液体阀门
                                          //打开，液体正在流出，液位 A 失电
{
液位 A=0;
}
If ((液位值<250)&&(混合液体阀门=1)        //液位值低于 250 时，混合液体阀门
                                          //打开，液体正在流出，液位 B 失电
{
液位 B=0;
}
If ((液位值<450)&&(混合液体阀门=1)        //液位值低于 450 时，混合液体阀门
                                          //打开，液体正在流出，液位 C 失电
{
液位 C=0;
}
```

该项目中的 PLC 的输入端没有连接液位开关实物，因此液位 A、液位 B 和液位 C 的得电与失电均采用软件模拟完成。

9.3.6　运行与调试

1．启动画面设置

单击工程浏览器菜单“配置”→“运行系统”，弹出“运行系统设置”对话框，选中“主画面配置”选项页，选择“液体混合”作为主画面。

2．运行调试

选择菜单“全部存”，然后单击“文件”菜单中的“切换到 view”或用鼠标右键单击画面，弹出快捷菜单，选择“切换到 view”，进入运行系统界面。

（1）按下启动按钮，观察 A 阀门是否打开，是否有液体流入混合液体罐，如图 9-25 所示。

（2）当液位到达液位 B 时，观察 A 阀门是否关闭，B 阀门是否打开，B 液体进入混合罐，如图 9-26 所示。

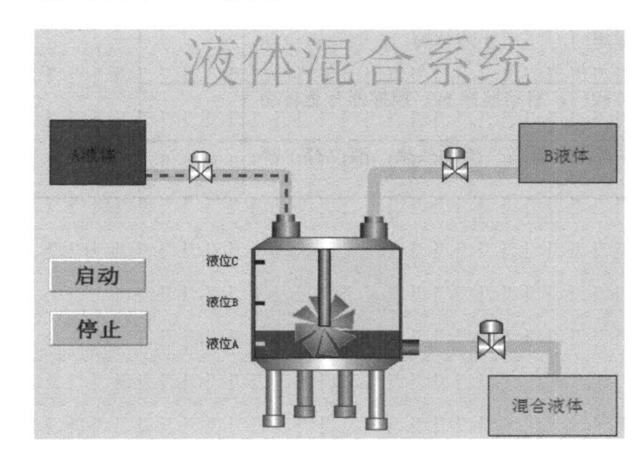

图 9-25　A 液体进入混合罐

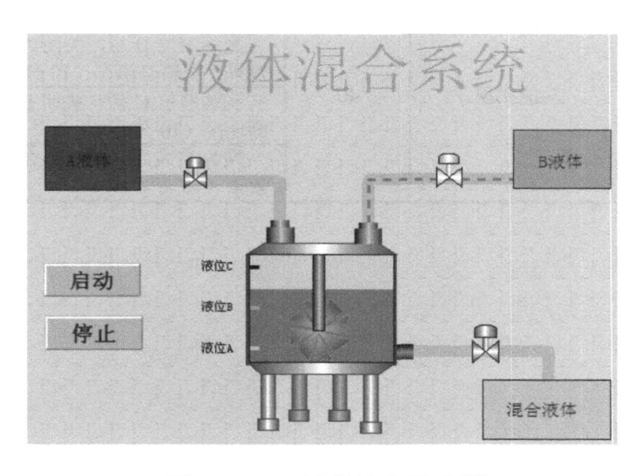

图 9-26　B 液体流入混合罐

（3）液位填充到达液位 C 后，观察搅拌电机是否有旋转动作，B 阀门是否关闭，如图 9-27 所示。

（4）5s 后，搅拌电机停止旋转，观察混合液体阀门是否打开，混合液体管道是否有液体流出效果，混合罐液位是否下降，如图 9-28 所示。

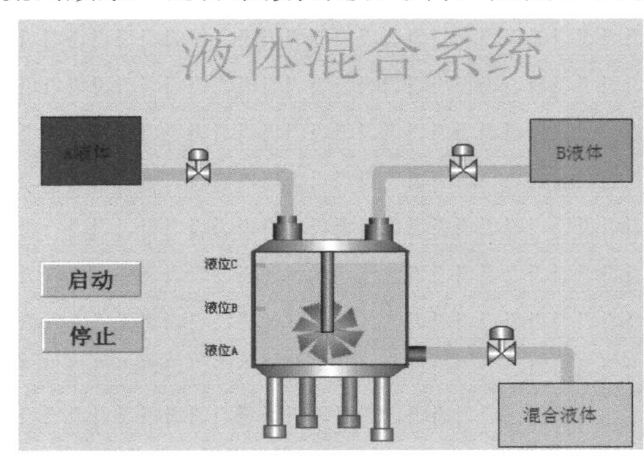

图 9-27　液体搅拌效果图

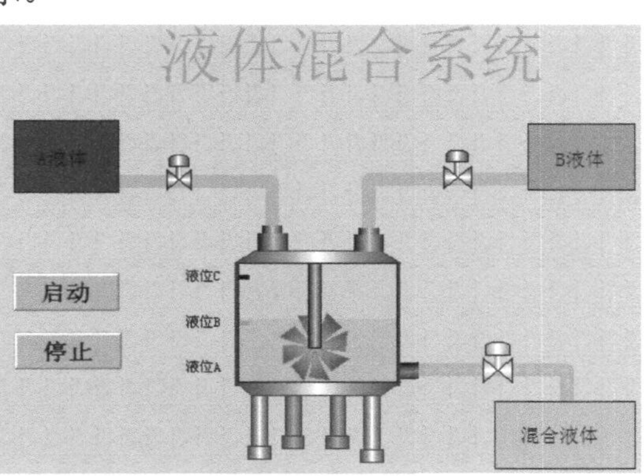

图 9-28　混合液体流出画面

9.4 项目考核

评分内容	分值	评分标准	扣分	得分
软件使用	20	工具箱使用（5分）		
		数据词典定义（5分）		
		设备定义（5分）		
		图库精灵的使用（5分）		
新知识掌握	40	IO变量定义（10分）		
		窗口通信参数设置（10分）		
		图库精灵的属性设置（10分）		
		制作图库精灵（10分）		
功能实现	40	启动后打开A液体阀门，管道有流动效果，水箱有填充（10分）		
		到达液位B后，关闭A液体阀门，打开B液体阀门，管道有流动效果，水箱有填充（10分）		
		到达液位C后，关闭B液体阀门，启动搅拌5s，搅拌器有旋转动画连接（10分）		
		搅拌完成后，打开混合液体阀门，管道有流动效果，液位有下降效果（10分）		

项目 10

机械手系统的组态软件设计

10.1 机械手系统的项目任务

制作一个机械手系统，其作用是将工件小球从A点移动到B点。按下启动按钮，机械手开始下降；下降至工件处，延时 5s，机械手夹紧工件小球，3s 后携工件小球上升；当触碰到上限位开关时，机械手开始右行；右行到指定位置（B点）上方，机械手开始下降，下降到指定位置时，放下工件小球，3s 后机械手开始上升，左行回到初始位置（A点）；此过程反复循环。当按下停止按钮后，机械手停止工作。

10.2 知识储备

10.2.1 缩放连接

缩放连接是被连接对象的大小随连接表达式的值而变化。缩放连接的设置方法是：在"动画连接"对话框中单击"缩放连接"按钮，弹出对话框进行设置，如图 10-1 所示。

该对话框中各设置的含义如下。

1．表达式

在此编辑框内输入合法的连接表达式。单击右侧的"？"按钮，可以查看已经定义的变量名称和变量域。

2．最小时

输入对象最小时占据的被连接对象的百分比（占据百分比）及对应的表达式的值（对应值）。百分比为 0 时，此对象不可见。

图 10-1 "缩放连接"对话框

3．最大时

输入对象最大时占据的被连接对象的百分比（占据百分比）及对应的表达式的值（对应值）。若此百分比为 100，当表达式值为对应值时，对象大小为制作时该对象的大小。

4．变化方向

选择缩放变化的方向。变化方向共有 5 种，用"方向选择"按钮旁边的指示器来形象地表示。箭头是变化的方向，蓝点是参考点。单击“方向选择”按钮，可选择向下、向上、向中心、向左和向右 5 种变化方向之一，如图 10-2 所示。

图 10-2 “缩放连接”变化方向

10.2.2 图库

图库的管理是依靠组态王提供的图库管理器完成的。图库管理器集成了图库管理的操作，在统一的界面上完成新建图库、更改图库名称、加载用户开发的精灵和删除图库精灵的操作。如果在开发过程中图库管理器被隐藏，请选择菜单命令“图库”→“打开图库”或按 F2 键激活图库管理器。在图库管理器中单击“编辑”菜单，将弹出下拉式菜单。

1．创建新图库

单击选择“创建新图库”命令，将弹出对话框。在对话框中输入名称。[图库名称不超过 8 个字符（4 个汉字）]，确定后，图库名“0”显示在图库管理器左边的树形中，如图 10-3 所示。

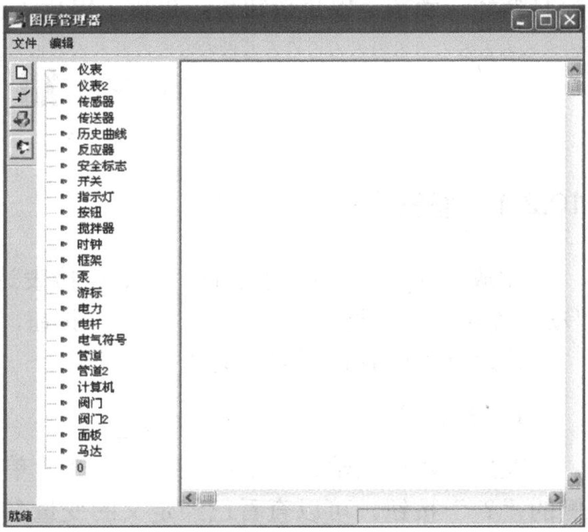

图 10-3 创建的新图库

2．更改图库名称

选择图库名称后单击“更改图库名称”，在弹出的对话框中输入新名称即可（注意：名称不允许相同）。

3．删除图库精灵

选中要删除的精灵，单击“删除图库精灵”，在弹出的对话框中单击“确定”按钮即可。

4．加载用户图库精灵

当用户使用图库开发包开发出专用图形时（文件格式为*.dll），可通过该项选择将自己编制的图形加入组态王的图库管理器中。单击“编辑”，弹出下拉菜单，单击“加载用途精灵”，弹出的对话框如图 10-4 所示。

图库文件名：要加载的图库名。系统默认路径是组态王当前路径下的 Dynamos 路径，用户自己开发的图库精灵文件（*.dll）均放在该路径下。单击⋯按钮时会显示 Dynamos 路径下的所有.dll 文件，用户可选择其中的一个。

精灵序号：一个图库程序中可以包含多个图库精灵，这些精灵都有一个序号，从 0 开始。选择“加载图库 DLL 中全部精灵”选项，可以一次加载该图库程序中的全部精灵。例如，加载用户自己定义的泵的方法如下。

在图 10-4 所示对话框中单击...按钮，弹出“打开”对话框，如图 10-5 所示。

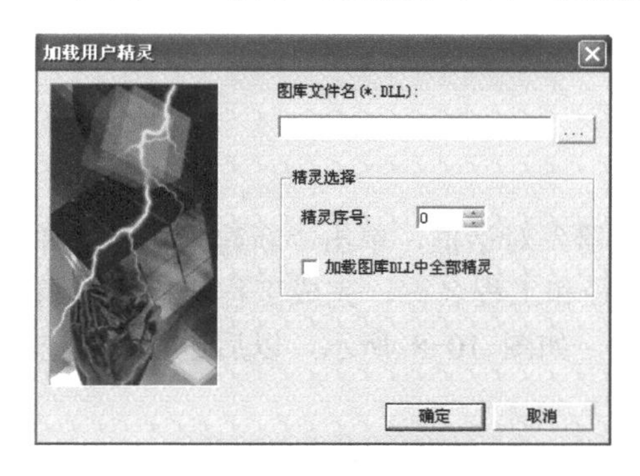

图 10-4 “加载用户精灵”对话框

图 10-5 “打开”对话框

选择要加载的图库名，确定加载索引号，如图 10-6 所示。

单击“确定”按钮后，光标变成“L”型。选择一个图库后，在图库管理器右侧的精灵窗口内单击鼠标即可。

5．将图库精灵转换成普通图素

（1）选取某图库精灵，拖动到画面上，如“阀门 2”中的某阀门。

（2）选中该图库精灵，在组态王开发系统菜单中选择菜单命令“图库”→“转换成普通图素”。

（3）选中“阀门”，在工具箱中选择“分裂单元”图标，如图 10-7 所示。

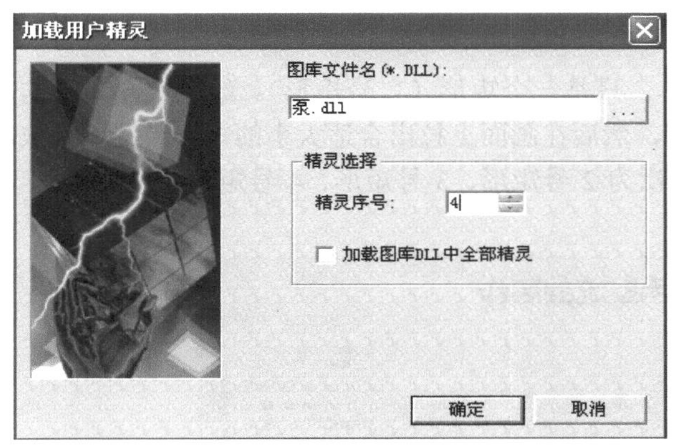

图 10-6 “加载用户精灵”对话框

图 10-7　工具箱中的“分裂单元”图标

（4）移动鼠标，将“阀门”拆分开来。

（5）若想继续拆分，可选择图素，在工具箱中选择“分裂组合图素”图标继续拆分。

（6）根据需要进行修改，再存到精灵库中或直接使用。

注意：对于用编程方式创建的图库精灵，转换成普通图素后，其各个图素含有的动画连接将不再存在；利用组态王的图素创建的图库精灵在被转换为普通图素后，其各个图素含有的动画连接将被保留下来。

10.3 项目实施

10.3.1 创建工程

单击桌面上的“组态王”图标，弹出“工程管理器”对话框，单击“新建”按钮，弹出“新建工程向导之一”对话框，按照向导输入工程路径和工程名称，完成工程建立后，组态王在制定路径下出现一个“机械手系统的制作”工程，如图 10-8 所示，以后进行的组态工作的所有数据都存储在这个目录中。

工程管理器

文件(F) 视图(V) 工具(T) 帮助(H)

搜索 新建 删除 属性 备份 恢复 DB导出 DB导入 开发 运行

工程名称	路径	分辨率	版本	描述
Kingdemo1	c:\program files\kingview\example\kingdemo1	640*480	6.55	组态王6.55演示工程640X480
Kingdemo2	c:\program files\kingview\example\kingdemo2	1280*1024	6.55	组态王6.55演示工程800X600
Kingdemo3	c:\program files\kingview\example\kingdemo3	1280*1024	6.55	组态王6.55演示工程1024X768
机械手系统的制作	c:\机械手系统的制作	1280*1024	6.55	

完成 数字

图 10-8 工程管理器中的“机械手系统的制作”

10.3.2 制作画面

新建画面，命名为“机械手系统的制作”。

1. 底座

首先绘制机械手的底座。底座很简单，只是一个矩形（1 号矩形）。绘制圆角矩形的方法是：在工具箱中单击“圆角矩形”图标，然后在画面上拉出合适大小的矩形，接下来依次将机械手的支架及工作台画出来，编号依次为 2 号矩形、3 号矩形、4 号矩形、5 号矩形、A 矩形及 B 矩形，如图 10-9 所示。

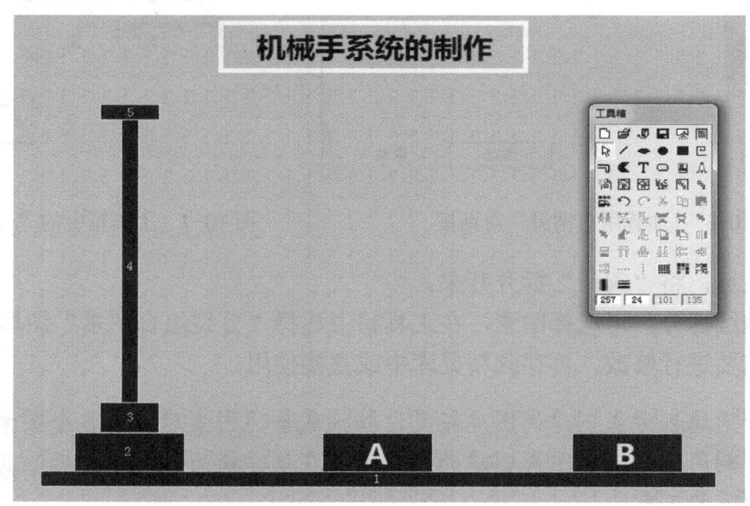

图 10-9 机械手的底座

2．伸缩臂和手爪

绘制机械手的伸缩臂和手爪。机械手的伸缩臂是用“工具箱”中的“立体管道”画出来的两根伸缩臂，分别是水平伸缩臂和垂直伸缩臂；机械手的手爪分别用了 5 个矩形来代表，编号依次为 6 号矩形、7 号矩形、8 号矩形、9 号矩形及 10 号矩形，可将它们组合成一个整体，如图 10-10 所示。

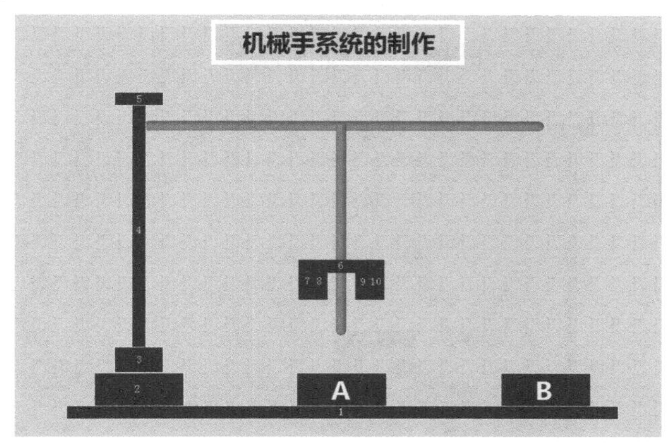

图 10-10 机械手的伸缩臂和手爪

3．指示灯

（1）单击“图库”→“打开图库”→选择 4 个“指示灯”，分别代表机械手的手爪的上限位、下限位、左限位和右限位，编号依次为 M0-上限位、M1-下限位、M2-左限位、M3-右限位。在各限位之间分别输入“##”，实时输出机械手垂直移动的距离和水平移动的距离。

（2）在画面上制作一个显示面板，单击“图库”→“打开图库”→选择 6 个“指示灯”，分别显示机械手上移、下移、左移、右移、松开和夹紧的工作状态。

4．机械手的动力支架

单击“图库”→“打开图库”→选择“阀门 2”中的任一阀门，作为机械手的动力支架，放到垂直伸缩臂上合适位置即可；利用“工具箱”中的“椭圆”画出一个小球，代表机械手的移动工件，如图 10-11 所示。

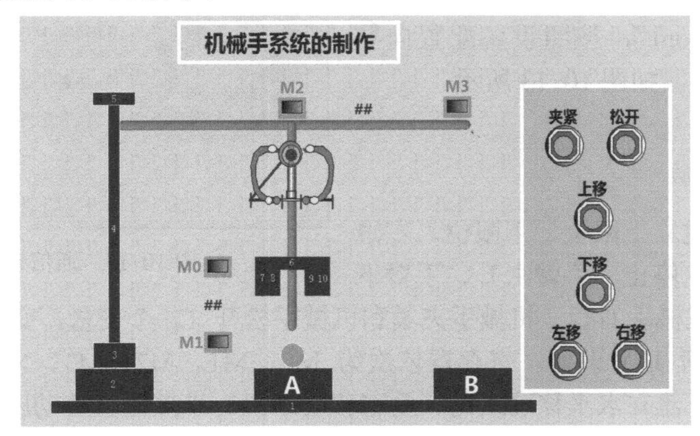

图 10-11 机械手的动力支架

5. 控制面板

（1）在画面上制作一个控制面板，制作 6 个“控制按钮”，分别是上移按钮（Y1）、下移按钮（Y2）、左移按钮（Y3）、右移按钮（Y4）、松开按钮（Y6）和夹紧按钮（Y5）。

（2）在画面上制作 3 个“控制按钮”，分别命名为启动（X6）、停止（X7）及复位，如图 10-12 所示。

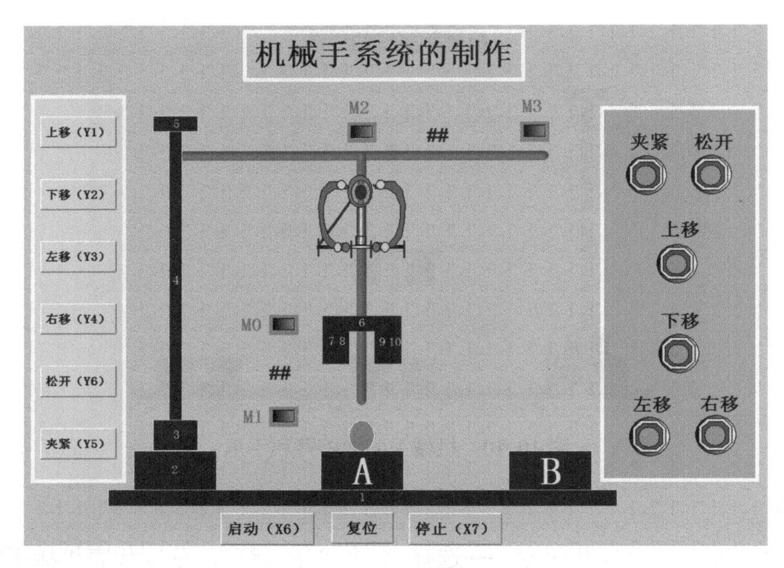

图 10-12 “机械手系统的制作”画面

10.3.3 设备连接

单击工程浏览器，在左边菜单中选择“设备”→“COM1”或“COM2”或“COM3”，双击窗口中的“新建”图标，弹出“设备配置向导”对话框，在对话框中选择“PLC”→“三菱”（根据实际连接的 PLC 品牌选择）→“FX2N_485”→“com”，按照设备配置向导完成 I/O 设备的建立，如图 10-13 所示。

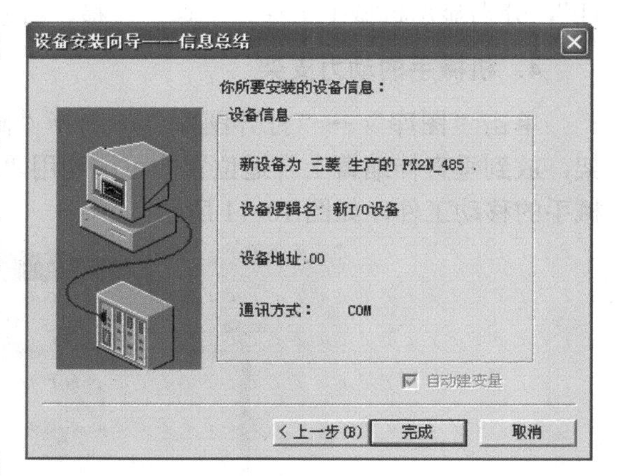

图 10-13 通信设备的连接

10.3.4 定义变量

根据系统需要建立上限位、下限位、左限位、右限位、启动、停止、手臂上升、手臂下降、机械手左行、机械手右行、机械手夹紧和机械手松开 12 个变量，变量类型都为 I/O 离散，连接设备选择新 I/O 设备，寄存器依次为 M0、M1、M2、M3、X6、X7、Y1、Y2、Y3、Y4、Y5、Y6；建立水平移动距离、垂直移动距离、小球垂直移动距离、小球水平移动距离、小球位置 5 个变量，变量类型都设置为内存整型，如图 10-14 所示。

图 10-14　定义变量

10.3.5　动画连接

1．机械手

（1）机械手移动。双击“6 号矩形”，弹出“动画连接”对话框，分别设置“水平移动”和“垂直移动”的动画连接。单击“水平移动”按钮，弹出“水平移动连接”对话框，按图 10-15 所示进行设置，表达式通过单击右侧的“？”按钮选择变量“水平移动距离”。对于机械手的移动距离计算，需要先复制一个“6 号矩形”，然后将两个“6 号矩形”分别放到机械手的左边界和右边界，再分别利用“工具箱”底部文本框中的 X 轴坐标相减，计算出中间的移动距离 294。

采用同样的方法将两个“6 号矩形”分别放到机械手的上边界和下边界，分别利用“工具箱”底部文本框中的 Y 轴坐标相减，计算出中间的移动距离 112，如图 10-16 所示，完成“垂直移动连接”的设置。

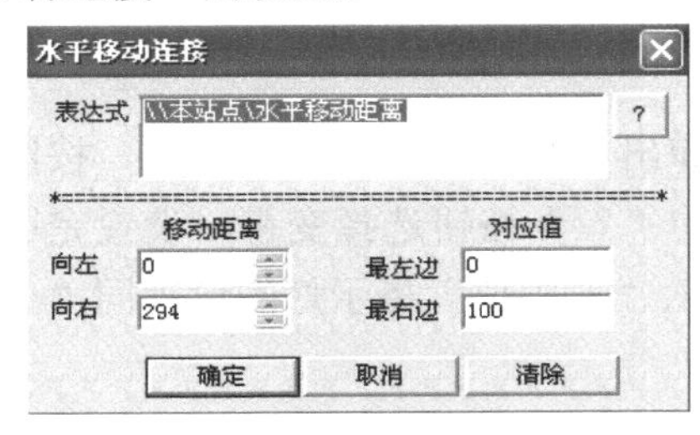

图 10-15　“水平移动连接”对话框

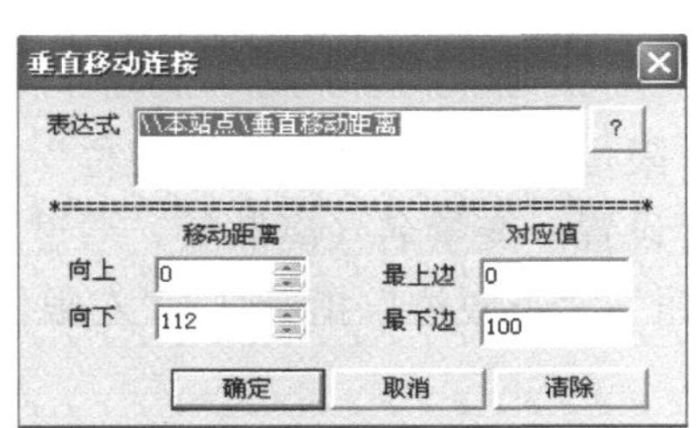

图 10-16　“垂直移动连接”对话框

构成机械手的“7 号矩形”、“8 号矩形”、“9 号矩形”、“10 号矩形”的“水平移动”和“垂直移动”设置过程与“6 号矩形”相同。

（2）机械手的夹紧与松开。利用隐含属性设置机械手的夹紧与松开动画连接。当机械手夹紧物体时，显示“8 号矩形”和“9 号矩形”；当机械手松开物体时，显示“7 号矩形”和“10 号矩形”。

双击“8 号矩形”，弹出“动画连接”对话框，设置 “隐含连接”。单击“隐含”按钮，弹出“隐含连接”对话框，按图 10-17 所示进行设置，表达式通过单击右侧的“？”按钮选择需要的变量，设置完毕，单击“确定”按钮。

2．机械手的伸缩

（1）水平伸缩。双击“水平伸缩臂”，弹出“动画连接”对话框，设置“缩放”连接。单击“缩放”按钮，弹出“缩放连接”对话框，按图 10-18 所示进行设置，表达式通过单击右侧的“？”按钮选择需要的变量，缩放占据的百分比根据物体移动位置（A 矩形和 B 矩形的位置差）设置，单击“确定”按钮完成缩放设置。

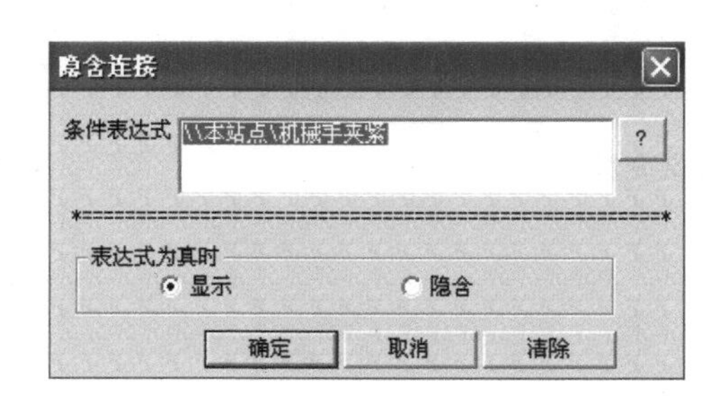

图 10-17 “8 号矩形”的“隐含连接”对话框

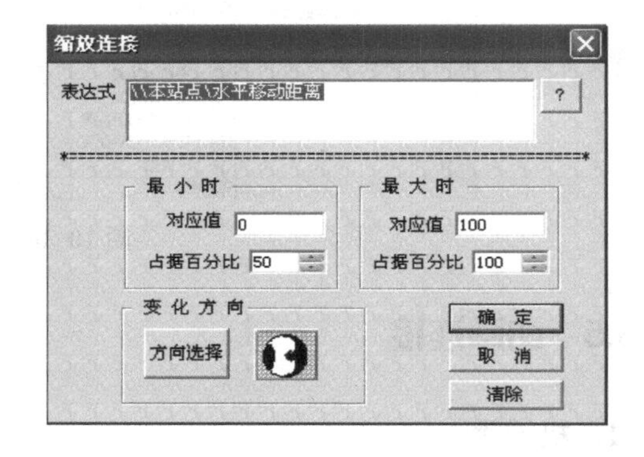

图 10-18 “缩放连接”对话框

（2）垂直伸缩。双击“垂直伸缩臂”，弹出“动画连接”对话框，分别设置“水平移动”和“缩放”。单击“水平移动”按钮，弹出“水平移动连接”对话框，表达式通过单击右侧的“？”按钮选择变量，水平移动距离与机械手的移动距离相同；单击“缩放”按钮，弹出“缩放连接”对话框（见图 10-19），表达式通过单击右侧的“？”按钮选择变量，缩放占据的百分比根据物体移动位置（上限位和下限位的位置差）设置。设置完毕，单击“确定”按钮。

3．指示灯

（1）限位指示灯。双击“上限位”指示灯，弹出“指示灯向导”对话框，按图 10-20 所示进行设置，变量名（离散量）通过单击右侧的“？”按钮选择变量，设置完毕，单击“确定按钮”。“下限位”指示灯、“左限位”指示灯、“右限位”指示灯的设置同“上限位”指示灯。

图 10-19 “缩放连接”对话框

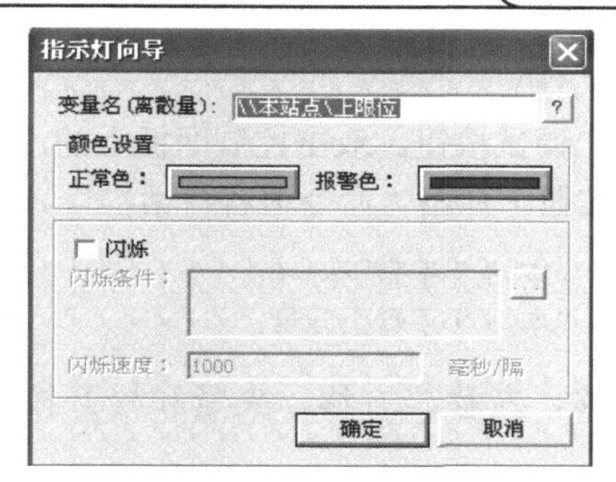

图 10-20 上限位“指示灯向导”对话框

（2）位移指示灯。双击显示板上的“上移”指示灯，弹出“指示灯向导”对话框，按图 10-21 所示进行设置，变量名（离散量）通过单击右侧的“？”按钮选择，颜色设置为默认值。下移、左移、右移、夹紧和松开指示灯的设置方法相同，表达式选择相应的变量即可。

4. 机械手位置显示

双击水平限位之间的“##”，在“动画连接”对话框中选择“模拟值输出”连接，按图 10-22 进行设置，单击右侧的“？”按钮选择需要的变量，其他值为默认值。同理，设置垂直限位之间的“##”，显示机械手的垂直移动位移。

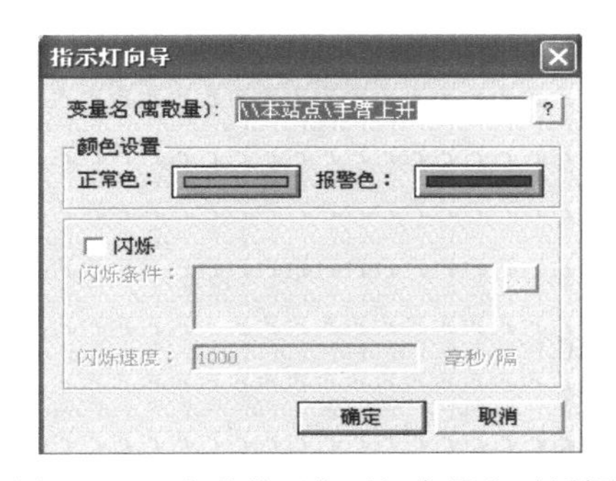

图 10-21 上移的“指示灯向导”对话框

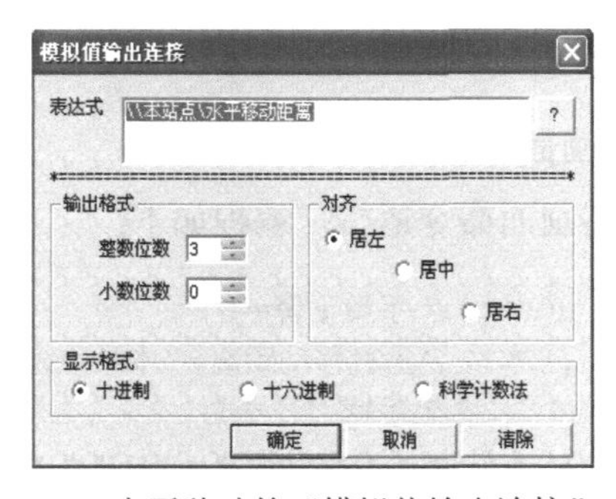

图 10-22 水平移动的“模拟值输出连接”对话框

5. 移动物件“小球”

双击“小球”，弹出“动画连接”对话框，分别设置“水平移动”（见图 10-23）和“垂直移动”（见图 10-24）。

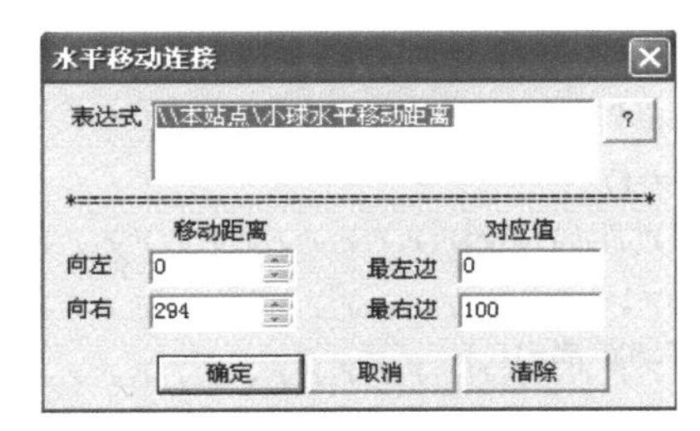

图 10-23 小球的“水平移动连接”对话框

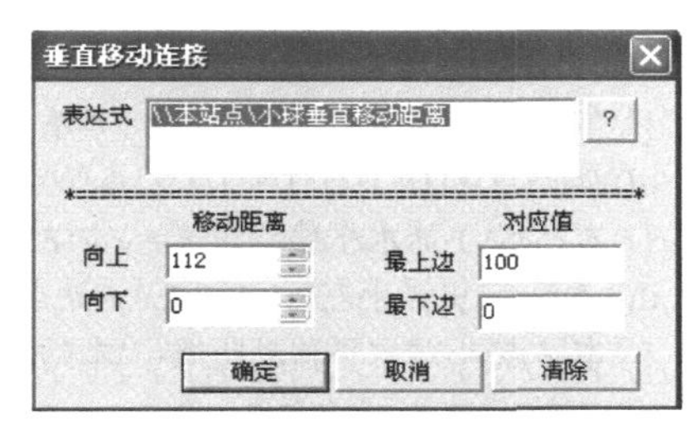

图 10-24 小球的“垂直移动连接”对话框

6．按钮

（1）调试按钮。双击控制面板上的“上移”按钮，弹出“动画连接”对话框，单击“按下时”按钮，弹出“命令语言对话框”，输入命令语言，如下所示。

```
\\本站点\手臂下降=0;
\\本站点\手臂上升=1;
```

下移、左移、右移、夹紧和松开按钮的设置方法相同，当调试结束后可以去掉这些按钮。

（2）系统按钮。系统按钮包括启动按钮、停止按钮和复位按钮。双击“启动”按钮，弹出“动画连接”对话框，单击“按下时”按钮，弹出“命令语言”对话框，输入命令语言“\\本站点\启动=1;”；“停止”按钮的命令语言为“\\本站点\停止=1;”；复位按钮的输入命令语言如下：

```
\\本站点\小球水平移动距离=0;
\\本站点\小球垂直移动距离=0;
\\本站点\手臂上升=0;
\\本站点\手臂下降=0;
\\本站点\机械手左行=0;
\\本站点\机械手右行=0;
\\本站点\机械手夹紧=0;
\\本站点\机械手松开=0;
```

7．画面命令语言

编写画面命令语言，编程如下：

```
if(\\本站点\手臂下降==1)
{ \\本站点\垂直移动距离= \\本站点\垂直移动距离+10;}
if(\\本站点\手臂上升==1)
{ \\本站点\垂直移动距离= \\本站点\垂直移动距离-10;}
if(\\本站点\机械手右行==1)
{ \\本站点\水平移动距离= \\本站点\水平移动距离+10;}
if(\\本站点\机械手左行==1)
{ \\本站点\水平移动距离= \\本站点\水平移动距离-10;}
if(\\本站点\手臂下降==1&&\\本站点\机械手夹紧==1)
{ \\本站点\小球垂直移动距离= \\本站点\小球垂直移动距离-10;}
if(\\本站点\手臂上升==1&&\\本站点\机械手夹紧==1)
{ \\本站点\小球垂直移动距离= \\本站点\小球垂直移动距离+10;}
if(\\本站点\机械手右行==1&&\\本站点\机械手夹紧==1)
{ \\本站点\小球水平移动距离= \\本站点\小球水平移动距离+10;}
if(\\本站点\机械手左行==1&&\\本站点\机械手夹紧==1)
{ \\本站点\小球水平移动距离= \\本站点\小球水平移动距离-10;}
if(\\本站点\水平移动距离==0)
{\\本站点\左限位=1;}
```

```
else
{\\本站点\左限位=0;}
if(\\本站点\水平移动距离==100)
{\\本站点\右限位=1;}
else
{\\本站点\右限位=0;}
if(\\本站点\垂直移动距离==0)
{\\本站点\上限位=1;}
else
{\\本站点\上限位=0;}
if(\\本站点\垂直移动距离==100)
{\\本站点\下限位=1;}
else
{\\本站点\下限位=0;}
```

10.3.6　模拟仿真运行与调试

机械手的控制方式有手动控制方式和自动控制方式两种。

1．手动控制方式（不连接 PLC，单独由组态画面中的按钮控制）

（1）运行机械手系统，初始画面如图 10-25 所示，观察上限位指示灯（M0）和左限位指示灯（M2）是否为绿色。

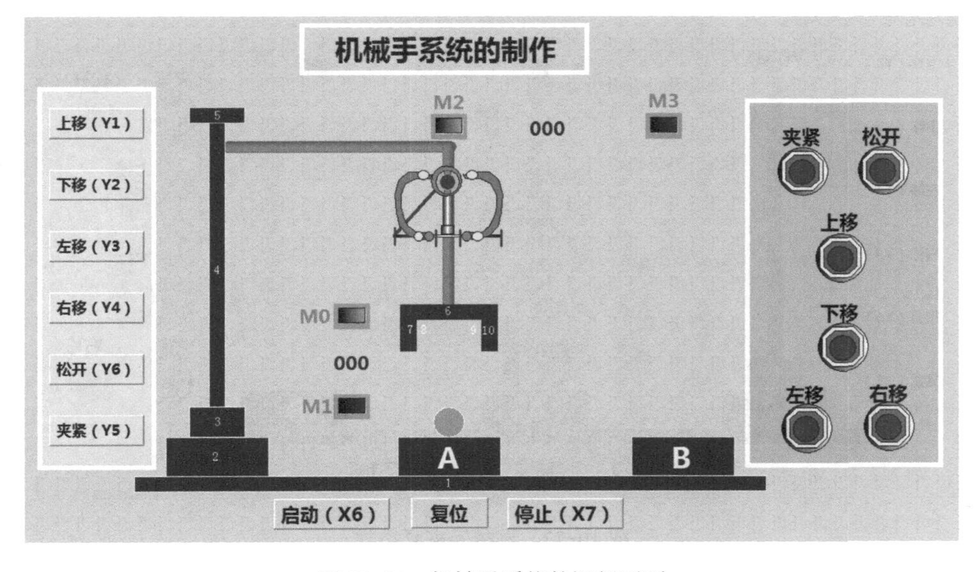

图 10-25　机械手系统的运行画面

（2）当按下下移按钮（Y2）后，机械手以递增 10 的速度向下运行，下移指示灯变为绿色，上限位指示灯（M0）变为红色，同时有垂直移动的距离显示；当机械手下降到下限位时，下限位指示灯（M1）变为绿色，如图 10-26 所示。

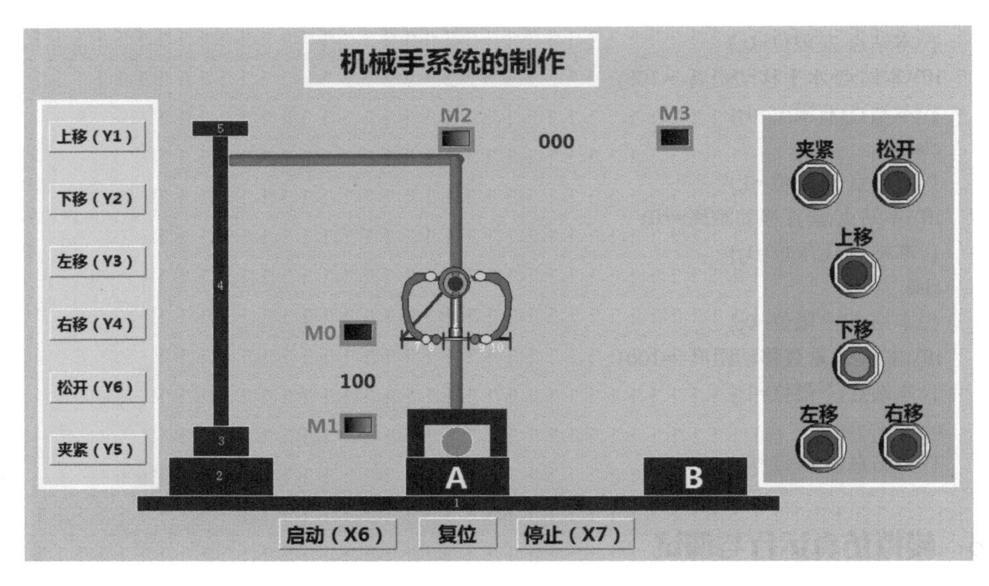

图 10-26 机械手下降到下限位

（3）当按下夹紧按钮（Y5）时，机械手夹紧小球，同时夹紧指示灯变为绿色，如图 10-27 所示。

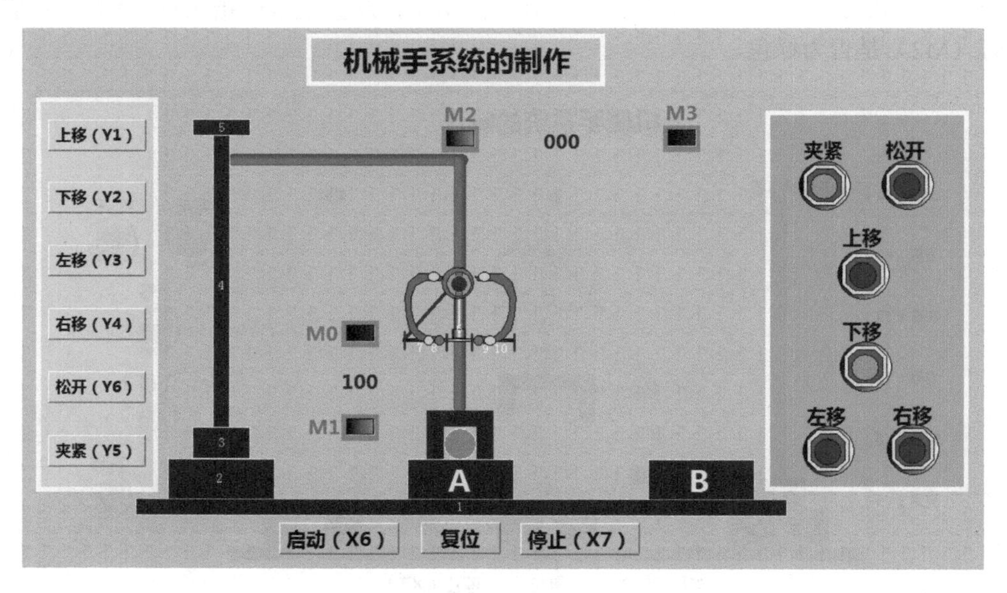

图 10-27 机械手夹紧小球

（4）当按下上移按钮（Y1）时，机械手以递减 10 的速度向上运行，上移指示灯变为绿色，下限位指示灯（M1）变为红色，同时有垂直移动的距离显示；当机械手上升到位时，上限位指示灯（M0）变为绿色，如图 10-28 所示。

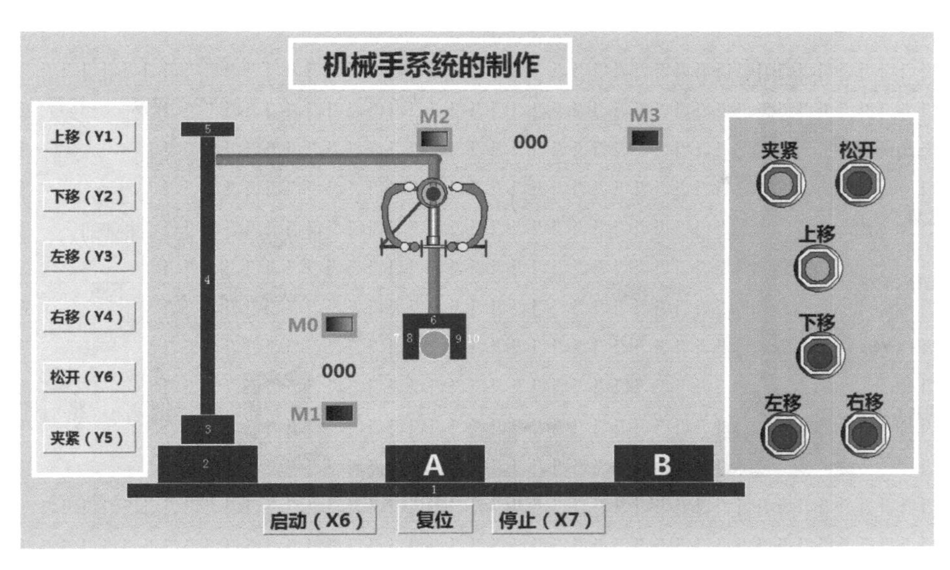

图 10-28 机械手上移到上限位

（5）当按下右移按钮（Y4）时，机械手以递增 10 的速度向右运行，右移指示灯变为绿色，左限位指示灯（M2）变为红色，同时有水平移动的距离显示；当机械手右移到位时，右限位指示灯（M3）变为绿色，如图 10-29 所示。

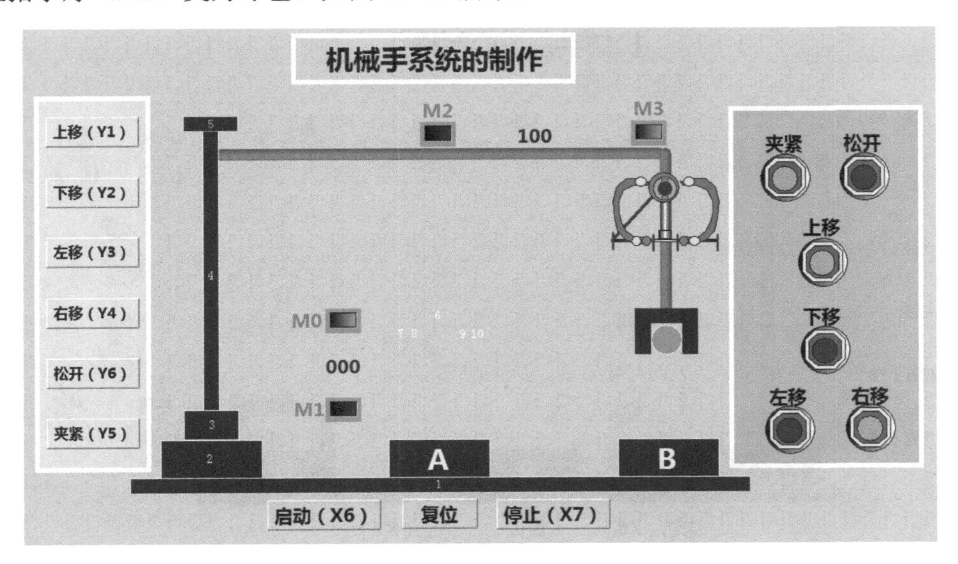

图 10-29 机械手右移到右限位

（6）当按下下移按钮（Y2）时，机械手以递增 10 的速度向下运行，下移指示灯变为绿色，上限位指示灯（M0）变为红色，同时有垂直移动的距离显示；当机械手下降到位时，下限位指示灯（M1）变为绿色，如图 10-30 所示。

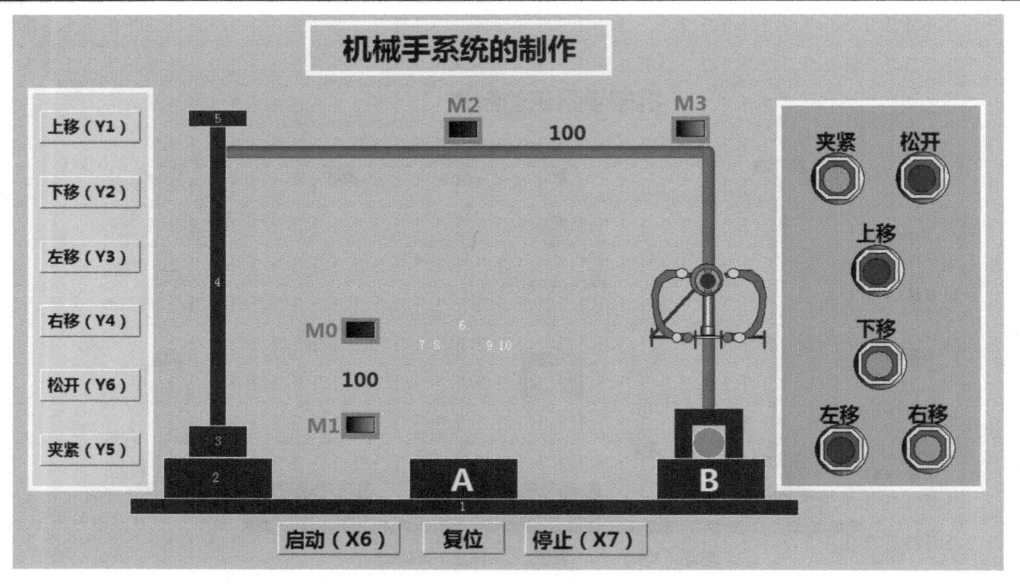

图 10-30 机械手下降到下限位

（7）当按下松开按钮（Y6）时，机械手松开小球，夹紧指示灯变为红色，同时松开指示灯变为绿色，如图 10-31 所示。此时，机械手完成了将小球从 A 号矩形移动到 B 号矩形的工作；最后将机械手复位。

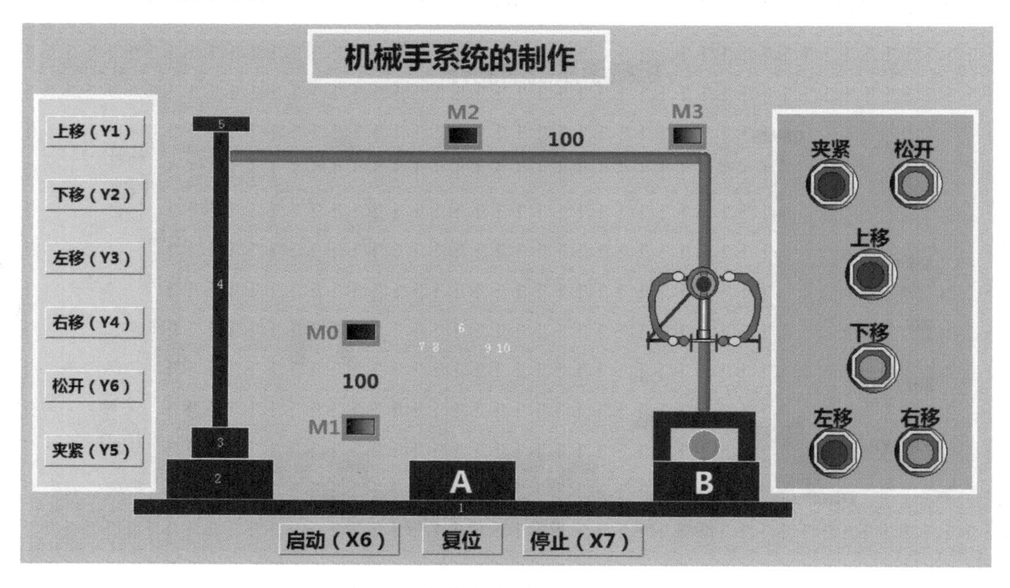

图 10-31 机械手松开小球

2．自动控制方式（与 PLC 通信，连续控制）

（1）将图 10-32 中的 PLC 程序下载到三菱 PLC 中。

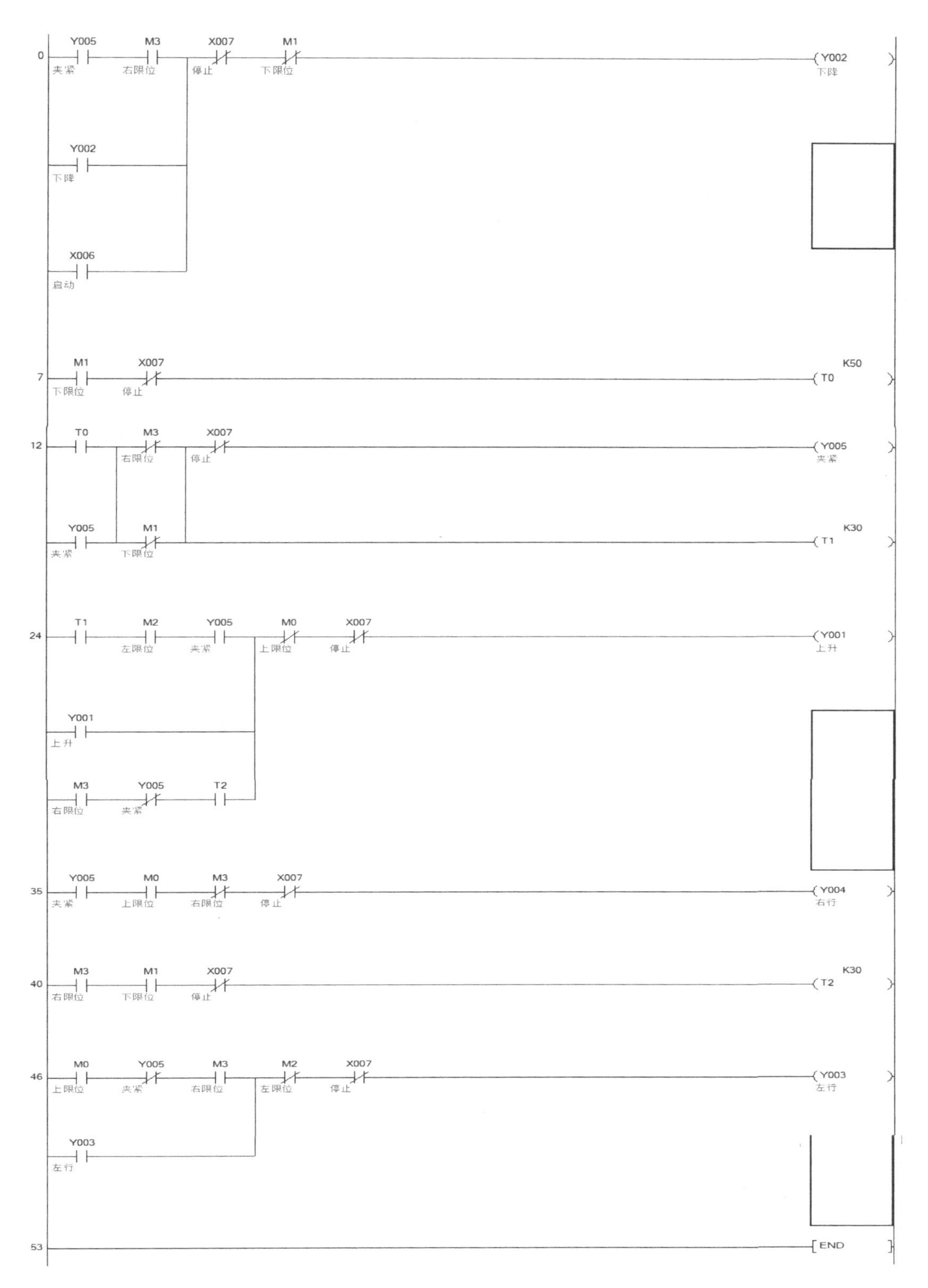

图 10-32 机械手控制系统的梯形图

（2）按下“启动”按钮，机械手就会自动进行工作，如果需停止，只要按下“停止”按钮即可，运行调试画面同手动控制方式运行画面。

10.4 项目考核

评分内容	分值	评分标准	扣分	得分
软件使用	20	工程建立（5 分）		
		菜单应用（5 分）		
		工具箱使用（5 分）		
		运行系统调试（5 分）		
新知识掌握	40	图库精灵的使用（10 分）		
		I/O 设备的连接及使用（10 分）		
		缩放连接的设置及使用（10 分）		
		条件语句多层嵌套的编程（10 分）		
功能实现	40	手动控制方式的实现（10 分）		
		自动控制方式的实现（10 分）		
		复位按钮功能的实现（10 分）		
		PLC 编程（10 分）		

项目 11

三层电梯系统的组态软件设计

11.1 三层电梯系统的项目任务

电梯控制系统有两个画面，一个是启动画面，另一个是三层电梯监控画面，其中启动画面显示 1s 后自动切换到三层电梯监控画面；通过三层电梯监控画面可以看到轿厢外、轿厢内、井道情况；三层电梯可以在轿厢外任何一层呼叫电梯，也可以在电梯内选择楼层，电梯轿厢内、外都有楼层显示。

11.2 知 识 储 备

11.2.1 点位图

点位图用于添加图片到组态王画面中。单击菜单“工具”→“点位图”命令或工具箱中的“点位图”，此时鼠标光标变为“十”字形，移动鼠标，在画面上画出一个矩形框，选中矩形框，单击鼠标右键，弹出浮动式菜单，选择“从文件中加载”添加文件夹中的图片到组态王画面。如图 11-1 所示，选择需要加载图片的文件名，单击打开，图片就会添加到矩形框中。值得注意的是系统默认的图片文件格式为.bmp，其他格式的图片不显示；修改文件类型为 All Files(*.bmp；*.gif；*.jpg；*.png)，其他的格式的图片文件就显示出来了。

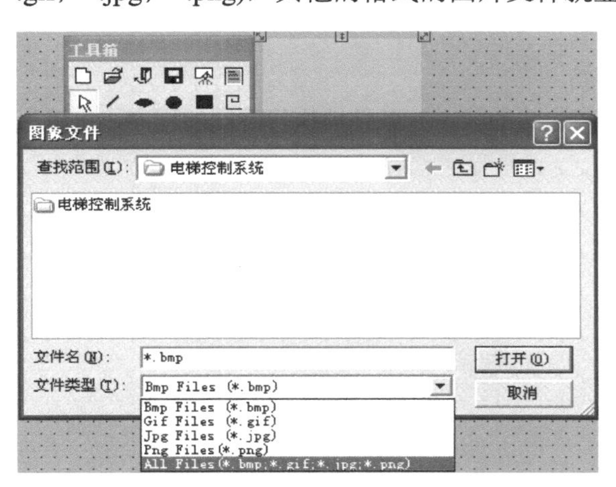

图 11-1 添加图片

除了从文件中添加点位图外，还可以直接从剪贴板中粘贴图片到点位图中，方法如下：首先复制图片或用截图工具完成截图，之后在组态王画面中绘制点位图矩形框，再用鼠标右键单击矩形框，弹出快捷菜单，选择“粘贴点位图”，剪贴板上的图片就会添加到矩形框中。

11.2.2 命令语言语法介绍

组态王命令语言程序的语法与一般 C 语言程序的语法没有大的区别，每一个程序语句的末尾应该用分号“；”结束，当使用 if…else…、while（）等语句时，其程序要用花括号“{ }”括起来。

1．运算符

用运算符连接变量或常量就可以组成较简单的命令语言语句，如赋值、比较、数学运算等。命令语言中可使用的运算符见表 11-1。

表 11-1 运算符

~	取补码，将整型变量变成 " 2 " 的补码
*	乘法
/	除法
%	模运算
+	加法
−	减法（双目）
&	整型量按位与
|	整型量按位或
^	整型量异或
&&	逻辑与
||	逻辑或
<	小于
>	大于
<=	小于或等于
>=	大于或等于
==	等于（判断）
!=	不等于
=	等于（赋值）

除上述运算符以外，还可使用：

（1）－　取反，将正数变为负数（单目）。

（2）！　逻辑非。

（3）( )　括号，保证运算按所需次序进行，增强运算功能。

2．赋值语句

组态王编程语言中的赋值语句用得最多，语法如下：

变量 ＝ 表达式；

可以给一个变量赋值，也可以给可读写变量的域赋值。

例如：自动开关=1；　　表示将自动开关置为开（1 表示开，0 表示关）。

颜色=2；　　表示将颜色置为黑色（如果数字 2 代表黑色）。

3．if…else 语句

if…else 语句用于按表达式的状态有条件地执行不同的程序，可以嵌套使用。其语法为：

```
if(表达式)
{
一条或多条语句;
}
else
{
一条或多条语句;
}
```

if…else 语句里如果是单条语句可省略花括弧“{ }”，多条语句则必须在一对花括弧

“{ }”中。

例如：

```
if（出料阀 ==1）
出料阀=0;                    //将离散变量“出料阀”设为 0 状态
else
出料阀=1;
```

上述语句表示将内存离散变量“出料阀”设为相反状态。

4. While()语句

当 while（）括号中的表达式条件成立时，循环执行后面“{ }”内的程序。其语法如下：

```
while(表达式)
{
一条或多条语句;
}
```

与 if 语句一样，while 里的语句若是单条语句，可省略花括弧“{ }”，但若是多条语句则必须在一对花括弧“{ }”中。这条语句要慎用，否则会造成死循环。

例如：

```
while (循环<=10)
        {
          ReportSetCellvalue("实时报表",循环, 1, 原料罐液位);
          循环=循环+1;
        }
```

当变量“循环”的值小于等于 10 时，向报表第一列的 1～10 行添入变量“原料罐液位”的值。当 whlie 表达式条件不满足时退出循环。

5. 命令语言程序注释

命令语言程序添加注释，有利于程序的可读性，也方便程序的维护和修改。组态王的所有命令语言中都支持注释。

注释的方法分为单行注释和多行注释两种。注释可以在程序的任何地方进行。单行注释在注释语句的开头加注释符“//”，多行注释是在注释语句前加“/*”，在注释语句后加“*/”。多行注释也可以用在单行注释上。

11.3 项目实施

11.3.1 新建工程

启动组态王的工程管理器，选择菜单“文件”→“新建工程”或单击“新建”按钮，依照新建工程向导创建新的工程，命名为“三层电梯系统”，并把该工程设置为当前工程。

11.3.2 制作画面

单击工程浏览器左边“工程目录显示区”中的“画面”项，右面的“目录内容显示区”中显示“新建”图标，用鼠标双击该图标，弹出“新画面”对话框，新建“启动”画面和“三层电梯监控”画面。

1．“启动”画面

双击“启动”画面，进入开发系统，单击“工具箱”中的“点位图”工具，在画面上拖出一个矩形框，用鼠示右键单击该区域弹出快捷菜单，选择“从文件中加载”添加提前下载好的启动.jpg 图片到画面中，如图 11-2 所示。

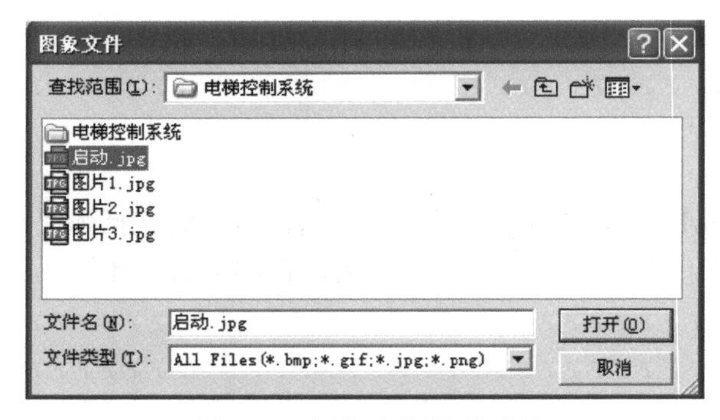

图 11-2　添加点位图到画面

调整点位图大小与屏幕大小相同，采用“文本”工具 T 输入文本“辽宁机电职业技术学院”放置到画面右上角，输入文本“三层电梯控制系统”放置于画面中间，调整好字体大小与颜色。启动画面效果如图 11-3 所示。

图 11-3　启动画面

2．“三层电梯监控”画面

“三层电梯监控”画面包括轿厢外、轿厢内及井道三部分。

（1）轿厢外画面。轿厢外可以看到三层电梯。为了使画面更生动，添加电梯门图片放在画面最底层，用“圆角矩形”工具绘制两扇电梯门。除了添加的点位图外，每一层电梯都要有两层电梯门，用于制作平层开关门动画。

每层电梯共由四层图素构成，如图 11-4 所示。将每一层电梯的四层图素叠加重合放置，图层的设置可以通过单击鼠标右键弹出快捷菜单，选择 “图素位置”中的“图素前移”、“图素后移”、“水平方向等间隔”和“垂直方向等间隔”来实现。

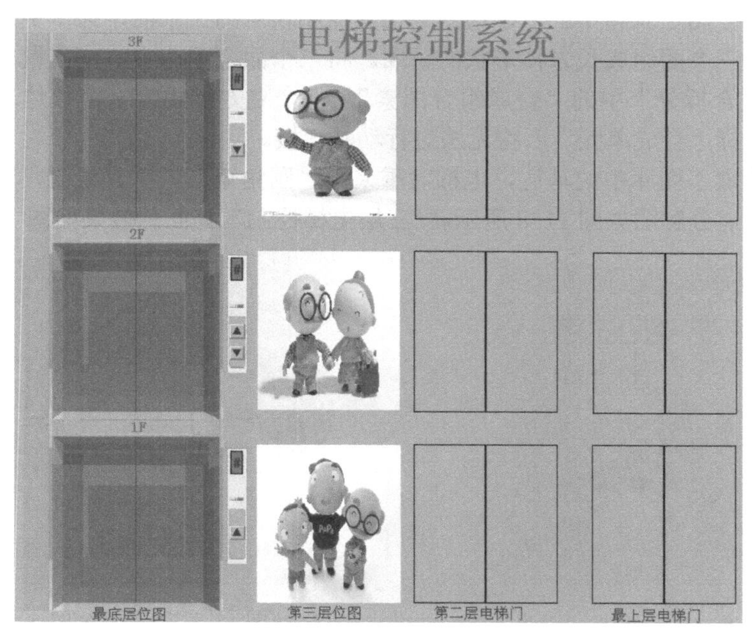

图 11-4　电梯门的四层图素

每一层电梯右侧都有当前楼层显示，采用“文本”输入“#”用于制作楼层的动画连接。如图 11-5 所示，一楼放置一个上呼按钮，二楼放置一个上呼按钮和一个下呼按钮，三楼放置一个下呼按钮。上呼按钮▲和下呼按钮▼从图库中调取。

（2）轿厢内画面。在轿厢内部也采用添加点位图的方式添加一张轿厢内图片置于最底层，用“圆角矩形”工具绘制电梯门，用“椭圆”工具和“文本”工具绘制三个楼层编号，如图 11-6 所示。

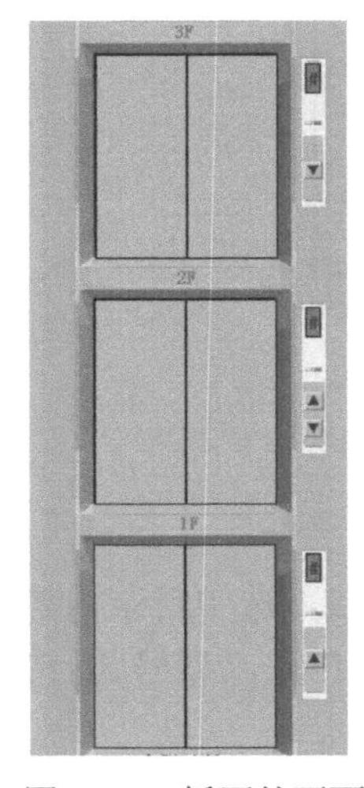

图 11-5　轿厢外画面

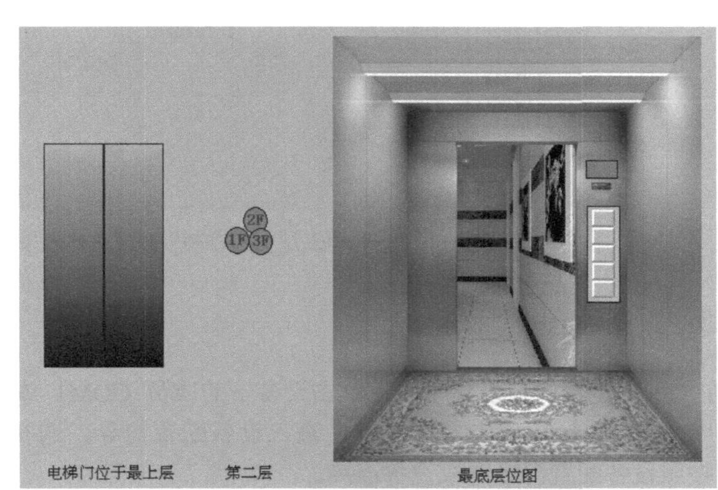

图 11-6　轿厢内各图层

将三层图素重合叠加放置，并调整好各层位置。轿厢内部有当前楼层显示及轿厢内操作按钮，当前楼层显示用“文本”工具输入“#”，用“按钮”工具绘制五个按钮，分别为 1 楼内呼、2 楼内呼、3 楼内呼、开门按钮和关门按钮，如图 11-7 所示。

（3）井道。使用工具箱中的“多边形”工具绘制轿厢的三个面，为了更加形象可采用过渡色填充，用这三个面组成长方体形状的轿厢。将三个面全部选中，单击鼠标右键弹出快捷菜单，选择“组合拆分”中的“合成组合图素”，整个立方体成为一个整体。注意不能选择“合成单元”，选择“合成单元”后将无法进行动画连接。

曳引电机调取了图库中的马达，电梯对重采用“圆角矩形”工具绘制，通过过渡色填充成圆柱效果。井道分解图如图 11-8 所示。“三层电梯控制”画面总效果如图 11-9 所示。

图 11-7　轿厢内画面

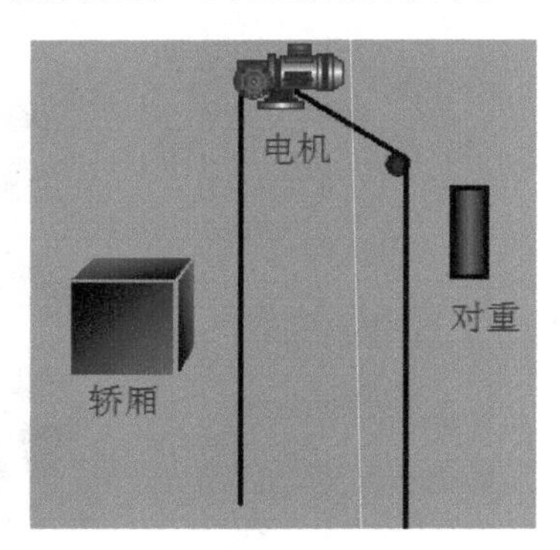

图 11-8　井道分解图画

图 11-9　“三层电梯控制”画面总体效果

11.3.3　设备连接

在工程浏览器的目录显示区，单击设备下的成员 COM1 或 COM2，选中目录内容显示区的“新建”图标后双击鼠标左键，进入设备配置向导，选择三菱 PLC，型号为 FX2N-485，按照设备配置向导完成设备连接。

11.3.4　定义变量

该项目根据电梯控制系统的输入/输出情况设置了 29 个 I/O 开关型变量和 4 个内存型变量。I/O 变量与内存变量定义如图 11-10 所示。

变量名	类型	ID	连接设备	寄存器
启动显示时间	内存整型	21		
电梯上行	I/O离散	22	FX2N	Y000
电梯下行	I/O离散	23	FX2N	Y001
门机正转	I/O离散	24	FX2N	Y002
门机反转	I/O离散	25	FX2N	Y003
一楼下呼灯	I/O离散	26	FX2N	Y004
二楼下呼灯	I/O离散	27	FX2N	Y005
二楼上呼灯	I/O离散	28	FX2N	Y006
三楼上呼灯	I/O离散	29	FX2N	Y007
一楼内呼灯	I/O离散	30	FX2N	Y010
二楼内呼灯	I/O离散	31	FX2N	Y011
三楼内呼灯	I/O离散	32	FX2N	Y012
上行指示灯	I/O离散	33	FX2N	Y013
下行指示灯	I/O离散	34	FX2N	Y014
报警指示灯	I/O离散	35	FX2N	Y015
手动关门按钮	I/O离散	36	FX2N	M200
一楼行程开关	I/O离散	37	FX2N	M201
二楼行程开关	I/O离散	38	FX2N	M202
三楼行程开关	I/O离散	39	FX2N	M203
一楼下呼按钮	I/O离散	40	FX2N	M204
二楼下呼按钮	I/O离散	41	FX2N	M205
二楼上呼按钮	I/O离散	42	FX2N	M206
三楼上呼按钮	I/O离散	43	FX2N	M207
一楼内呼按钮	I/O离散	44	FX2N	M210
二楼内呼按钮	I/O离散	45	FX2N	M211
三楼内呼按钮	I/O离散	46	FX2N	M212
开门到位	I/O离散	47	FX2N	M213
手动开门按钮	I/O离散	48	FX2N	M214
关门到位	I/O离散	49	FX2N	M215
报警按钮	I/O离散	50	FX2N	M216
电梯位置	内存实型	51		
开关门	内存实型	52		
楼层显示	内存实型	53		

图 11-10　电梯控制系统变量

以开关型变量“一楼行程开关”为例，“定义变量”对话框设置如图 11-11 所示，包括变量名、变量类型、连接设备选择及该变量对应的该设备中的寄存器、寄存器读写属性、采集频率设置等。

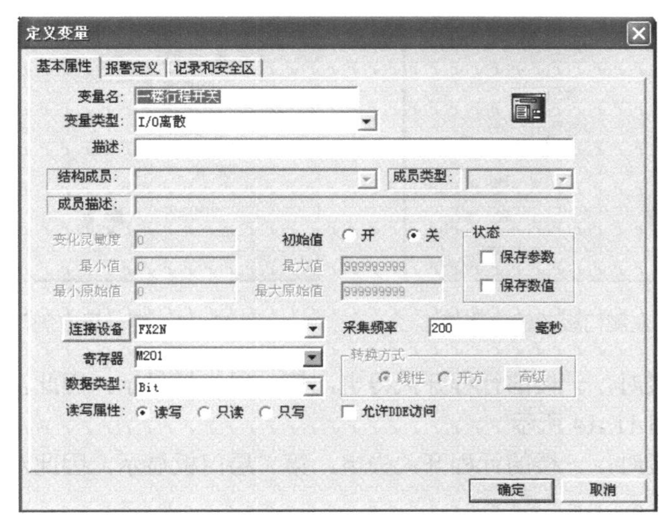

图 11-11　“定义变量”对话框

内存变量包括启动显示时间、楼层显示、电梯位置和开关门，变量的数值类型、范围及用途如表 11-2 所示。

表 11-2 内存变量列表

对象名称	对象类型	对象初值	最小值	最大值
启动显示时间	内存整型	0	0	4
楼层显示	内存实型	1	1	3
电梯位置	内存实型	0	0	90
开关门	内存实型	75	0	75

其中，变量“启动显示时间”用于控制启动画面的显示；变量“楼层显示”用于显示电梯轿厢所处的当前楼层；变量“电梯位置”用于实现轿厢的垂直移动；变量“开关门”用于实现电梯门的开、关动作。

11.3.5 动画连接

1. 轿厢外（以一层电梯门为例）

（1）开关门。每层电梯门都有两层门板，目的是当轿厢到达该楼层时第一层门板显示开关门过程，此时第二层门板隐藏；当轿厢在其他层时，第一层门板隐藏，第二层门板显示电梯门关闭状态。需要对第一层左侧门板进行缩放连接，如图 11-12 所示，选择表达式及对应变量的数值，注意设置变化方向。第一层右侧门板的缩放方向与左侧相反，如图 11-13 所示。

图 11-12 第一层左侧门板的缩放连接

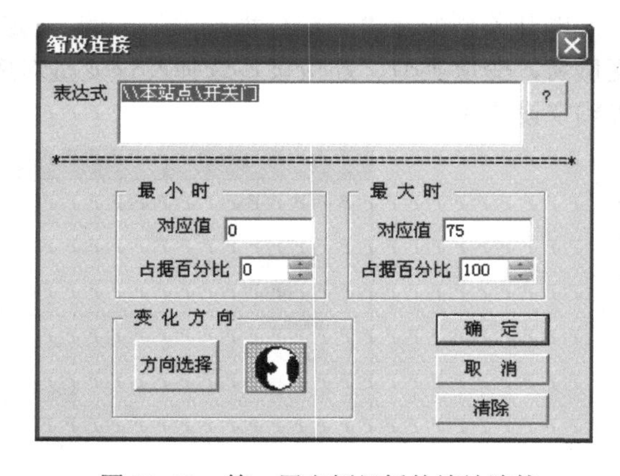

图 11-13 第一层右侧门板的缩放连接

当轿厢到达一楼时，一楼的行程开关得电，第一层门板显示，因此需要对第一层门板的进行隐含连接，如图 11-14 所示。

当轿厢不在一楼时，一楼的行程开关失电，第二层门板显示，因此对第二层门板做隐含连接，如图 11-15 所示。

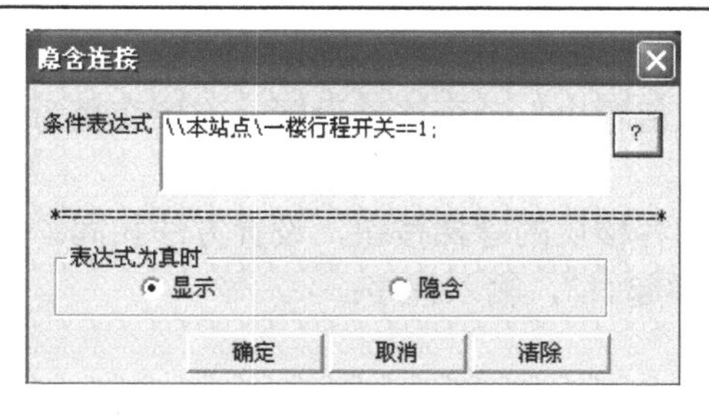

图 11-14　第一层门板的隐含连接

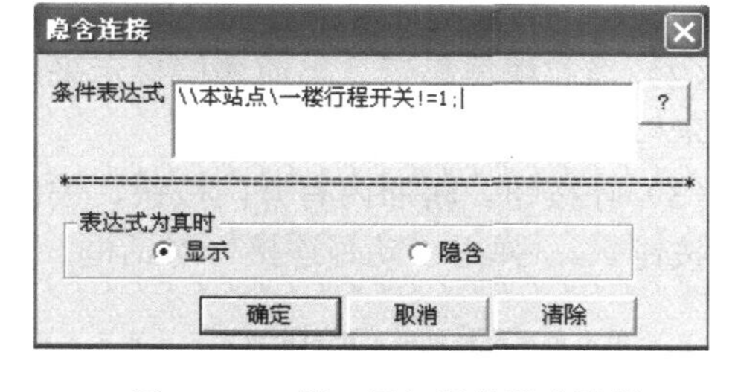

图 11-15　第二层门板的隐含连接

（2）当前楼层显示。当前楼层显示采用“模拟值输出”动画连接设置，如图 11-16 所示，连接变量为“楼层显示”，保留一位整数即可。

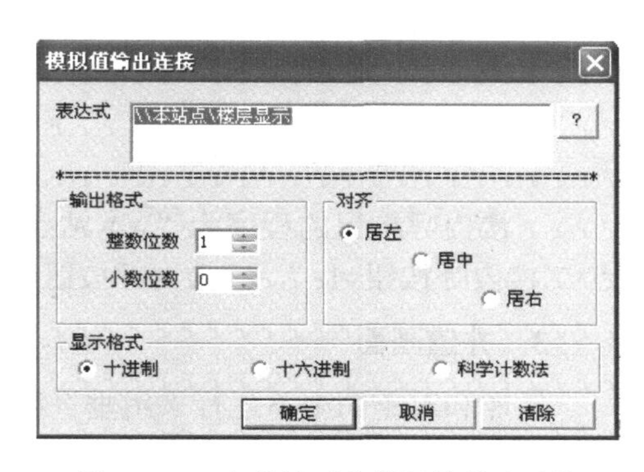

图 11-16　当前楼层的模拟值输出连接

（3）电梯外呼按钮功能实现。双击一楼电梯外呼按钮，弹出“动画连接”对话框，选择“弹起时”，在命令语言界面输入命令，如图 11-17 所示。

双击二楼电梯外下呼按钮，弹出“动画连接”对话框，选择“弹起时”，在命令语言界面输入命令：

\\本站点\二楼下呼按钮=1;

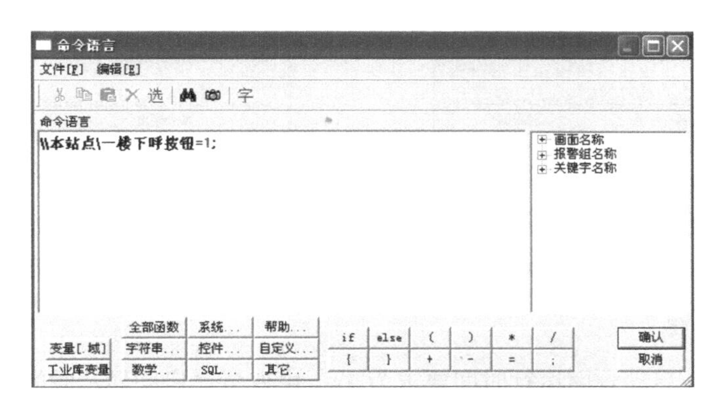

图 11-17　一楼外呼按钮“弹起时”动画连接

双击二楼电梯外上呼按钮，弹出“动画连接”对话框，选择“弹起时”，在命令语言界面输入命令：

\\本站点\二楼上呼按钮=1;

双击三楼电梯外呼按钮，弹出“动画连接”对话框，选择“弹起时”，在命令语言界面输入命令：

\\本站点\三楼下呼按钮=1;

2．轿厢内

（1）开关门。门板的开关门动画设计同样采用左右门板的缩放连接实现，左右门板的缩放方向相反，方法与轿厢外开关门的设计方法相同。

（2）当前楼层显示。当前楼层显示采用“模拟值输出”动画连接设置，连接变量为“楼层显示”，保留一位整数。

（3）呼按钮。轿厢内有开门按钮、关门按钮和各楼层的呼梯按钮，设置方法相同。双击开门按钮◀▶，弹出“动画连接”对话框，选择“弹起时”，输入程序：

```
\\本站点\手动关门按钮=1;
\\本站点\手动开门按钮=0;
```

关门按钮程序为：

```
\\本站点\手动关门按钮=0;
\\本站点\手动开门按钮=1;
```

一楼内呼按钮的程序为“\\本站点\一楼内呼按钮=1;”，二楼内呼按钮的程序为“\\本站点\二楼内呼按钮=1;”，三楼内呼按钮的程序为“\\本站点\三楼内呼按钮=1;”。

3．井道画面

轿厢和对重的上下运行采用垂直移动连接。双击轿厢，弹出“动画连接”对话框，选择“垂直移动连接”，设置如图 11-18 所示。对重的运动方向与轿厢的运行方向相反，垂直移动连接设置如图 11-19 所示。

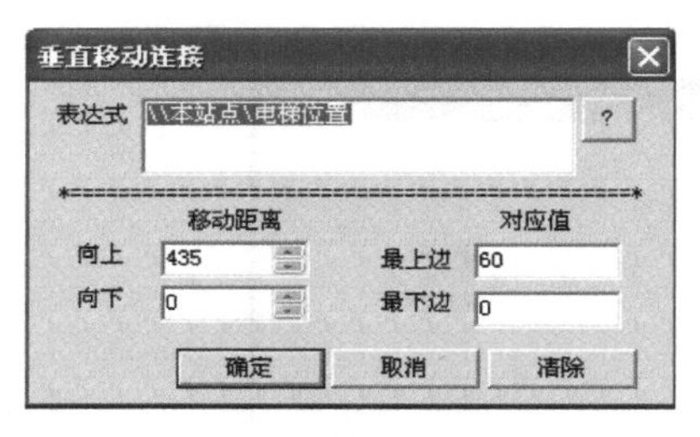

图 11-18 轿厢的垂直移动连接

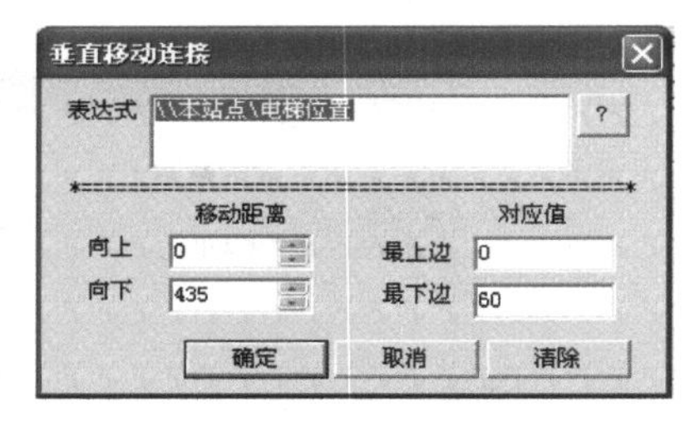

图 11-19 对重的垂直移动连接

4．画面命令语言

（1）启动画面。启动画面运行时间要求为 1s，由变量“启动显示时间”来控制，通过编写画面命令语言实现，如图 11-20 所示。

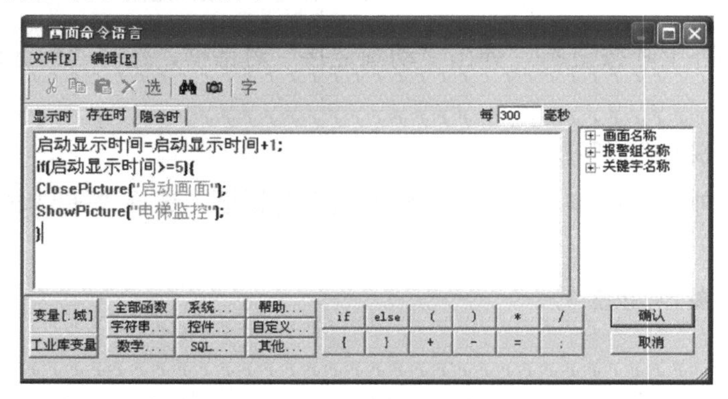

图 11-20 启动画面命令语言

该命令语言每间隔 200ms 执行一次，变量“启动显示时间”每 200ms 增加 1，程序执行 5 次，1s 时间到后调用函数 ClosePicture 关闭“启动画面”，调用 ShowPicture 函数显示“电梯控制”画面。

（2）电梯控制画面。进入“三层电梯控制”画面命令语言编写界面，单击“显示时”输入程序对系统变量进行初始化，电梯初始状态停在一楼，如图 11-21 所示。

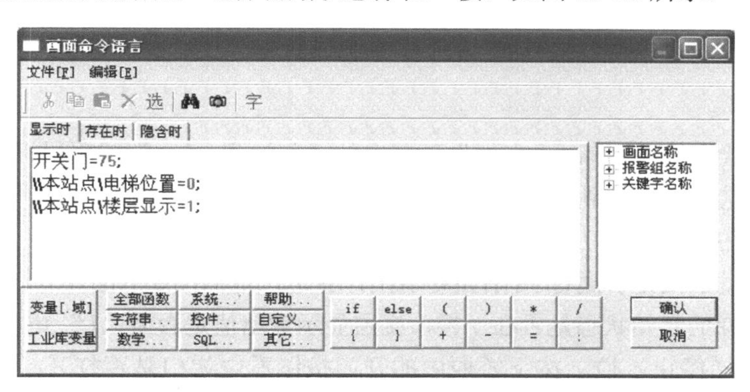

图 11-21　画面命令语言的“显示时”程序

单击“存在时”，更改程序执行周期为 200ms，脚本程序输入如图 11-22 所示。

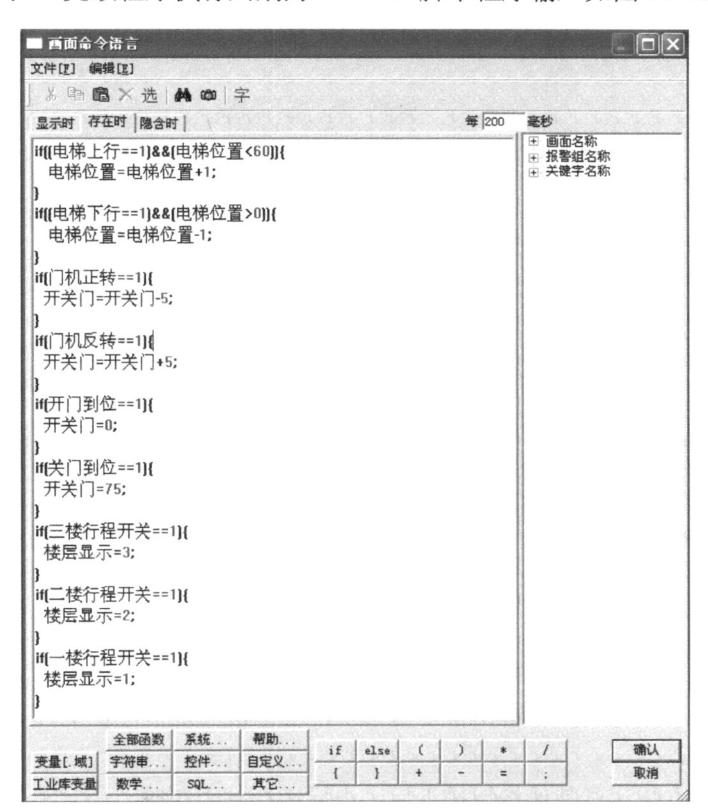

图 11-22　画面命令语言的“存在时”程序

11.3.6 运行与调试

1．启动画面设置

单击工程浏览器菜单“配置”→“运行系统”，弹出“运行系统设置”对话框，选中“主画面配置”选项页，选择“启动”画面作为主画面。

2．运行调试

选择菜单“全部存”，单击“文件”菜单中的“切换到 view”或用鼠标右键单击画面，弹出快捷菜单，选择“切换到 view”，进入运行系统。

在运行系统中检查各项功能是否实现：

（1）观察启动画面是否运行 1s 后自动退出，并进入电梯控制画面。

（2）观察电梯的起始状态是否在一楼，楼层显示输出值是否为“1”,电梯门是否关闭。

（3）观察电梯停止一楼，按下轿厢内的开门按钮看电梯门是否打开，画面如图 11-23 所示。

图 11-23　一楼按下开门按钮电梯门打开

（4）单击二楼上行按钮，观察相应的指示灯是否点亮，电梯轿厢是否上行。

（5）到达二楼后，楼层显示输出值是否为 2，电梯轿厢是否停止上行（见图 11-24），二楼电梯门是否打开。

（6）用同样的方法测试其他按钮按下后，电梯运行是否正确。

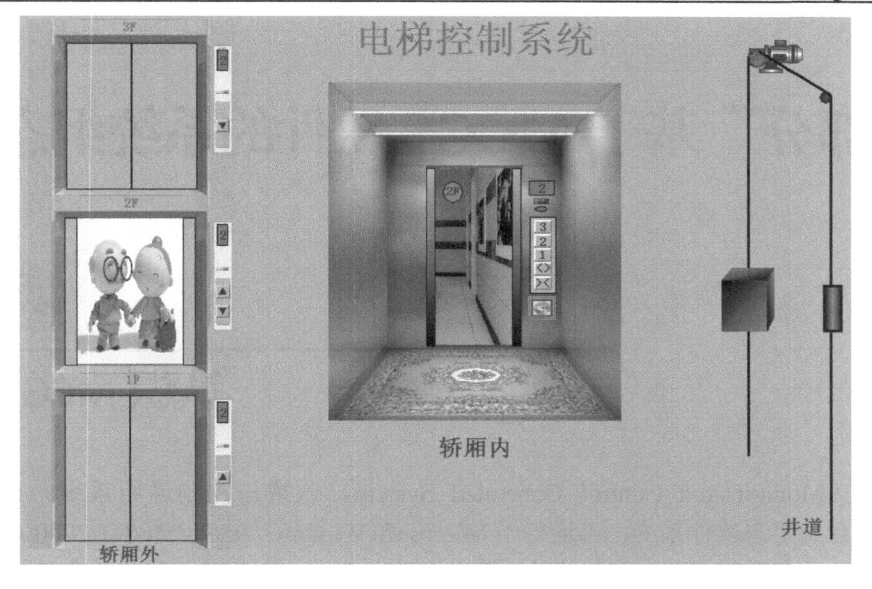

图 11-24　二楼外呼到达后的开门画面

11.4　项目考核

评分内容	分值	评分标准	扣分	得分
软件使用	20	工具箱使用（5 分）		
		数据词典定义（5 分）		
		设备定义（5 分）		
		图库精灵的使用（5 分）		
新知识掌握	40	IO 变量定义（10 分）		
		缩放动画连接设置（10 分）		
		图库精灵的属性设置（10 分）		
		画面转换（10 分）		
功能实现	40	启动画面制作（10 分）		
		轿厢外三层电梯功能实现（10 分）		
		轿厢内呼梯及开关门动作实现（10 分）		
		井道部分动画实现（10 分）		

第三部分　基于 MCGS 软件的系统组态设计

项目 12

认识 MCGS 软件

MCGS（Monitor and Control Generated System，监视与控制通用系统）是一套基于 Windows 平台的组态软件系统，可运行于 Microsoft Windows 95/98/Me/NT/2000/xp 等操作系统中。它支持数据采集板卡、智能模块、智能仪表、PLC、变频器、网络设备等 700 多种国内外常用设备，支持 ODBC 接口、OPC 接口、DDE（动态数据交换）接口和 OLE 技术，可以快速、方便地开发各种用于现场采集、数据处理和控制的设备。

12.1　MCGS 组态软件简介

MCGS组态软件包括通用版、嵌入版、网络版三个版本。

12.1.1　MCGS 通用版

国内组态软件行业划时代的产品，是一款全中文可视化组态软件，界面简洁、大方，使用方便灵活；具有完善的中文在线帮助系统和多媒体教程；支持多任务、多线程；提供近百种绘图工具和基本图符，快速构造图形界面；支持温控曲线、计划曲线、实时曲线、历史曲线、XY 曲线等多种工控曲线；可以支持最新流行的各种通信方式（包括电话通信网、宽带通信网、ISDN 通信网、GPRS 通信网和无线通信网）。

12.1.2　MCGS 嵌入版

MCGS 嵌入版是在 MCGS 通用版基础上开发的，专门应用于嵌入式计算机监控系统的组态软件，适应于应用系统对功能、可靠性、成本、体积、功耗等综合性能有严格要求的专用计算机系统。通过对现场数据的采集处理，以动画显示、报警处理、流程控制和报表输出等多种方式向用户提供解决实际工程问题的方案。MCGS 嵌入版组态软件能够避开复杂的嵌入版计算机软、硬件问题，而将精力集中于解决工程问题本身，根据工程作业的需要和特点，组态配置出高性能、高可靠性和高度专业化的工业控制监控系统，在自动化领域有着广泛的应用。

12.1.3 MCGS 网络版

MCGS 网络版在通用版的基础上增加了 Internet 远程浏览的功能，采用先进的下位机—服务器—客户端三层模式的结构体系。客户端只需要使用标准的IE 浏览器就可以实现对服务器的浏览和控制。MCGS 网络版支持局域网、广域网、企业专线和 MODEM 拨号等多种连接方式，方便地实现企业范围和距离的扩充，应用时不需要安装其他任何辅助软件，客户操作起来得心应手，节省了大量的开发和调试时间。

12.2 MCGS 软件的操作

12.2.1 MCGS 软件的安装

MCGS 组态软件中的上位机组态环境部分是专为标准 Microsoft Windows 系统设计的 32 位应用软件。因此，它必须运行在 Microsoft Windows98、Windows NT 4.0 或以上版本的 32 位操作系统中。推荐使用中文 Windows98/中文 Windows NT 4.0(SP6)/中文 Win2000(SP4)或中文 WinXP(SP2)操作系统。

MCGS 嵌入版组态软件的具体安装步骤如下。

（1）启动 Windows，在相应的驱动器中插入 MCGS 嵌入版的安装光盘。

（2）插入光盘后会自动弹出 MCGS 组态软件安装界面（如果没有窗口弹出，则从 Windows 的“开始”菜单中选择“运行”命令，运行光盘中的 Autorun.exe 文件）。MCGS 安装程序窗口如图 12-1 所示。

（3）选择“安装组态软件”，弹出选择安装程序窗口。安装嵌入版分为两部分，安装 MCGS 主程序和安装设备驱动。默认设置为全部选中，也可以选择只安装 MCGS 主程序，以后再安装 MCGS 驱动。单击“继续”按钮，启动安装程序，开始安装 MCGS 嵌入版主程序。

（4）按提示步骤操作，安装程序将提示指定安装目录；当用户不指定时，系统默认安装到 D:\MCGSE 目录下。建议使用默认目录，如图 12-2 所示。

图 12-1 MCGS 安装程序窗口

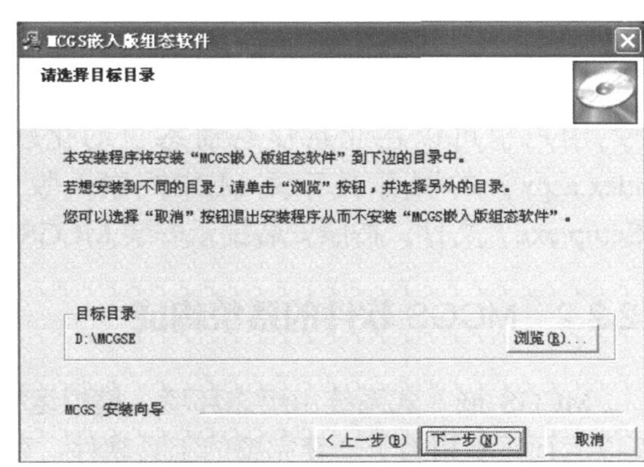

图 12-2 MCGS 嵌入版目标目录

（5）MCGS 嵌入版主程序安装完成后，开始安装 MCGS 嵌入版驱动，安装程序将把驱动安装至 MCGS 嵌入版安装目录\Program\Drivers 目录下。用户可以选择安装驱动的一部分（如选择通用设备、西门子 PLC、欧姆龙 PLC、三菱 PLC 设备和研华模块的驱动），如图 12-3 所示，其余驱动在需要时再安装；也可以选择一次安装所有的驱动。单击“下一步”按钮进行安装。

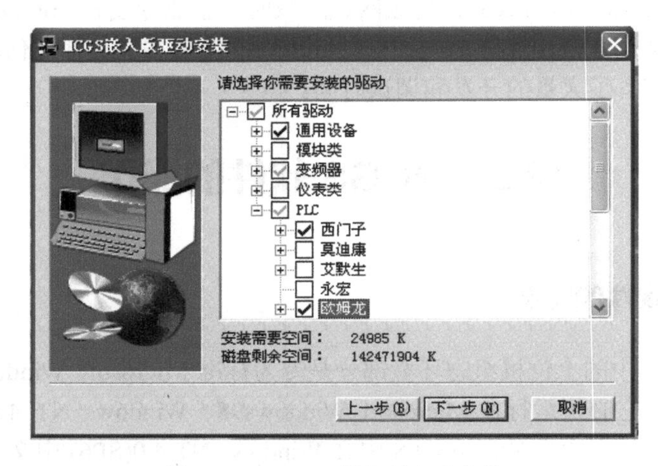

图 12-3　MCGS 嵌入版驱动安装

（6）安装过程完成后，系统将弹出对话框提示安装完成，选择立即重新启动计算机或稍后重新启动计算机。建议重新启动计算机后再运行组态软件，结束安装。

安装完成后，Windows 操作系统的桌面上添加了两个快捷方式图标（见图 12-4），分别用于启动 MCGS 组态环境和模拟运行环境。同时，Windows 在开始菜单中也添加了相应的 MCGS 嵌入版组态软件程序组，此程序组包括 MCGSE 组态环境、MCGSE 模拟运行环境、MCGSE 自述文档、MCGSE 电子文档及卸载 MCGSE 组态软件五项内容（见图 12-5）。

图 12-4　MCGS 嵌入版的快捷方式图标

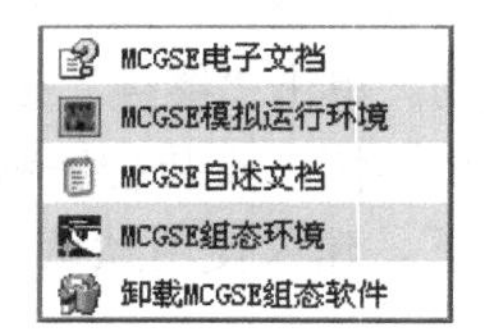

图 12-5　MCGS 嵌入版组态软件程序组

用户也可以在北京昆仑通态自动化软件科技有限公司（http://www.mcgs.com.cn/sc/index.aspx）的网页上下载 MCGS 嵌入版 7.7 完整安装包，解压后，运行文件夹中的“Setup.exe”文件，按照安装提示安装 MCGS 软件和设备驱动，操作步骤与光盘安装类似。

12.2.2　MCGS 软件的系统构成

MCGS 嵌入式系统由组态环境、模拟运行环境和运行环境三部分构成。其中组态环境和模拟运行环境相当于一套完整的工具软件，可以在 PC 上运行；运行环境是一个独立的运行系统，它按照组态工程中用户指定的方式进行各种处理，完成用户组态设计的目标和功能。

运行环境与组态工程构成用户应用系统。用户可根据实际需要增减组态环境中的内容，设计和构造自己的组态工程。组态好的工程通过 USB 通信或以太网下载到下位机后，该工程就可以离开组态环境独立在下位机上运行，从而实现控制系统的可靠性、实时性、确定性和安全性。

MCGS 嵌入版生成的用户应用系统由主控窗口、设备窗口、用户窗口、实时数据库和运行策略五部分构成，如图 12-6 所示。每个应用系统只能有一个主控窗口和一个设备窗口，但可以有多个用户窗口和多个运行策略，实时数据库中也可以有多个数据对象。

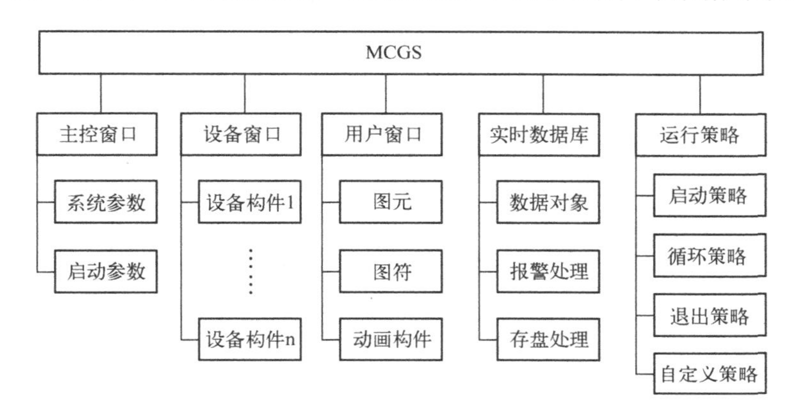

图 12-6　MCGS 嵌入版的用户应用系统

1. 主控窗口

主控窗口确定了工业控制中工程作业的总体轮廓及运行流程、菜单命令、特性参数和启动特性等内容，是应用系统的主框架。主控窗口的操作包括设置工程运行时的总体概貌及外观，设置应用系统启动时即时显示某些图形动画，设置运行过程中始终位于内存中的用户窗口，设置与动画显示有关的时间参数及工程文件配置和特大数据存储设置等。

2. 设备窗口

设备窗口专门用来放置不同类型和功能的设备构件，实现对外部设备的操作和控制。设备窗口通过设备构件把外部设备的数据采集进来，送入实时数据库，或把实时数据库中的数据输出到外部设备。运行时，系统自动打开设备窗口，管理和调度所有设备构件正常工作，并在后台独立运行。

3. 用户窗口

用户窗口中可以放置三种不同类型的图形对象：图元、图符和动画构件，其中图元和图符对象为用户提供了一套完善的设计制作图形画面和定义动画的方法；动画构件是从工程实践经验中总结出的常用的动画显示与操作模块，用户可以直接使用。通过在用户窗口内放置不同的图形对象，搭建多个用户窗口，用户可以构造各种复杂的图形界面，用不同的方式实现数据和流程的“可视化”。

组态工程中的用户窗口最多可定义 512 个。所有的用户窗口均位于主控窗口内，打开时窗口可见；关闭时窗口不可见。

4．实时数据库

实时数据库相当于一个数据处理中心，同时也起到公用数据交换区的作用。MCGS 嵌入版使用自建文件系统中的实时数据库来管理所有实时数据。从外部设备采集来的实时数据送入实时数据库，系统其他部分操作的数据也来自于实时数据库。实时数据库自动完成对实时数据的报警处理和存盘处理，同时还根据需要把有关信息以事件的方式发送给系统的其他部分，以便触发相关事件，进行实时处理。因此，实时数据库所存储的单元不仅是变量的数值，还包括变量的特征参数（属性）及对该变量的操作方法（报警属性、报警处理和存盘处理等）。这种将数值、属性、方法封装在一起的数据称为数据对象。实时数据库采用面向对象的技术，为其他部分提供服务，提供了系统各个功能部件的数据共享。

5．运行策略

运行策略本身是系统提供的一个框架，里面放置有策略条件构件和策略构件组成的“策略行”。通过对运行策略的定义，使系统能够按照设定的顺序和条件操作实时数据库、控制用户窗口的打开、关闭并确定设备构件的工作状态等，从而实现对外部设备工作过程的精确控制。

一个应用系统有三个固定的运行策略：启动策略、循环策略和退出策略，同时允许用户创建或定义最多 512 个用户策略。启动策略在应用系统开始运行时调用，退出策略在应用系统退出运行时调用，循环策略由系统在运行过程中定时循环调用，系统中的其他部件也可以调用用户策略。

12.2.3 MCGS 组态软件的用户操作界面

MCGS 嵌入版组态软件的用户操作界面如图 12-7 所示。该操作界面由标题栏、菜单条、工具条和工作台面四部分组成。

（1）标题栏：用于显示“MCGS 嵌入版组态环境-工作台”标题、工程文件名称和所在目录。

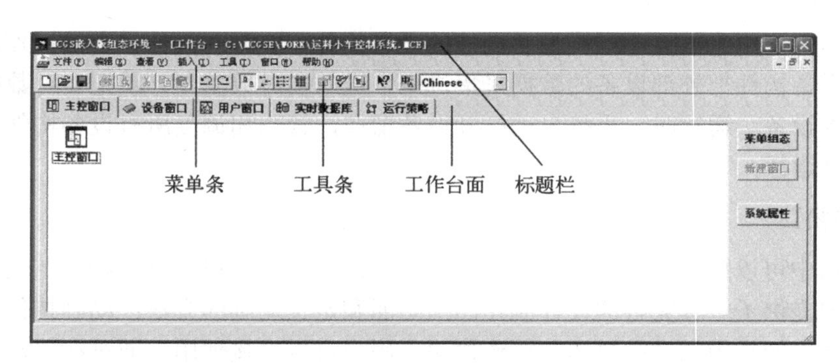

图 12-7 MCGS 嵌入版组态软件的用户操作界面

（2）菜单条：用于设置 MCGS 嵌入版的菜单系统。菜单条以“下拉菜单”形式进行操作，包含“文件”、“编辑”、“查看”、“插入”、“工具”、“窗口”和“帮助”菜单项，用鼠标或快捷键执行操作。

（3）工作台面：进行组态操作和属性设置。如图 12-8 所示，工作台面上部设有五个窗口标签，分别对应主控窗口、设备窗口、用户窗口、实时数据库和运行策略五大窗口。用鼠标单击标签按钮，即可将相应的窗口激活，进行组态操作；工作台面右侧还设有创建对象和对象组态用的功能按钮。

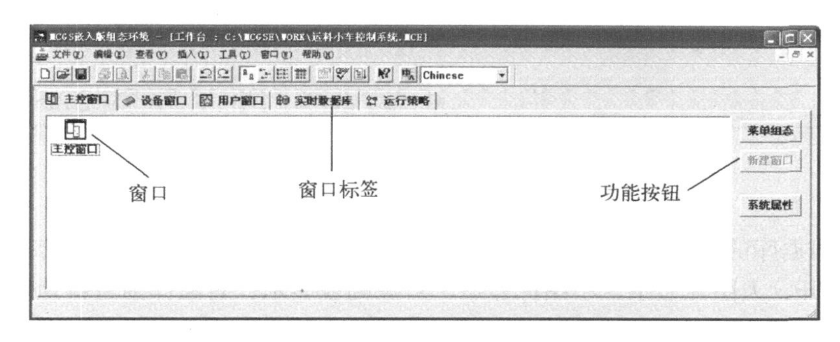

图 12-8 MCGS 嵌入版组态软件的工作台面

（4）工具条。也称工具栏。可以直接单击工具条上的图标，实现快捷操作。所有窗口都设置类似保存、打印、打印预览、剪切、复制、粘贴、撤销、恢复、显示属性、组态检查、下载工程并进入运行环境、帮助这些基本功能（见图 12-9），但不同的窗口还设置有一些特殊功能的工具条按钮。

图 12-9 工具条的基本功能图标

① 主控窗口的工具条。主控窗口的工具条如图 12-10 所示，除了基本功能外，还设置了工作台、浏览数据对象、新增下拉菜单、新增菜单项、新增分割线、向上移动、向下移动、向左移动、向右移动及多语言配置功能。

图 12-10 主控窗口的工具条

② 设备窗口的工具条。设备窗口的工具条如图 12-11 所示，除了基本功能外，还设置了工作台、浏览数据对象、工具箱、向上移动、向下移动功能。设备工具箱中设有与工控系统经常选用的测控设备相匹配的各种设备构件。选用所需的构件，放置在设备窗口中，经过属性设置和通道连接后，该构件即可实现对外部设备的驱动和控制。

图 12-11 设备窗口的工具条

③ 用户窗口的工具条。用户窗口的工具条如图 12-12（a）所示，除了基本功能外，还设置了工作台、浏览数据对象、工具箱、编辑条、填充色、线色、字符色、字符字体、线型、对齐、网格功能。单击图标，在工具条下面出现编辑条[见图 12-12（b）]，包括左边界对齐、右边界对齐、顶边界对齐、底边界对齐、纵向等间距、横向等间距、等高宽、等

高、等宽、中心对齐、纵向对中、横向对中、左旋 90 度、右旋 90 度、Y 翻转、X 翻转、构成图符、分解图符、置于最前面、置于最后面、向前一层、向后一层、锁定/解锁、固化、多重复制功能。

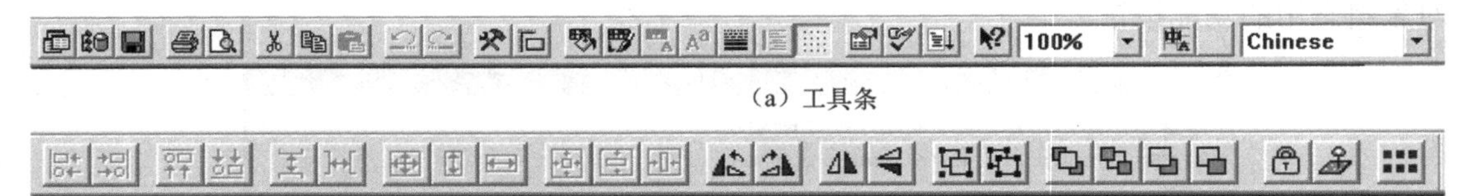

（a）工具条

（b）编辑条

图 12-12　用户窗口的工具条

④ 实时数据库的工具条。实时数据库的工具条如图 12-13 所示，除了基本功能外，还包括新建、打开、大图标显示、小图标显示、对象列表显示、对象详细资料功能。

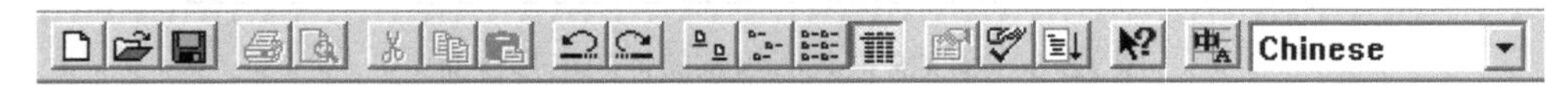

图 12-13　实时数据库的工具条

⑤ 运行策略的工具条。运行策略的工具条如图 12-14 所示，除了基本功能外，还包括工作台、浏览数据对象、工具箱、显示注释、新增策略行、向上移动、向下移动功能。策略构件工具箱内包括所有策略功能构件。选用所需的构件，可以生成用户策略模块，实现对系统运行流程的有效控制。

图 12-14　运行策略的工具条

12.2.4　MCGS 软件的运行方式

MCGS 嵌入版组态软件包括组态环境、运行环境、模拟运行环境三部分。文件 McgsSetE.exe 对应于组态环境，文件 McgsCE.exe 对应于运行环境，文件 CEEMU.exe 对应于模拟运行环境。其中，组态环境和模拟运行环境运行在上位机中；运行环境安装在下位机中。组态环境是用户组态工程的平台；模拟运行环境可以在 PC 上模拟工程的运行情况，用户可以不必连接下位机，对工程进行检查；运行环境是下位机真正的运行环境。

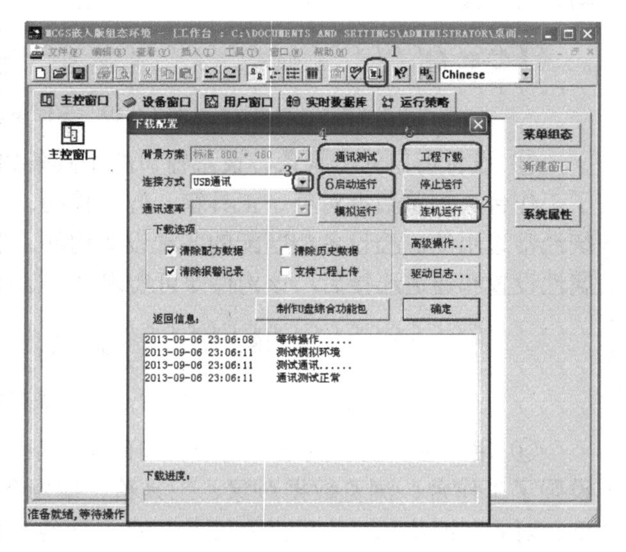

图 12-15　“下载配置”对话框

在组态环境下选择“工具”菜单中的“下载配置”或单击工具条中的图标，将弹出“下载配置”对话框（见图 12-15），选择“连机运行”(或“模拟运行”),设置连接方式(USB 通讯),单击“通讯测试”,当“返回信息”中提示通讯测试正常后,单击“工程下载”,等待提示工程下载成功,即当工程下载到模拟运行环境(或下位机)后,单击“启动运行”,也可以在 TPC 上启动工程运行。

若采用 TCP/IP 网络下载时,TPC 的 IP 地址和计算机的 IP 地址必须在同一网段,也就是 IP 地址的前三段必须相同,如 192.168.32.*。

12.3 MCGS 组态过程

12.3.1 工程整体规划

对工程设计人员来说,首先要了解整个工程的系统构成和工艺流程,清楚监控对象的特征,明确主要的监控要求和技术要求等问题。在此基础上,拟定组建工程的总体规划和设想,主要包括系统应实现哪些功能,控制流程如何实现,需要什么样的用户窗口界面,实现何种动画效果及如何在实时数据库中定义数据变量等环节。同时,还要分析工程中设备的采集及输出通道与实时数据库中定义变量的对应关系,分清哪些变量是要求与设备连接的,哪些变量是软件内部用来传递数据及用于实现动画显示的。做好工程的整体规划,在项目的组态过程中能够尽量避免一些无谓的劳动,快速有效地完成工程项目。

12.3.2 工程立项搭建框架

工程立项搭建框架又称建立新工程,其主要内容包括:定义工程名称、封面窗口名称和启动窗口(封面窗口退出后接着显示的窗口)名称,指定存盘数据库文件的名称及存盘数据库,设定动画刷新的周期。经过此步操作,即在 MCGS 嵌入版组态环境中建立了由五部分组成的工程结构框架。

12.3.3 构造实时数据库

数据对象是实时数据库的基本单元,构造实时数据库的过程就是定义数据对象的过程。在 MCGS 嵌入版生成应用系统时,应对实际工程问题进行简化和抽象化处理,将代表工程特征的所有物理量作为系统参数加以定义,定义中不只包含数值类型,还包括参数的属性及操作方法,这种把数值、属性和方法定义成一体的数据就为数据对象。

在实际组态过程中,一般无法一次全部定义所需的数据对象,而是根据情况需要逐步增加。当需要添加大量相同类型的数据对象时,可选择成组增加进行设置;当需要统一修改相同类型数据对象属性时,可选中相同类型对象后,选择对象属性进行设置;当选中单个或多个对象时,下方的状态条可动态显示选中项目的统计信息,包括选中个数、第一个被选中变量的行数(见图 12-16)。

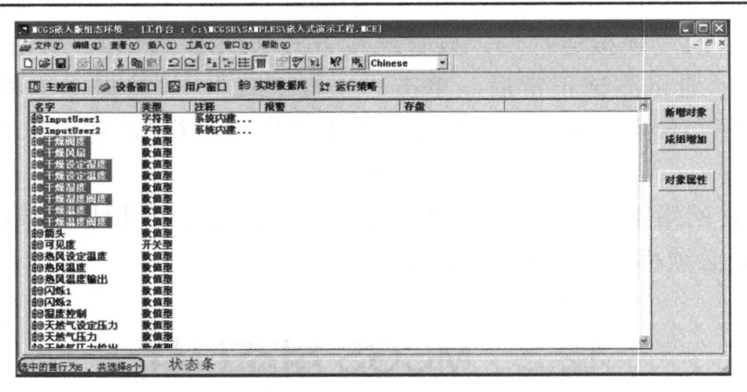

图 12-16　状态条的统计信息

MCGS 嵌入版中定义的数据对象的作用域是全局的，像通常意义的全局变量一样，数据对象的各个属性在整个运行过程中都保持有效，系统中的其他部分都能对实时数据库中的数据对象进行操作处理。

12.3.4　组态用户窗口

用户窗口是由用户来定义的，用来构成 MCGS 嵌入版图形界面的窗口。用户窗口是组成 MCGS 嵌入版图形界面的基本单位，所有的图形界面都是由一个或多个用户窗口组合而成的，它的显示和关闭由各种功能构件(包括动画构件和策略构件)来控制。创建用户窗口后，通过放置各种类型的图形对象，定义相应的属性，MCGS 嵌入版为用户提供了美观、生动、具有多种风格和类型的动画画面。组态用户窗口的操作包括生成图形界面和定义动画连接两部分。

1．生成图形界面

生成图形界面就是通过对用户窗口内多个图形对象的组态生成漂亮的图形界面，为实现动画显示效果做准备，基本步骤包括创建用户窗口、设置用户窗口属性、创建图形对象和编辑图形对象。

2．定义动画连接

定义动画连接实际上就是将用户窗口内创建的图形对象与实时数据库中定义的数据对象建立对应连接关系，通过对图形对象在不同的数值区间内设置不同的状态属性（如颜色、大小、位置移动、可见度、闪烁效果等），用数据对象的数值变化来驱动图形对象的状态改变，使系统在运行过程中产生形象逼真的动画效果。

在 MCGS 嵌入版中，每个图元对象、图符对象都可以实现 11 种动画连接方式（包括填充颜色连接、边线颜色连接、字符颜色连接、水平移动连接、垂直移动连接、大小变化连接、显示输出连接、按钮输入连接、按钮动作连接、可见度连接和闪烁效果连接），实现特定的动画功能。

12.3.5　组态主控窗口

主控窗口是用户应用系统的主窗口，也是应用系统的主框架，展现工程的总体外观。在主控窗口属性设置（见图 12-17）中，可以设置基本属性（反映工程外观的显示要求）、启动属性（系统启动时自动打开的用户窗口）、内存属性（系统启动时自动装入内存的用户窗口）、系统参数（系统运行时的相关参数）和存盘参数（工程文件配置和特大数据存储）。

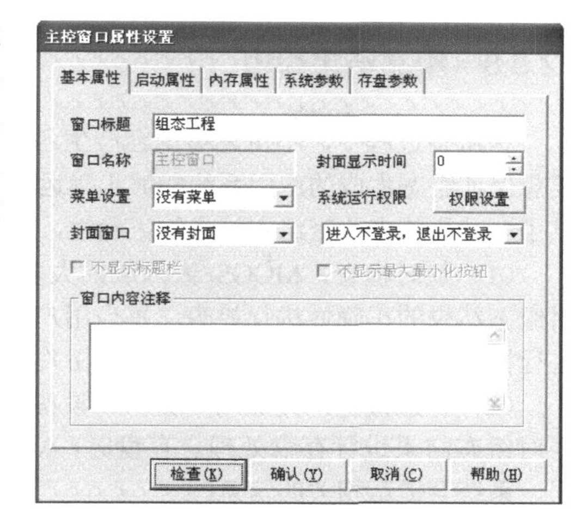

图 12-17　主控窗口属性设置

12.3.6　组态设备窗口

设备窗口是 MCGS 嵌入版系统与测控对象外部设备建立联系的后台作业环境，负责驱动外部设备，控制外部设备的工作状态。系统通过设备与数据之间的通道，把外部设备的运行数据采集进来，送入实时数据库，供系统的其他部分调用，并且把实时数据库中的数据输出到外部设备，实现对外部设备的操作与控制。

MCGS 嵌入版为用户提供了多种类型的“设备构件”，作为系统与外部设备进行联系的媒介。进入设备窗口，从设备构件工具箱里选择相应的构件，配置到窗口内，建立接口与通道的连接关系，设置相关的属性，即完成了设备窗口的组态工作。

运行时，应用系统自动装载设备窗口及含有的设备构件，并在后台独立运行。对用户来说，设备窗口是不可见的。

12.3.7　组态运行策略

运行策略是指对监控系统运行流程进行控制的方法和条件，它能够对系统执行某项操作和实现某种功能进行有条件的约束。运行策略由多个复杂的功能模块组成，称为“策略块”，用来完成对系统运行流程的自由控制，使系统能按照设定的顺序和条件，操作实时数据库，控制用户窗口的打开、关闭及控制设备构件的工作状态等一系列工作，从而实现对系统工作过程的精确控制及有序的调度管理。

用户可以根据需要来创建和组态运行策略。MCGS 嵌入版的运行策略包括启动策略、退出策略、循环策略、用户策略、报警策略、事件策略及热键策略七种类型，每种策略都可以完成一项特定的功能，而每一项功能的实现又以满足指定的条件为前提。每一个“条件—功能”实体构成策略中的一行，称为策略行（见图 12-18），每种策略由多个策略行构成。运行策略的这种结构形式类似于 PLC 系统的梯形图编程语言，但更加图形化，更加对象化，所包含的功能比较复杂，实现过程却很简单。

图 12-18　策略行

12.3.8 组态结果检查

在组态过程中，不可避免地会产生各种错误，错误的组态会导致各种无法预料的结果，要想保证组态生成的应用系统能够正确运行，必须保证组态结果准确无误。MCGS 嵌入版提供了多种措施来检查组态结果的正确性，用户要注意系统提示的错误信息，及时发现问题。

（1）随时检查：MCGS 嵌入版的大多数属性设置窗口中都设有“检查(C)”按钮，用于对组态结果的正确性进行检查。每当用户完成一个对象的属性设置后，可使用该按钮，及时进行检查。如果有错误，系统会提示相关的信息。

（2）存盘检查：完成用户窗口、设备窗口、运行策略和系统菜单的组态配置后，一般都要对组态结果进行存盘处理。存盘时，MCGS 嵌入版自动对组态的结果进行检查，发现错误，系统会提示相关的信息。

（3）统一检查：全部组态工作完成后，应对整个工程文件进行统一检查。关闭除工作台窗口以外的其他窗口，用鼠标单击工具条右侧的“组态检查”按钮，或执行“文件”菜单中的“组态结果检查”命令，即开始对整个工程文件进行组态结果的正确性检查。

用户如果对系统检查出来的错误不及时纠正处理，会使应用系统在运行中发生异常现象。MCGS 嵌入版对所有组态有错的地方在运行时跳过，不进行处理，这样就很可能造成整个系统失效。

12.3.9 工程测试

在组态过程中，用户可以随时进入运行环境，完成一部分测试，发现错误及时修改。用户主要从外部设备、系统属性、动画动作、按钮动作、用户窗口、图形界面、运行策略等几个方面对新工程进行测试检查。

1．外部设备的测试

首先确保外部设备能正常工作，对于硬件设置、供电系统、信号传输、接线接地等各个环节，先进行正确性检查及功能测试，设备正常后再联机运行；其次，在设备窗口组态配置中，要反复检查设备构件的选择及属性设置是否正确，设备通道与实时数据库数据对象的连接是否正确，确认正确无误后转入联机运行；联机运行时，利用设备构件提供的调试功能，给外部设备输入标准信号，观察采集进来的数据是否正确，外部设备在手动信号控制下能否迅速响应，运行工况是否正常等。

2．动画动作的测试

图形对象的动画动作是实时数据库中数据对象驱动的结果，因此，该项测试是对整个系统进行的综合性检查。通过对图形对象动画动作的实际观测，检查与实时数据库建立的连接关系是否正确，动画效果是否符合实际情况，验证画面设计与组态配置的正确性及合理性。

3．按钮动作的测试

首先检查按钮标签文字是否正确。实际操作按钮，测试系统对按钮动作的响应是否符合设计意图，是否满足实际操作的需要。当设有快捷键时，应检查与系统其他部分的快捷键设置是否冲突。

4. 用户窗口的测试

首先测试用户窗口能否正常打开和关闭，测试窗口的外观是否符合要求。对于经常打开和关闭的窗口，通过对其执行速度的测试，检查是否将该类窗口设置为内存窗口（在主控窗口中设置）。

5. 图形界面的测试

图形界面由多个用户窗口构成，各个窗口的外观、大小及相互之间的位置关系需要仔细调整和精确定位，才能获得满意的显示效果。在系统综合测试阶段，建议先进行简单布局，重点检查图形界面的实用性及可操作性。待整个应用系统基本完成调试后，再对所有用户窗口的大小及位置关系进行精细的调整。

6. 运行策略的测试

应用系统的运行策略在后台执行，主要职责是对系统的运行流程进行有效控制和调度。运行策略本身的正确性难于直接测试，只能从系统运行的状态和反馈信息加以判断分析。建议用户一次只对一个策略块进行测试，测试的方法是创建辅助的用户窗口，用来显示策略块中所用到的数据对象的数值。测试过程中，可以人为地设置某些控制条件，观察系统运行流程的执行情况，对策略的正确性做出判断。同时，还要注意观察策略块运行中系统其他部分的工作状态，检查策略块的调度和操作是否正确实施。例如，策略中要求打开的窗口是否及时打开，外部设备是否按照策略块中设定的控制条件正常工作。

12.4 触 摸 屏

触摸屏是目前最新的一种交互式图视化人机界面设备。它可以设计及存储数十至数百幅与控制操作相关的黑白或彩色的画面，可以直接在显示这些画面的屏幕上用手指点击换页或输入操作命令，还可以连接打印机打印报表，是一种理想的操作面板设备。

触摸屏具有简单易用、功能强大及性能稳定的特点，非常适合用于工业环境，甚至可以用于日常生活之中，应用非常广泛，如自动化停车设备、自动洗车机、天车升降控制、生产线监控等，甚至可用于智能大厦管理、会议室声光控制、温度调整等。

12.4.1 人机界面

1. 人机界面定义

人机界面又称人机接口，简称 HMI。从广义上来说，HMI 泛指计算机与操作人员交换信息的设备。在控制领域，HMI 一般用于操作人员与控制系统之间进行对话和相互作用的专用设备。

人机界面是按工业现场环境应用来设计的，是操作人员与 PLC 之间双向沟通的桥梁，用来显示 PLC 的 I/O 状态和各种系统信息，接收操作人员发出的各种命令和设置参数，并将它们传送到 PLC。

2．人机界面类型

人机界面有文本显示器（Text Display）、操作面板（Operator Panel）和触摸屏（Touch Panel）操作面板三种类型。

（1）文本显示器。文本显示器（见图 12-19），又名终端显示器，是一种单纯以文字呈现的人机互动系统。通过文本显示器，将所需要控制的内容编写成相应的程序，最终在文本显示器的界面上显示出来。文本显示器是一种廉价的单色操作员界面，利用简单的键盘输入参数，一般只能显示几行数字、字母、符号和文字。其缺点是由于屏幕显示范围小，查找设置参数时需要进行比较烦琐的操作。

（2）操作面板。操作面板（见图 12-20）的原理与文本显示器差不多，但是它的显示屏幕较大，面板上的按键很多，一般都具备功能键、数字键、方向键等，因此简化了查找和输入参数的操作步骤。

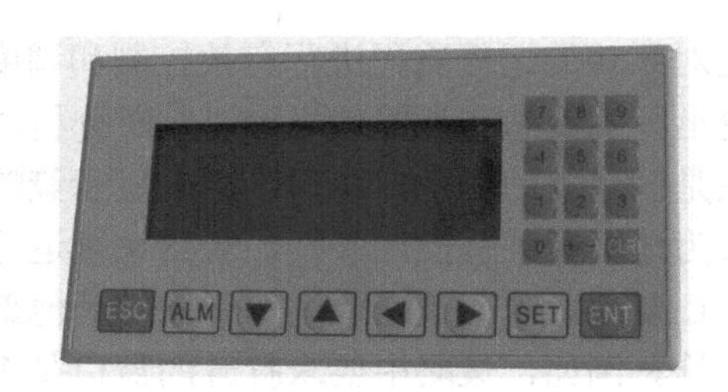

图 12-19　文本显示器

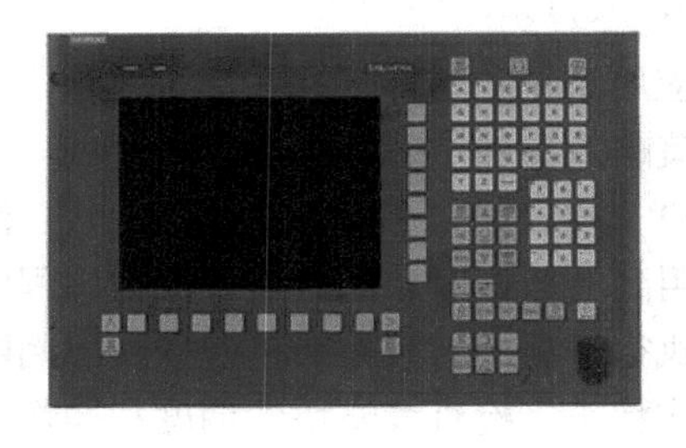

图 12-20　操作面板

（3）触摸屏。触摸屏（见图 12-21）又称“触控屏”、“触控面板”，是一种可以接收触头等输入信号的感应式液晶显示装置，当接触了屏幕上的图形按钮时，屏幕上的触觉反馈系统可根据预先编写的程序驱动各种连接装置，可以取代机械式的按钮面板，并由液晶显示画面产生生动的影音效果。触摸屏作为一种最新的计算机输入设备，是目前最简单、方便、自然的一种人机交互方式。它赋予多媒体一个崭新的面貌，是极富吸引力的全新多媒体交互设备。

图 12-21　触摸屏

3．人机界面特点

人机界面有以下几个特点。

① 在人机界面上动态显示过程数据（即 PLC 采集的现场数据）。

② 操作员可以通过图形界面控制生产过程，如操作员可以用触摸屏上的输入域来修改系统的参数，或用画面上的按钮来启动电动机等。

③ 过程的临界状态会自动触发报警，如当电量超出设定值时，人机界面产生报警信号。

④ 顺序记录过程值和报警信息，用户随时可以检索过往生产数据。

⑤ 人机界面将过程和设备的参数存储在配方中，可以一次性将这些参数从人机界面下载到 PLC，以便改变产品的品种。

⑥ 人机界面配备多个通信接口，可以使用各种通信接口和通信协议，通信接口的个数

和种类与人机界面的型号有关。使用最多的是 RS-232C 和 RS-422/485 串行通信接口，有的人机界面配备有 USB 或以太网接口，有的可以通过调制解调器进行远程通信，有的人机界面还可以实现一台触摸屏与多台 PLC 通信，或多台触摸屏与一台 PLC 通信。

12.4.2 触摸屏简介

1．触摸屏原理

触摸屏是一种透明的绝对定位系统，每次触摸的位置转换为屏幕上的坐标，是一套独立的坐标定位系统。触摸屏由显示屏幕、触摸检测软件和触摸屏控制器组成。触摸检测软件安装在显示屏幕的表面，用于检测用户的触摸位置，再将该处的检测信息传送到触摸屏控制器。触摸屏控制器将接收到的触摸信息转换成触摸坐标，并通过通信电缆将信号传送给 PLC 的 CPU 单元。同时，PLC 中的相关信息也由 CPU 单元通信电缆传送到触摸屏控制器，在屏幕上以数字、文字或图形方式显示出来。

2．触摸屏分类

根据触摸屏的工作原理和传输信息的介质分类，触摸屏主要有电阻式、红外线式、电容式及表面声波式四种类型。用于工业控制系统的触摸屏大多为电阻式触摸屏。

电阻式触摸屏的屏体部分是一块与显示器表面相匹配的多层复合薄膜，由一层玻璃或有机玻璃作为基层，表面涂有一层透明导电层，在两层导电层之间有许多细小（小于千分之一英寸）的透明隔离点把它们隔开绝缘。当手指触摸屏幕时，平常相互绝缘的两层导电层就在触摸点位置有了一个接触，因其中一面导电层接通 Y 轴方向的 5V 均匀电压场，使得侦测层的电压由零变为非零，控制器侦测到这个接通后，进行 A/D 转换，并将得到的电压值与 5V 相比，即可得到触摸点的 Y 轴坐标，同理得出 X 轴的坐标。

电阻屏根据引出线的数量分为 4 线、5 线、6 线等多线电阻式触摸屏。第三代电阻式（5 线及 7 线）触摸屏的模式硬度大于 4，透光率为 90%，防水、防尘、防火及防反光性能良好。选用触摸屏时需要了解显示屏的面积、分辨率、色彩、对比度及接口。

3．触摸屏的功能

触摸屏是一种最直观的操作设备，只要用手指触摸屏幕上的图形对象计算机便会执行相应的操作。人的行为和机器的行为变得简单、直接、自然，达到完美的统一。用户可以用触摸屏上的文字、按钮、图形和数字信息等来处理或监控不断变化的信息。触摸屏的主要功能有以下几个方面。

（1）画面显示功能。触摸屏的画面分为系统画面和用户画面，其中系统画面是机器自动生成的系统检测及报警类的监控画面，具有监视功能、数据采集功能、报警功能等，是触摸屏制造商设计的，这类画面是使用者不能修改的；用户画面是用户根据具体的控制要求设计制作的，可以单独显示也可以重合显示或自由切换，画面上可显示文字、图形、图表，可以设定数据，还可以设定显示日期、时间等。

（2）画面操作功能。实际使用时，操作者可以通过触摸屏上设计的操作键来切换 PLC 的元件，也可以通过设计的键盘输入及更改 PLC 元件的数据，还可以作为编程器对与其连接的 PLC 进行程序的修改、编辑，软元件的监视及对软元件的设定值和当前值的显示及修改。

（3）检测监视功能。触摸屏可以进行用户画面显示，操作者可以通过画面监视 PLC 位元件的状态及数据寄存器中数据的数值，并可对位元件执行强制 ON/OFF 状态；可以对数据文件的数据进行编辑，也可以进行触摸键的测试和画面的切换等操作。

（4）数据采样功能。触摸屏可以设定采样周期，记录指定的数据寄存器的当前值，通过设定采样的条件，将收集到的数据以清单或图表的形式显示或打印。

（5）报警功能。触摸屏可以指定 PLC 的元件（可以是 X、Y、M、S、T、C）与报警信息相对应，通过这些元件的 ON/OFF 状态给出报警信息，最多可以记录 1000 个报警信息。

（6）其他功能。触摸屏具有设定开关、数据传送、打印输出、关键字、动作模式设定等功能，在动作模式设定中可以进行设定系统语言、连接 PLC 的类型、串行通信参数、标题画面、主菜单调用、当前日期和时间等设定功能。

12.4.3 TPC 1061Ti 触摸屏

TPC 1061Ti 是北京昆仑通态自动化软件科技有限公司生产的嵌入式一体化触摸屏。TPC 1061Ti 产品设计结构坚固、紧凑，触摸操作方便、安全，外观简约时尚，是一代以嵌入式低功耗 CPU 为核心的高性能产品。

1．TPC 1061Ti 的外形结构

图 12-22 展示了 TPC 1061Ti 的外形结构。它的外形尺寸为 237.7mm×193.6mm，分辨率为 1024×600，10.2" TFT 液晶屏，ARM CPU，主频 600MHz，128MDDR2，128M NAND Flash；抗干扰性能达到工业Ⅲ级；宽屏、超轻、超薄、低功耗；支持 U 盘备份恢复，功能强大，使用方便，能够满足现代工业越来越庞大的工作量及功能的需求。

（a）正面

（b）背面

图 12-22　TPC 1061Ti 的外形结构

2．TPC 1061Ti 的接口

TPC 1061Ti 提供了 LAN、USB 及 COM 接口，如图 12-23 所示，用户可以根据实际需要选择合适的接口。

图 12-23　TPC 1061Ti 接口

（1）电源连接。TPC 采用 24V 直流电源供电，电源插头接线端子如图 12-24 所示，上面引脚为正端，下面引脚为负端。连接时，先将电源线剥线后插入电源插头接线端子中，再用一字螺丝刀将电源端子的螺钉锁紧，最后将电源插头插入触摸屏背面的电源插座中（见图 12-25）。

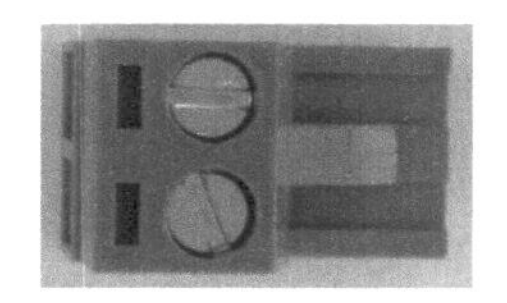

图 12-24 电源插头接线端子

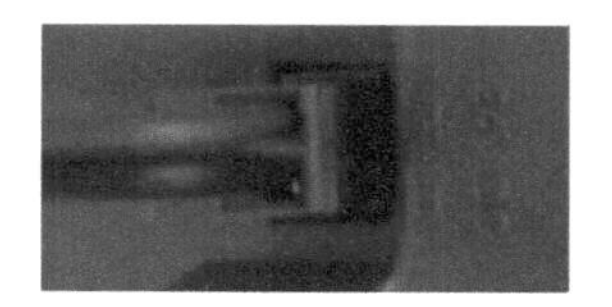

图 12-25 电源插头插入电源插座

（2）TPC 与 PLC 的连接。TPC 的串口如图 12-26 所示，提供 RS232 和 RS485 两种通信方式，串口的引脚对应关系见表 12-1。例如，当 TPC 与西门子 S7-200 PLC 连接时，采用西门子 PPI 协议，TPC 触摸屏 RS485 接口的 A 正 B 负与 PLC 编程口的 3 正 8 负连接[见图 12-27（a）]；当 TPC 与欧姆龙 PLC 连接时，采用欧姆龙 Host link 协议，TPC 触摸屏与 PLC 的 Host link 串口或 RS232 扩展串口连接[见图 12-27（b）]；当 TPC 与三菱 FX 系列 PLC 连接时，采用三菱 FX 编程口专有协议，TPC 触摸屏与 PLC 的编程口或 422-BD 通信模块连接[见图 12-27（c）]。

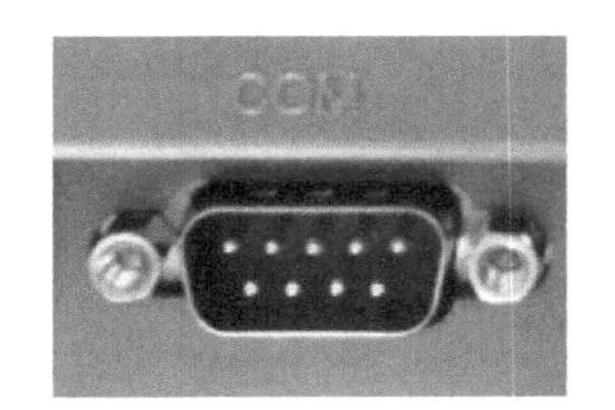

1 2 3 4 5
6 7 8 9

图 12-26 TPC 的串口

表 12-1 串口引脚定义

接口	PIN	引脚定义
COM1	2	RS232 RXD
	3	RS232 TXD
	5	GND
COM2	7	RS485+
	8	RS485-

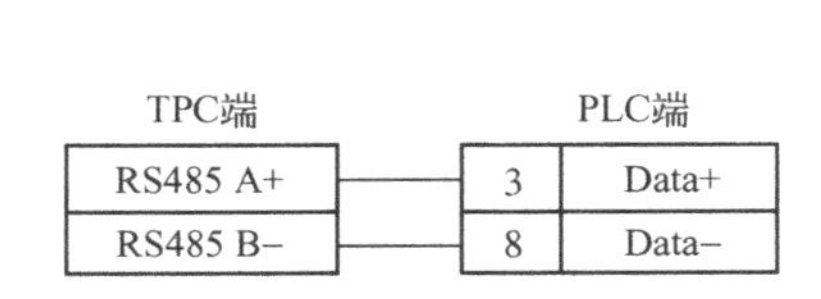

（a）TPC与西门子S7-200PLC连接

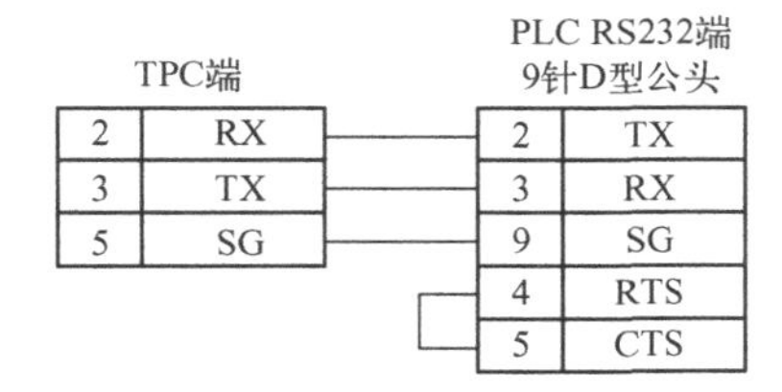

（b）TPC与欧姆龙Host link连接

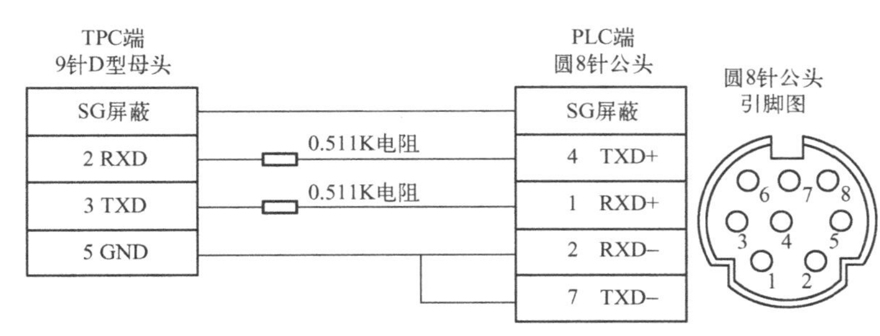

（c）TPC与三菱FX系列PLC连接

图 12-27 TPC 的通信电缆接线

（3）TPC 与 PC 的连接。TPC 与 PC 的硬件连接方式采用 USB 连接，如图 12-28 所示。

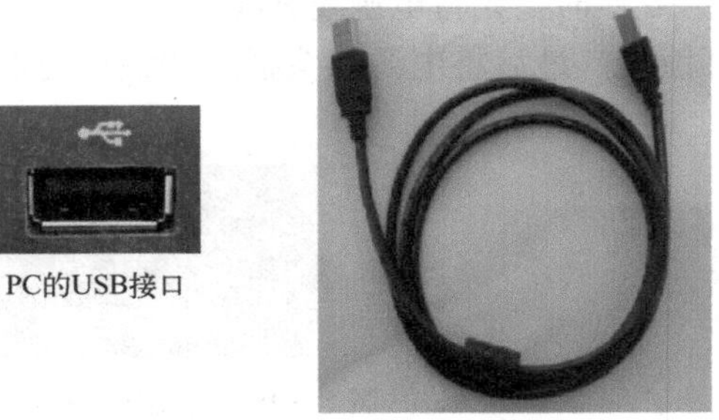

图 12-28　TPC 与 PC 的连接

12.4.4　触摸屏的启动

使用 24V 直流电源给触摸屏供电，将触摸屏与 PC 连接后，即可开机运行，启动后屏幕出现“正在启动”提示进度条，此时不需要任何操作系统即可自动进入工程运行界面，单击任意按钮，可以进入相应运行画面，如单击“纺织机械”，进入“高速加弹机”画面，监控设备运行情况（见图 12-29）。

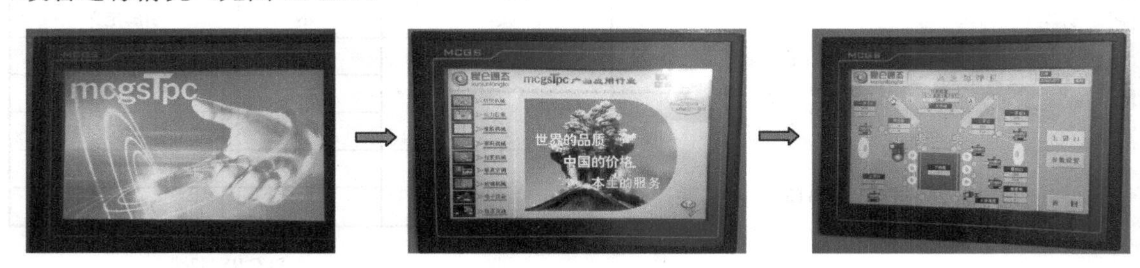

图 12-29　触摸屏的操作画面

项目 13

万年历的组态软件设计

13.1 项目任务

万年历是我国古代传说中最古老的一部太阳历，包括若干年或适用于若干年的历书。随着科技的发展，现代的万年历能同时显示公历、农历和干支历等多套历法，更能包含黄历相关吉凶宜忌、节假日、提醒等多种功能信息；而其载体更包括历书出版物、电子产品、计算机软件和手机应用等，非常丰富，极为方便人们查询使用，如图 13-1 所示。

图 13-1　万年历

在实际的控制领域中，需要监控的参数较多，经常需要对具体设备进行运行时间的监控，因此，时间显示是不可缺少的一个内容。怎样用 MCGS 软件实时显示日期和时间呢？

13.2 知识储备

13.2.1 实时数据库

在 MCGS 嵌入版中，实时数据库是系统的核心，是应用系统的数据处理中心。系统的各个部分均以实时数据库为公用区交换数据，实现各个部分协调动作。设备窗口通过设备构件驱动外部设备，将采集的数据送入实时数据库；由用户窗口组成的图形对象，与实时数据库中的数据对象建立连接关系，以动画形式实现数据的可视化；运行策略通过策略构件，对数据进行操作和处理。

实时数据库是以数据对象的形式来进行操作与处理的。数据对象包含数据变量的数值特征，还包含与数据相关的其他属性（如数据的状态、报警限值等）及对数据的操作方法（如存盘处理、报警处理等）。在构成实际应用系统时，将代表工程特征的所有物理量进行简化和抽象化处理，用数据对象加以定义，构成系统的实时数据库，如图 13-2 所示。

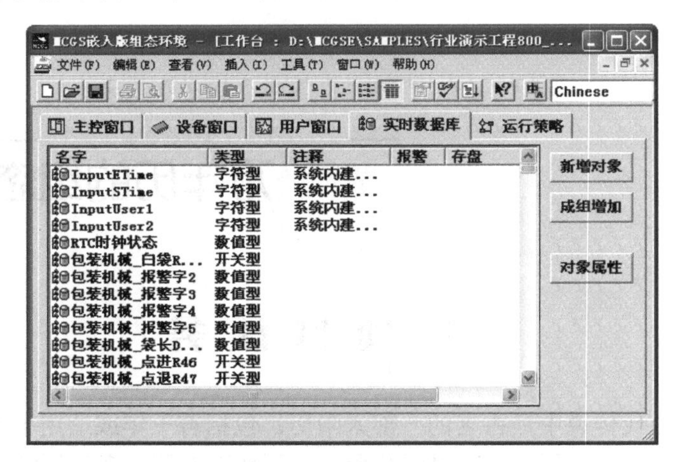

图 13-2 系统的实时数据库

在 MCGS 嵌入版中，数据对象有开关型、数值型、字符型、事件型和数据组对象五种类型。不同类型的数据对象，属性不同，用途也不同。

1. 开关型数据对象

开关型数据对象是记录开关信号（0 或非 0）的数据对象，通常与外部设备的数字量输入/输出通道连接，用来表示某一设备当前所处的状态。开关型数据对象没有工程单位和最大、最小值属性，没有限值报警属性，只有状态报警属性。

2. 数值型数据对象

数值型数据对象能够与外部设备的模拟量输入/输出通道相连接。数值型数据对象有最大值和最小值属性，其值不会超过设定的数值范围。当对象的值小于最小值或大于最大值时，对象的值分别取为最小值或最大值。

数值型数据对象有限值报警属性，可同时设置上限、上上限、下限、下下限、上偏差、下偏差六种报警限值，当对象的值超过设定的限值时，产生报警；当对象的值回到所有的限值之内时，报警结束。

3. 字符型数据对象

字符型数据对象是存放文字信息的单元，用于描述外部对象的状态特征，其值为多个字符组成的字符串，字符串长度最长可达 64KB。字符型数据对象没有工程单位和最大值、最小值属性，也没有报警属性。

4. 事件型数据对象

事件型数据对象用来表示某种特定事件的产生及相应时刻，如报警事件、开关量状态跳变事件。事件型数据对象不用进行报警限值或状态设置，当它所对应的事件产生时，报警也就产生。对事件型数据对象而言，报警的产生和结束是同时完成的。

5. 数据组对象

数据组对象是 MCGS 引入的一种特殊类型的数据对象，类似于一般编程语言中的数组和结构体，用于把相关的多个数据对象集合在一起，作为一个整体来定义和处理。例如，在实际工程中，描述一个锅炉的工作状态有温度、压力、流量、液面高度等多个物理量，为便于处理，定义“锅炉”为一个组对象，用来表示“锅炉”这个实际的物理对象，其内部成员则由上述物理量对应的数据对象组成，这样，在对“锅炉”对象进行处理（如进行组态存盘、曲线显示、报警显示）时，只需指定组对象的名称“锅炉”，就包括了对其所有成员的处理。

组对象只是在组态时对某一类对象的整体表示方法，实际的操作则是针对每一个成员进行的。例如，在报警显示动画构件中，指定要显示报警的数据对象为组对象“锅炉”，则该构件显示组对象包含的各个数据对象在运行时产生所有报警信息。组对象没有工程单位和最大值、最小值属性，组对象本身没有报警属性。

注意事项：数据组对象是多个数据对象的集合，应包含两个以上的数据对象，但不能包含其他的数据组对象。一个数据对象可以是多个不同组对象的成员。

13.2.2　图形对象

用户窗口相当于一个“容器”，用来放置各种图形对象。用户窗口内的图形对象是以“所见即所得”的方式来构造的，即组态时用户窗口内的图形对象是什么样，运行时就是什么样。

图形对象是组成用户应用系统图形界面的最小单元，用户可以从 MCGS 嵌入版提供的绘图工具箱（见图 13-3）中选取各种图形对象，不同类型的图形对象有着不同的属性，所能完成的功能也各不相同。MCGS 嵌入版中的图形对象包括图元对象、图符对象和动画构件三种类型。

工具箱		
选择器	直线	弧线
矩形	圆角矩形	椭圆
多边形或折线	标签	位图
插入元件	保存元件	常用符号
输入框	流动块	百分比填充
标准按钮	动画按钮	旋钮输入器
滑动输入器	旋转仪表	动画显示
实时曲线	历史曲线	报警显示
自由表格	历史表格	存盘数据浏览
计划曲线	组合框	报警条
报警浏览		

图 13-3　绘图工具箱

1．图元对象

图元对象是构成图形对象的最小单元。多种图元对象的组合可以构成新的、复杂的图形对象。MCGS 嵌入版为用户提供了 8 种图元对象，包括直线、弧线、矩形、圆角矩形、椭圆、折线或多边形、标签及位图。

MCGS 嵌入版的图元对象是以向量图形的格式存在的，根据需要可随意移动图元对象的位置和改变图元对象的大小。对于文本图元（由多个字符组成的一行字符串，在指定的矩形框内显示），只能改变显示矩形框的大小，文本字体的大小不改变；对于位图图元，不仅可以改变显示区域的大小，还可以对位图轮廓进行缩放处理，但位图本身的实际大小并无变化。

2．图符对象

图符对象是将多个图元对象按照一定规则组合在一起所形成的图形对象，它是一个整体，可以随意移动和改变大小。多个图元对象构成图符对象，图元对象和图符对象又可构成新的图符对象。

单击绘图工具箱中的图标，弹出常用图符工具箱（见图 13-4）。在常用图符工具箱中，MCGS 嵌入版系统内部提供了 27 种常用的图符对象（也称系统图符对象），为快速构图和组态提供了方便。系统图符是专用的，不能分解，只能以一个整体的形式参与图形对象的制作。

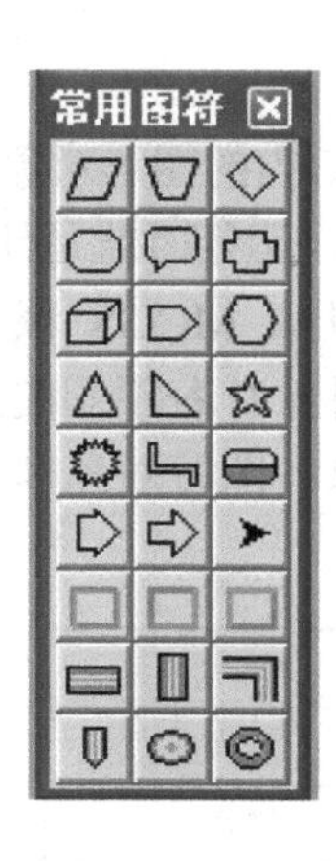

常用图符		
平行四边形	梯形	菱形
八边形	注释框	十字形
立方体	楔形	六边形
等腰三角形	直角三角形	五角星形
星形	弯曲管道	罐形
粗箭头	细箭头	三角箭头
凹槽平面	凹平面	凸平面
横管道	竖管道	管道接头
三维锥体	三维球体	三维圆环

图 13-4　常用图符工具箱

3．动画构件

动画构件实际上就是将工程监控作业中经常操作或观测用的一些功能性器件软件化，做成外观相似、功能相同的构件，存入 MCGS 嵌入版的“工具箱”中，供用户在图形对象组态配置时选用，完成特定的动画功能。动画构件本身是一个独立的实体，不能和其他图元和图符对象一起构成新的图符对象。MCGS 嵌入版目前提供的动画构件有输入框构件、标签构件、流动块构件、百分比填充构件、标准按钮构件、动画按钮构件、旋钮输入构件、滑动输入器构件、旋转仪表构件、动画显示构件、 实时曲线构件、历史曲线构件、报警显示构件、自由表格构件、历史表格构件、存盘数据浏览构件及组合框构件 17 种类型。

13.2.3　输入/输出动画连接

所谓动画连接，实际上是将用户窗口内创建的图形对象与实时数据库中定义的数据对象建立起对应的关系，在不同的数值区间内设置不同的图形状态属性（如颜色、大小、位置移动、可见度、闪烁效果等），将物理对象的特征参数以动画图形方式来进行描述，这样在系统运行过程中，用数据对象的值来驱动图形对象的状态改变，进而产生形象逼真的动画效果。

输入/输出动画连接方式包括显示输出、按钮输入和按钮动作三个方面。显示输出连接只用于“标签”图元对象，显示数据对象的数值；按钮输入连接用于输入数据对象的数值；按钮动作连接用于响应来自鼠标或键盘的操作，执行特定的功能。

13.3 项目实施

13.3.1 创建工程

双击桌面的“MCGS 组态环境”图标，进入组态环境。单击文件菜单中的“新建工程”选项，默认的工程名为“新建工程 0.MCE”。选择文件菜单中的“工程另存为”菜单项，弹出文件保存窗口，选择存储路径，在文件名一栏内输入“数字时钟”（见图 13-5），单击“保存”按钮，工程创建完毕。

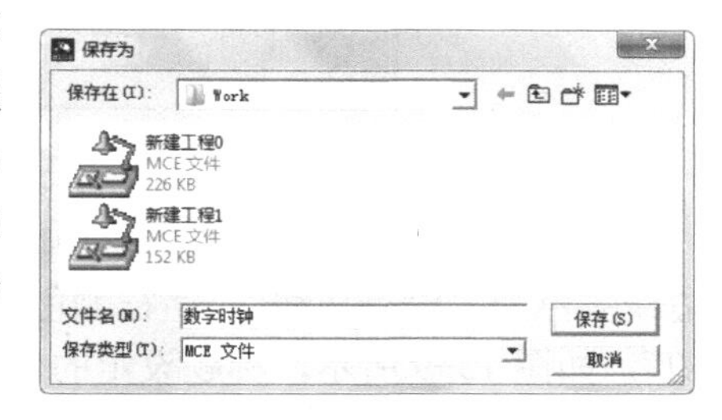

图 13-5 新工程建立

13.3.2 新建窗口

在“用户窗口”中单击“新建窗口”按钮，出现“窗口 0”图标，如图 13-6 所示。选中“窗口 0”，单击“窗口属性”，进入“用户窗口属性设置”（见图 13-7）对话框，将窗口名称改为数字时钟，其他不变，单击“确认”按钮。

图 13-6 新建窗口

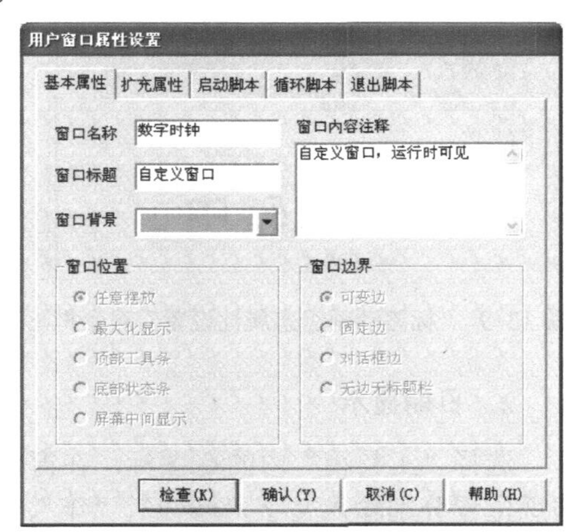

图 13-7 “用户窗口属性设置”对话框

13.3.3 制作画面

1. 画面标题

单击工具条中的“工具箱”按钮，打开绘图工具箱；选择“工具箱”内的A图标，鼠标的光标呈“十字”形，在窗口顶端中心位置拖曳鼠标，根据需要拉出一个矩形框；在光标闪烁位置输入文字“数字时钟”，按回车键或在窗口任意位置用鼠标单击一下，完成标题的文字输入（见图 13-8）。

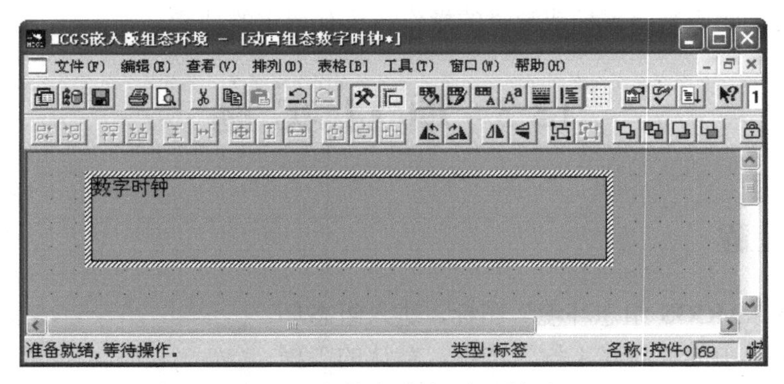

图 13-8 “数字时钟”标题文字

双击矩形框，弹出“标签动画组态属性设置”对话框，设置填充颜色为“没有填充”，边线颜色为“没有边线”，字符颜色为“蓝色”，单击按钮，设置字体为“宋体、粗体、小初”，如图 13-9 所示，标题设定的效果为不显示矩形框，只显示文字（见图 13-10）。

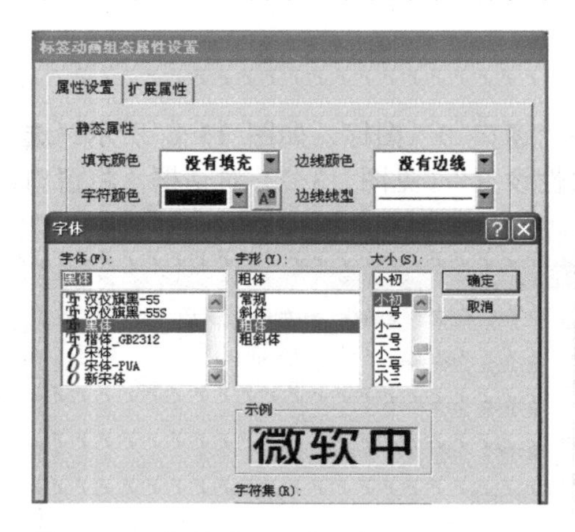

图 13-9 “标签动画组态属性设置”对话框

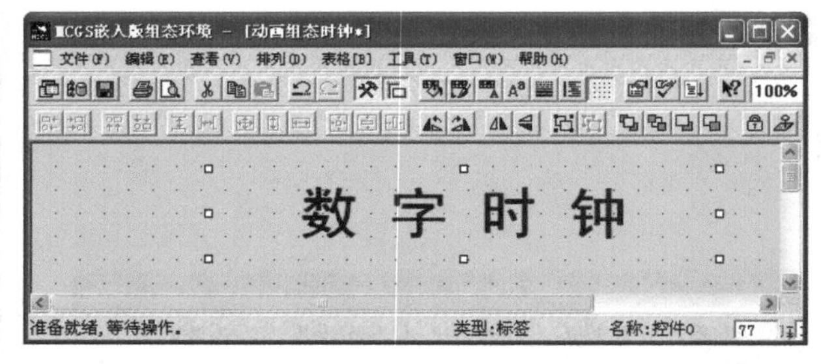

图 13-10 标题设定效果

2．日期显示

选择“工具箱”内的图标，在窗口中部左端位置拖曳鼠标，拉出若干矩形框；在光标闪烁位置分别输入文字“####”、“年”、“##”、“月”、“##”、“日”，设置填充颜色为“没有填充”，边线颜色为“没有边线”，字符颜色为“黑色”，设置字体为“宋体、粗体、二号”，如图 13-11 所示。

3．时间显示

选择“工具箱”内的图标，在窗口中部位置拖曳鼠标，拉出一个矩形框；在光标闪烁位置分别输入文字“####”，设置填充颜色为“白色”，边线颜色为“黑色”，字符颜色为“藏青色”，设置字体为“宋体、粗体、二号”，如图 13-11 所示。

4. 星期显示

选择“工具箱”内的A图标，在窗口中下部位置拖曳鼠标，拉出两个矩形框；在光标闪烁位置分别输入文字“星期”和“##”，设置填充颜色为“没有填充”，边线颜色为“没有边线”，字符颜色为“黑色”和“紫色”，设置字体为“宋体、粗体、二号”，如图 13-11 所示。

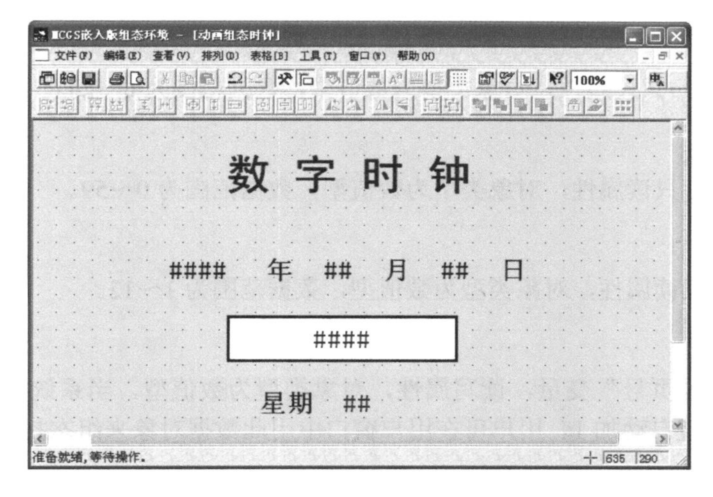

图 13-11　画面设定效果

13.3.4 定义变量

MCGS 嵌入版内部定义了一些数据对象，称为 MCGS 嵌入版系统变量（见图 13-12）。在进行组态时，可直接使用这些系统变量。为了和用户自定义的数据对象相区别，系统变量的名称一律以“$”符号开头。MCGS 嵌入版系统变量多数用于读取系统内部设定的参数，它们只有值的属性，没有最大值、最小值及报警属性。

变量选择

变量选择方式：从数据中心选择|自定义　根据采集信息生成　确认　退出

根据设备信息连接：选择通讯端口　通道类型　数据类型　选择采集设备　通道地址　读写类型

从数据中心选择：选择变量　数值型　开关型　字符型　事件型　组对象　内部对象

对象名	对象类型
$Date	字符型
$Day	数值型
$Hour	数值型
$Minute	数值型
$Month	数值型
$PageNum	数值型
$RunTime	数值型
$Second	数值型
$Time	字符型
$Timer	数值型
$UserName	字符型
$Week	数值型
$Year	数值型
Data1	数值型
InputETime	字符型
InputSTime	字符型
InputUser1	字符型
InputUser2	字符型

图 13-12　MCGS 嵌入版系统变量

1. $Date

“日期”变量，只读属性，对象类型为字符型，返回格式为年-月-日，其中年用四位数表示，月和日用两位数表示，如 2016-01-09。

2. $Day

“日”变量，只读属性，对象类型为数值型，数据范围为 1～31。

3. $Hour

“小时” 变量，只读属性，对象类型为数值型，数据范围为 0～24。

4. $Minute

“分钟”变量，只读属性，对象类型为数值型，数据范围为 0～59。

5. $Month

“月”变量，只读属性，对象类型为数值型，数据范围为 1～12。

6. $PageNum

“表示打印时的页号”变量，读写属性，对象类型为数值型，当系统打印完一个用户窗口后，$PageNum 值自动加 1。用户可在用户窗口中用此数据对象来组态打印页的页号。

7. $RunTime

“读取应用系统启动后所运行的秒数”变量，只读属性，对象类型为数值型。

8. $Second

“秒数”变量，只读属性，对象类型为数值型，数据范围为 0～59。

9. $Time

“时刻”变量，只读属性，对象类型为字符型，返回格式为时:分:秒，其中时、分、秒均用两位数表示，如 20:12:39。

10. $Timer

“读取自午夜以来所经过的秒数”变量，只读属性，对象类型为数值型。

11. $UserName

“在程序运行时记录当前用户的名字”变量，只读属性，对象类型为内存字符串型变量。若没有用户登录或用户已退出登录，“$ UserName”为空字符串。

12. $Week

“星期”变量，只读属性，对象类型为数值型，数据范围为 1～7。

13. $Year

“年”变量，只读属性，对象类型为数值型，数据范围为 1111～9999。

13.3.5 动画连接

画面制作好了以后，需要将画面中的图形或文字与前面的变量关联起来，这样在运行时，画面上的内容才能随着变量的变化而变化。

1．日期的动画连接

双击画面中的“####”标签，弹出 “标签动画组态属性设置”对话框，勾选“显示输出”动画连接，在其前面的正方形中出现对号即☑，表示选中该种动画连接，同时在“标签动画组态属性设置”对话框上出现“显示输出”属性页，如图 13-13 所示。

单击“显示输出”属性页，进入 “显示输出”页面（见图 13-14），其中表达式必须设置。表达式是指该标签构件所连接的表达式名称，单击右侧的问号“？”按钮，就出现工程中已经定义的所有变量（见图 13-12)，用鼠标双击“$Year”变量，“$Year”出现在文本框内；再根据选择的表达式类型选择输出值类型，“$Year”变量为数值型，则选择 “数值量输出”；最后选择输出格式为“十进制”、“自然小数位”，单击“确认”按钮后完成设置。

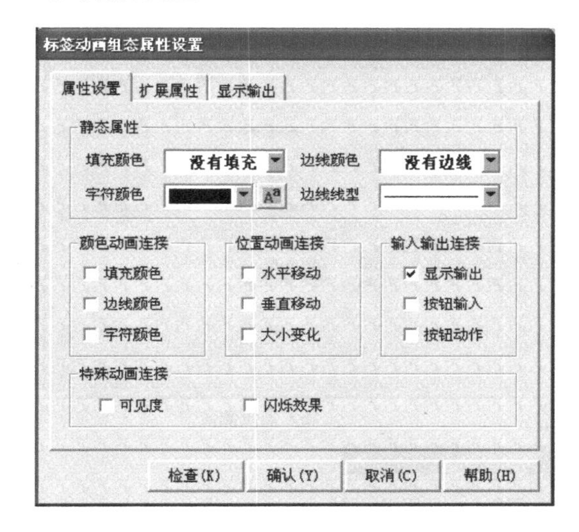

图 13-13 “标签动画组态属性设置”对话框

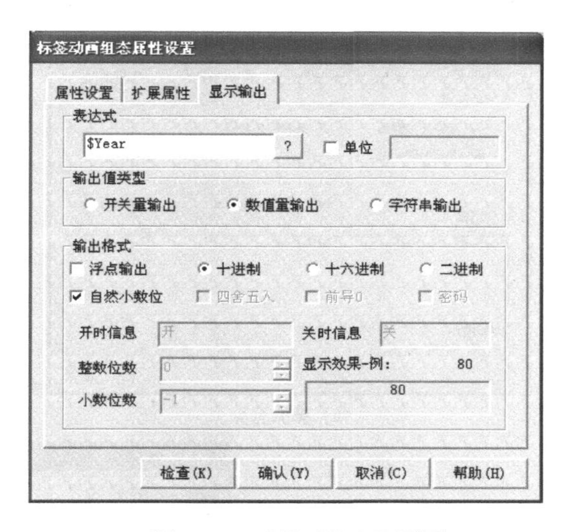

图 13-14 “显示输出”页面

双击月前面的“##”，设置“$ Month”变量，选择“数值量输出”，输出格式为“十进制”、“自然小数位”，单击“确认”按钮后完成设置。

双击日前面的“##”，设置“$Day”变量，选择“数值量输出”，输出格式为“十进制”、“自然小数位”，单击“确认”按钮后完成设置。

2．时间的动画连接

双击时间显示的“####”，设置“$Time”变量，选择 “字符串输出”，输出格式默认，单击“确认”按钮后完成设置，如图 13-15 所示。

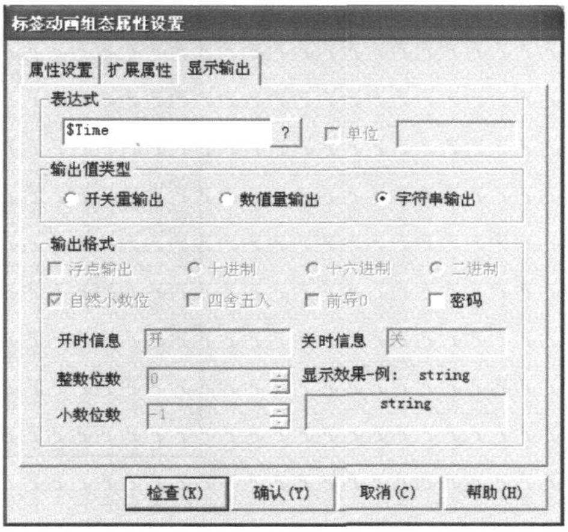

图 13-15 时间的“显示输出”页面

3. 星期的动画连接

双击星期后面的“##”，设置“$ Week”变量，选择“数值量输出”，输出格式为“十进制”、“自然小数位”，单击“确认”按钮后完成设置。

13.3.6 运行与调试

单击工具条中的图标，弹出“下载配置”对话框[见图 13-16（a）]，选择“模拟运行”→“通讯测试”[见图 13-16（b）]→“工程下载”，等待工程下载到模拟运行环境后[见图 13-16（c）]，单击“启动运行”，进入工程运行状态（见图 13-17）。

观察系统中显示的日期、时间及星期是否正确。

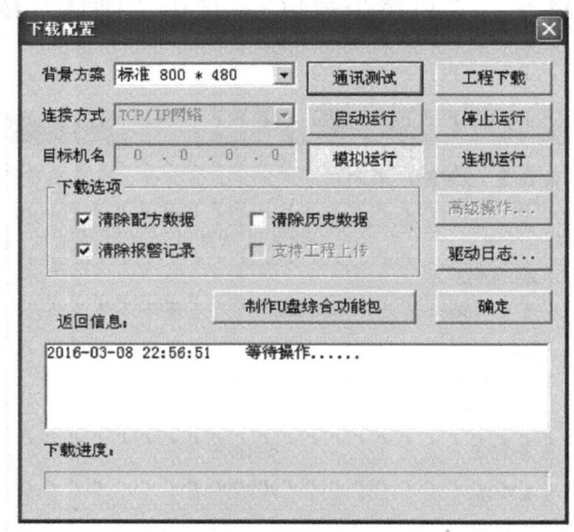

（a）模拟运行

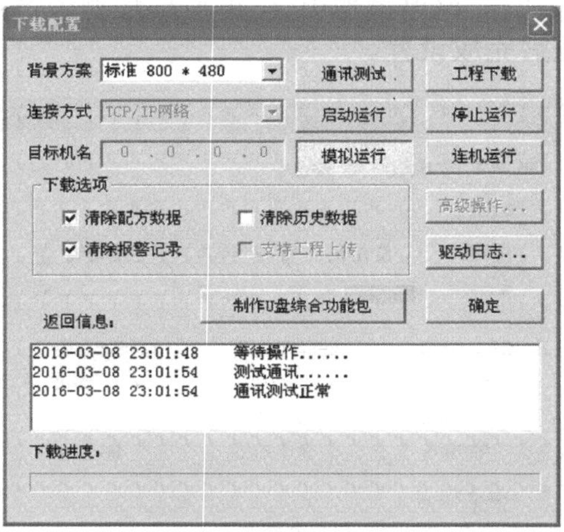

（b）通讯测试

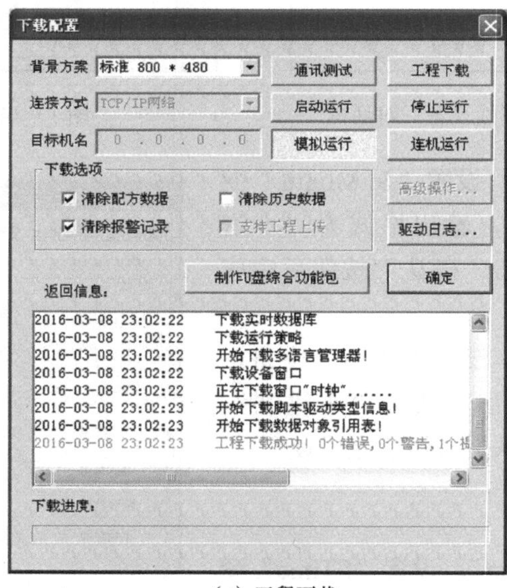

（c）工程下载

图 13-16 “下载配置”对话框

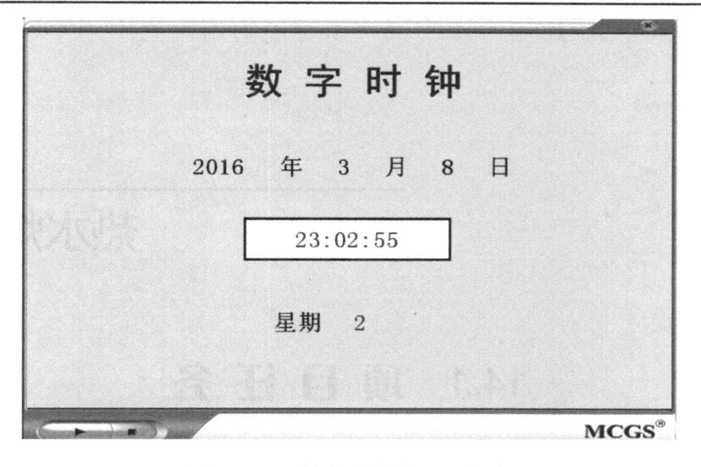

图 13-17　数字时钟的运行状态

13.4 项目考核

评分内容	分值	评分标准	扣分	得分
软件使用	20	创建工程（5 分）		
		新建窗口（5 分）		
		工程保存（5 分）		
		工程运行（5 分）		
新知识掌握	40	系统变量含义（10 分）		
		画面属性设置（10 分）		
		标题设置（10 分）		
		“显示输出” 属性设置（10 分）		
功能实现	40	日期显示（20 分）		
		时间显示（10 分）		
		星期显示（10 分）		

项目 14

热水炉监控系统

14.1 项目任务

用 MCGS 组态软件制作一个热水炉监控系统，模仿热水炉注水过程，当水泵打开时，管道中有热水流过，热水炉中的水位上升；当水泵关闭时，管道中无热水流过，热水炉中的水位保持不变。当水位过低时，热水炉中的水显示蓝色；当水位过高时，热水炉中的水显示红色；当水位正常时，热水炉中的水显示绿色。

14.2 知识储备

14.2.1 对象元件库

在使用 MCGS 嵌入版时，经常会用到一些通用的、复杂的、形象化的图形，为了取用方便，MCGS 系统设置了图形库，称为对象元件库。用户可以直接从对象元件库中取用图形对象，也可以把常用的、制作完好的图形对象甚至整个用户窗口存入对象元件库中，以便下次使用。

用鼠标单击工具箱中的图标，弹出“对象元件库管理”对话框（见图 14-1），选中对象类型后，从相应的元件列表中选择所要的图形对象，单击“确认”按钮，即可将该图形对象放置在用户窗口中。

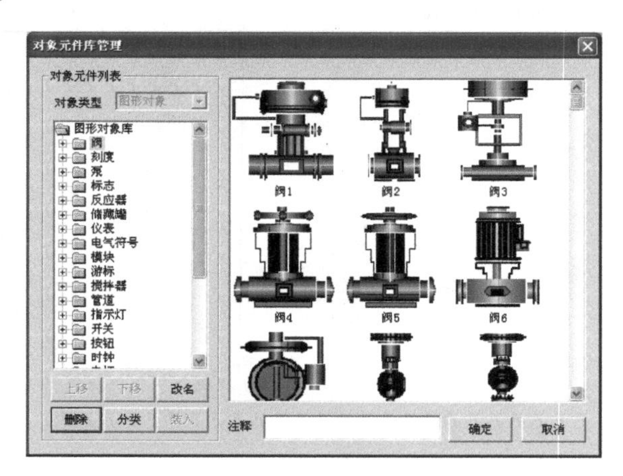

图 14-1 “对象元件库管理”对话框

当需要把制作完好的图形对象插入对象元件库中时，先选中所要存入的图形对象，再用鼠标单击工具箱中的图标，弹出图 14-2 所示对话框，单击“确定”按钮，弹出“对象元件库管理”对话框，图形对象名称默认为“新图形”，单击“新图形”（见图 14-3），即可对新图形对象进行修改名称、位置移动、分类等操作，单击“确认”按钮，则把新的图形对象存入对象元件库中。

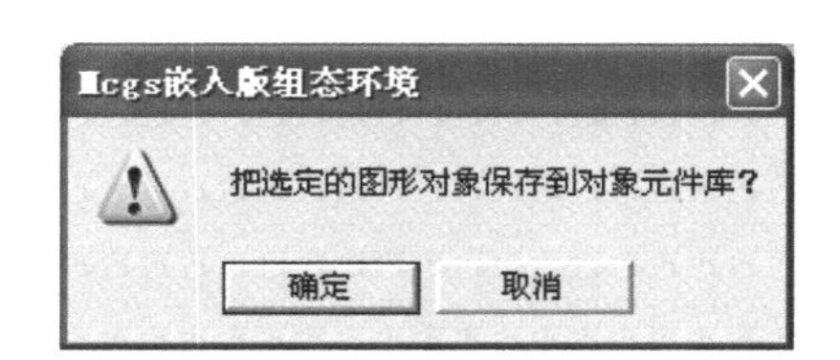

图 14-2　保存图形对象

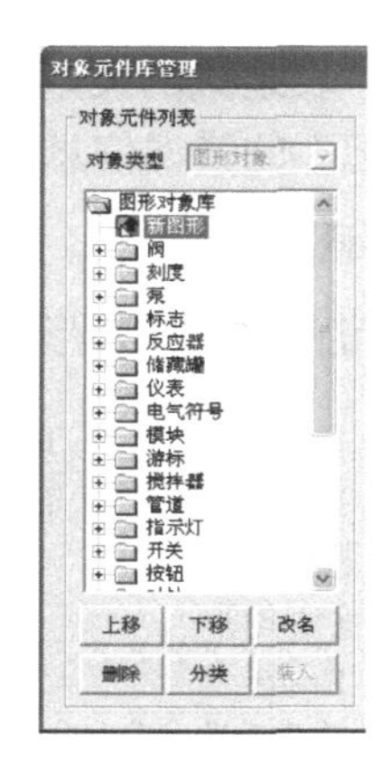

图 14-3　“新图形”操作按钮

14.2.2　脚本程序

脚本程序是组态软件中的一种内置编程语言引擎，类似 Basic 的编程语言。它可以应用在运行策略中，把整个脚本程序作为一个策略功能块执行，也可以在动画界面的事件中执行。

如图 14-4 所示，脚本程序编辑环境主要由脚本程序编辑框、MCGS 嵌入版操作对象列表和函数列表、编辑功能按钮、脚本语句和表达式 4 部分构成。

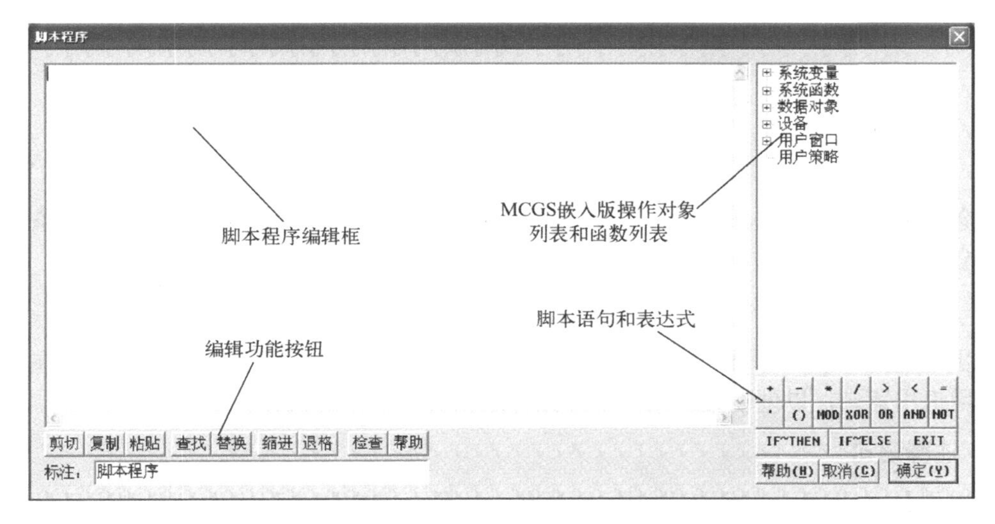

图 14-4　脚本程序编辑环境

脚本程序编辑环境是用户书写脚本语句的地方，由赋值语句、循环语句、条件语句、退出语句和注释语句五种语句组成。

1．赋值语句

赋值语句的形式为：数据对象 = 表达式。赋值号用“=”表示，它的具体含义是把“=”右边表达式的运算值赋给左边的数据对象。赋值号左边必须是能够读写的数据对象，右边为表达式，表达式的类型必须与左边数据对象值的类型相符合，否则系统会提示“赋值语句类型不匹配”的错误信息。

2．条件语句

条件语句有如下三种形式：

（1）If 〖表达式〗 Then 〖赋值语句或退出语句〗
（2）If 〖表达式〗 Then
　　〖语句〗
　　〖语句〗
　　EndIf
（3）If〖表达式〗Then
　　〖语句〗
　　Else
　　〖语句〗
　　EndIf

其中“If”、“Then”、“Else”、“EndIf” 四个关键字不分大小写。如果拼写不正确，检查程序会提示出错信息。

条件语句允许多级嵌套，即条件语句中可以包含新的条件语句。MCGS 脚本程序的条件语句最多可以有 8 级嵌套，为编制多分支流程的控制程序提供了方便。

3．循环语句

循环语句为 While 和 EndWhile，其结构为

While 〖条件表达式〗
….
EndWhile

当条件表达式成立时（非零），循环执行 While 和 EndWhile 之间的语句，直到条件表达式不成立（为零），退出。

4．退出语句

退出语句为“Exit”，用于中断脚本程序的运行，停止执行其后面的语句。一般在条件语句中使用退出语句，以便在某种条件下停止并退出脚本程序的执行。

5．注释语句

以单引号“'”开头的语句称为注释语句，注释语句在脚本程序中只起到注释说明的作用，实际运行时，系统不对注释语句作任何处理。

14.2.3　大小变化

在 MCGS 嵌入版系统中，图形对象的大小变化是以百分比的形式来衡量的，以 100%的图形对象大小为基准，以中心点为基准[见图 14-5（a）]，只沿 X（左右）方向变化、只沿 Y（上下）方向变化、沿 X 方向和 Y 方向同时变化；以左边界为基准[见图 14-5（b）]，沿着从左到右的方向发生变化、沿着从右到左的方向发生变化；可以上边界为基准[见图 14-5（c）]，沿着从上到下的方向发生变化；还可以下边界为基准[见图 14-5（d）]，沿着从下到上的方向发生变化。

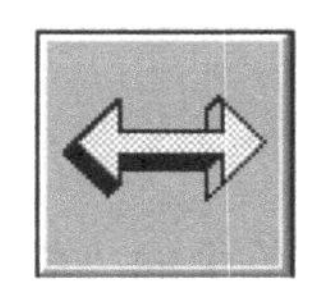

（a）以中心点为基准

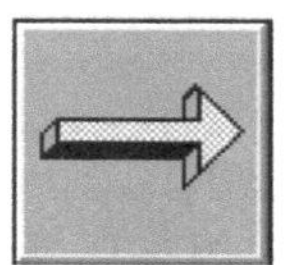

（b）以左边界为基准

（c）以上边界为基准

（d）以下边界为基准

图 14-5　图形对象的大小变化

改变图形对象大小的方法有缩放方式和剪切方式两种，缩放方式是以图形对象的实际大小为基准，按比例整体缩小或放大，图形对象的大小都在最小变化百分比与最大变化百分比之间变化；剪切方式是以图形对象的实际大小为基准，按比例对图形对象进行剪切处理，显示图形对象的一部分，可以模拟容器充填物料的动态过程。

为了获得逼真的动画效果，可以制作两个同样的图形对象，完全重叠在一起，使其看起来像一个图形对象；将前后两层的图形对象设置不同的背景颜色；定义前一层图形对象的大小变化动画连接，变化方式设为剪切方式。实际运行时，前一层图形对象的大小按剪切方式发生变化，只显示一部分，而另一部分显示的是后一层图形对象的背景颜色，前后层图形对象视为一个整体，从视觉上如同一个容器内物料按百分比填充。

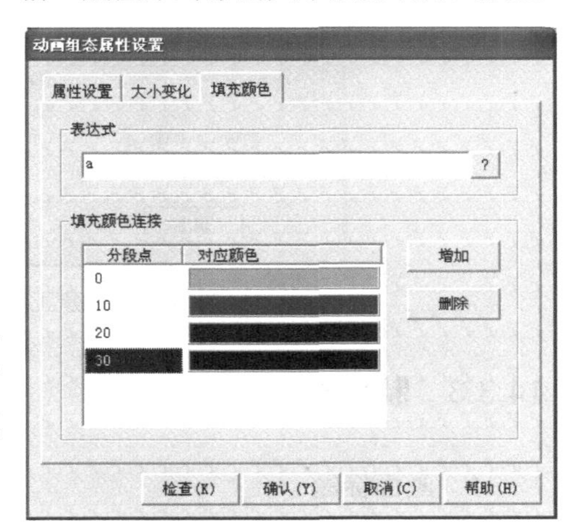

图 14-6　“填充颜色”动画组态属性设置

14.2.4　填充属性

颜色动画连接就是指将图形对象的颜色属性与数据对象的值建立相关性关系，使图元、图符对象的颜色属性随数据对象值的变化而变化，用这种方式实现颜色不断变化的动画效果。颜色属性包括填充颜色、边线颜色和字符颜色三种，只有“标签”图元对象才有字符颜色动画连接。

如图 14-6 所示，定义图形对象的填充颜色表达式为数值型数据对象“a”，当 a 小于 0 时，图形对象的填充颜色为绿色；当 a 在 0 和 10 之间时，图形对象的填充颜色为红色；当 a 在 10 和 20 之间时，图形对象的填充颜色为蓝色；当 a 在 20 和 30 之间时，图形对象的填充颜色为黑色。

当表达式的值为数值型时，利用“增加”按钮增加分段点，最多可以定义 32 个分段点，每个分段点对应一种颜色（双击颜色栏设置）；当变量的值为开关型时，只能定义两个分段点，即 0 或 1 两种不同的填充颜色。

14.3 项目实施

14.3.1 创建工程

双击桌面的“MCGS 组态环境”图标，进入组态环境。单击文件菜单中的“新建工程”选项，弹出“新建工程设置”对话框，设置 TPC 类型为“TPC1061Ti”,背景色设为“白色”，如图 14-7 所示，单击“确定”按钮，工程创建完毕。

如果下载到不同的触摸屏中，可以修改触摸屏的型号，单击菜单“文件”→“工程设置，即可弹出“修改工程设置”对话框。

14.3.2 新建窗口

在“用户窗口”中新建一个窗口，窗口名称为“热水炉系统”，窗口背景选择“白色”，其他不变，如图 14-8 所示。

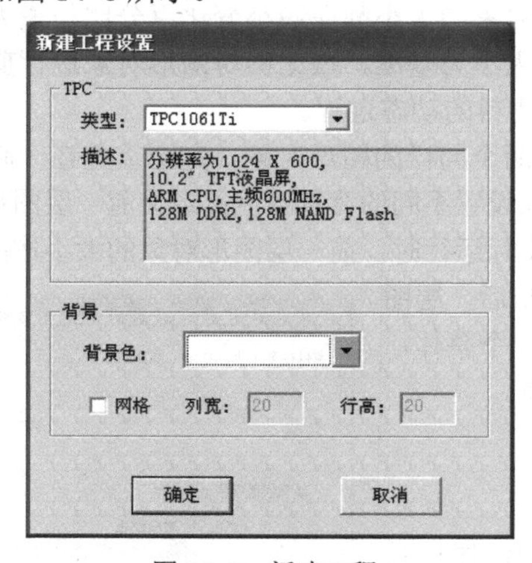

图 14-7　新建工程

图 14-8　新建窗口

14.3.3 制作画面

1. 画面标题

利用“工具箱”内的A图标，输入标题文字“热水炉系统”。用鼠标单击已输入的文字，文字周边出现许多小方块（见图 14-9），表示该标签已经被选中，可以进行编辑。双击标签，进入“标签动画组态属性设置”对话框，调整文字内容、大小、颜色及对齐方式等，也可以拖曳小方块调整文本框的大小，当鼠标单击窗口的其他空白位置时，即可结束标签的编辑。

图 14-9　标签被选中

2．热水炉

单击工具箱中的图标，弹出“对象元件库管理”对话框，在图形对象库中选择储藏罐，对话框右侧显示各种类型的储藏罐，选择储藏罐 30，单击“确认”按钮，用鼠标拖曳小方块改变储藏罐的大小，放置在画面中央偏下位置。

在图形对象库中选择泵 39，选中泵，单击鼠标右键，选择 “排列” →“旋转” →“左右镜象”，调整大小后放置在画面左下角；在图形对象库中选择阀 58，调整大小后放置在画面右下角，如图 14-10 所示。

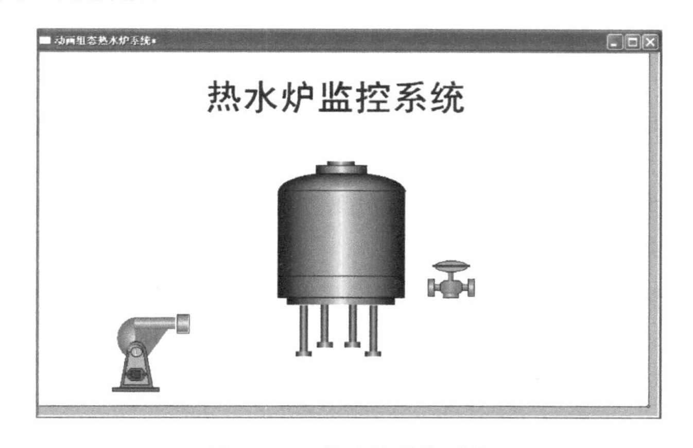

图 14-10　热水炉监控系统

为了增加水位变化的直观性，在热水炉上添加两个大小相等、重叠放置的矩形框，设置一个填充颜色为白色，另一个填充颜色为绿色。

3．流动块

流动块构件是模拟管道内液体流动状态的动画图形，它具有流动状态和不流动状态两种工作模式。当流动条件表达式非零（即表达式为 1）时，流动块处于流动状态，显示液体在管道内流动的状态，流动的速度由系统的闪烁频率决定；当流动条件表达式为零时，流动块处于不流动状态，管道内的液体静止。

单击工具箱中的图标，鼠标的光标变为“十”字形，移动鼠标至泵的端口处，单击一下鼠标左键，向右移动鼠标，在鼠标光标后形成一道虚线，再单击一下鼠标左键，生成一段流动块，再向上移动（见图 14-11），再单击一下鼠标左键，又生成一段流动块，最后拖动到热水炉，双击鼠标左键结束绘制流动块。如图 14-12 所示，设置管道的流动外观、流动方向及流动速度。

同理，画出热水炉右侧的管道。

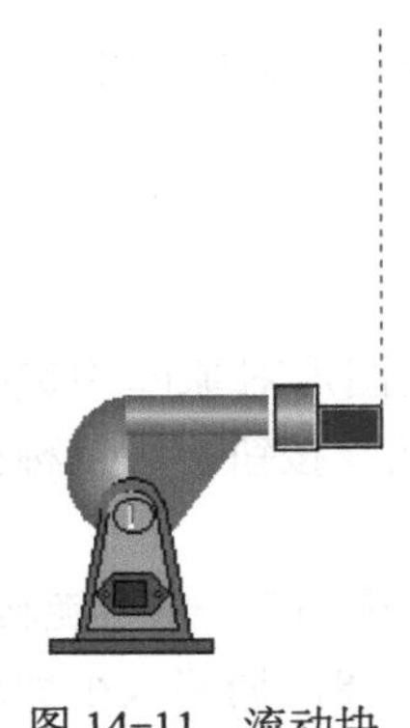

图 14-11　流动块

图 14-12　流动块的基本属性

4. 水位显示

单击“工具箱”中的A图标，拉出两个矩形框，分别输入“锅炉水位”及“###”，设置填充颜色为“没有填充”，边线颜色为“没有边线”，字符颜色为“黑色”和“红色”，字体为“宋体、粗体、小一”。

为了便于理解工程界面中的图形对象功能，可以在图形对象旁边添加文字注释，如水泵、调节阀等，如图 14-13 所示。

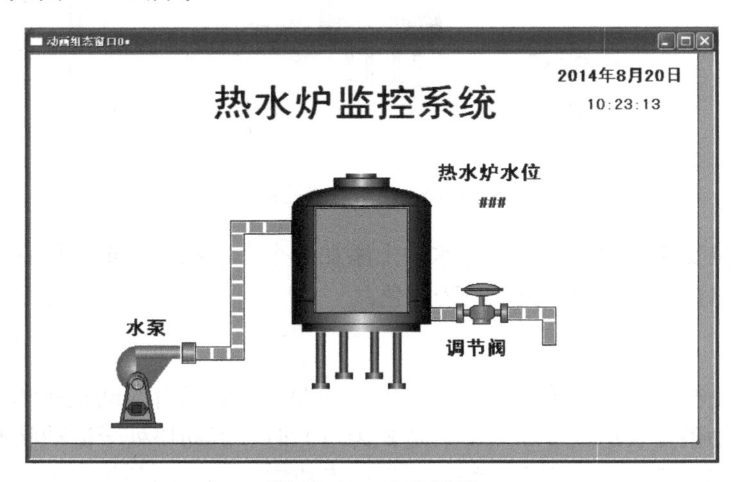

图 14-13　水位显示

14.3.4　定义变量

为了实现组态动画功能，需要在实时数据库中添加变量，建立变量与图形对象的关系。在“热水炉系统”工作台中，进入实时数据库，如图 14-14 所示，单击“新增对象”按钮，变量列表中增加一个“InputETime1”变量，双击该变量，弹出“数据对象属性设置”对话框，设置对象名称为“水泵”，对象类型为“开关型”，初值为“0”，其他属性不变，即可完成新建变量过程。

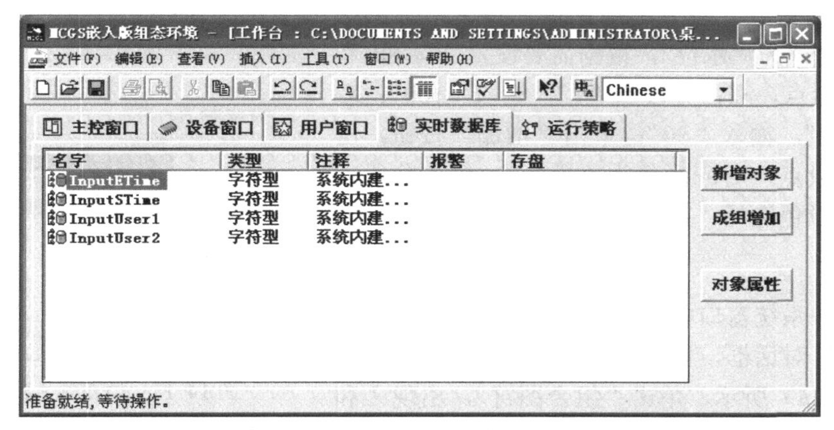

图 14-14　实时数据库

采用同样的方法新建调节阀变量，设置变量名称为“调节阀”，对象类型为“开关型”，初值为“0”。热水炉的水位变量为数值型，修改对象名称和对象类型后，需要设置变量的最大值和最小值，如图 14-15 所示。

14.3.5　动画连接

1．热水炉

在热水炉系统窗口中，双击表示热水炉水位变化的矩形框，弹出“动画组态属性设置”对话框，选择“大小变化”动画连接，切换到“大小变化”属性页，单击“？”按钮，选择表达式为“水位”，其他设置如图 14-16 所示，当水位的数值为 0（变量的最小值）时，最小变化的百分比为 0，即热水炉里没有水；当水位的数值为 100（变量的最大值）时，最大变化的百分比为 100，即热水炉里的水位达到最高点。图形对象的变化方向选择以下边界为基准沿着从下到上的方向剪切变化，模拟热水炉内水位的动态过程。

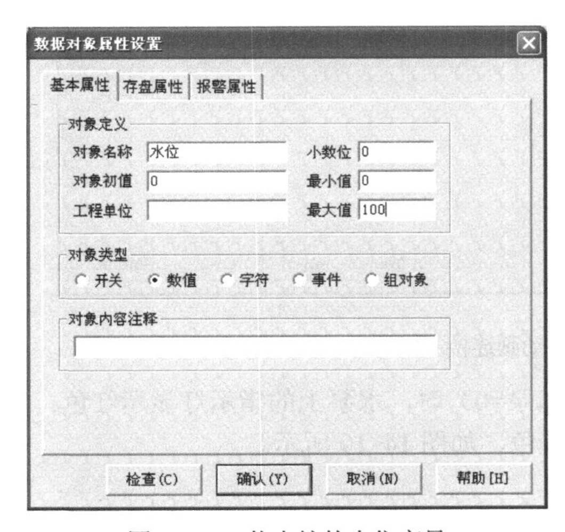

图 14-15　热水炉的水位变量

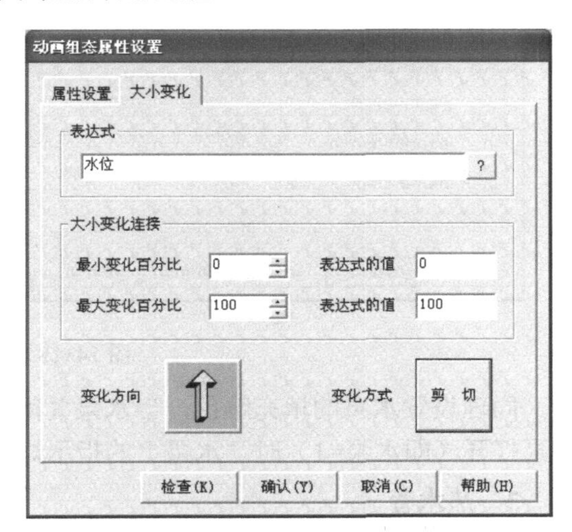

图 14-16　大小变化属性设置

在“动画组态属性设置”对话框，选择“填充”动画连接，切换到“填充”属性页，单击“？”按钮，选择表达式为“水位”，根据需要设置 20、80 和 100 三个分段点，双击分段点“1”，输入“100”；双击分段点“0”，输入“80”；单击“增加”按钮，出现“90”分段点，对应颜色为“黑色”，修改分段点为 20，对应颜色选择“蓝色”，如图 14-17 所示。

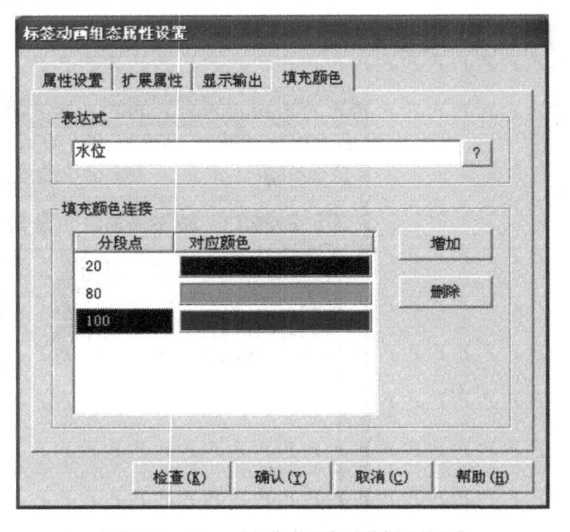

图 14-17　填充颜色属性设置

2．水泵

在热水炉系统窗口中双击水泵，弹出水泵的“单元属性设置”对话框，切换到“动画连接”属性页，如图 14-18（a）所示，单击“组合图符”，出现 ? 和 > 按钮[见图 14-18（b）]，单击 > 按钮，弹出“按钮动作”属性页，按钮对应的功能选择数据对象值操作，单击“？”选择“水泵”变量，如图 14-18（c）所示，或者直接在“表达式”文本框中输入要连接的变量名，如水泵。按钮动作设置结束后，单击“确认”按钮，对话框显示如图 14-18（d）所示。

（a）

（b）

（c）

（d）

图 14-18　水泵的动画连接

同理设置水泵的填充颜色，当水泵关闭（即水泵=0）时，水泵上的指示灯显示红色；当水泵打开（即水泵=1）时，水泵上的指示灯显示绿色，如图 14-19 所示。

3．热水管

在热水炉系统窗口中，双击热水管，弹出水泵的“流动块构件属性设置”对话框，切换到“流动属性”页，如图 14-20 所示，设置表达式为“水泵”，即当水泵打开（水泵变量非零）时，流块开始流动，产生水流效果；当水泵关闭时，流块停止流动。

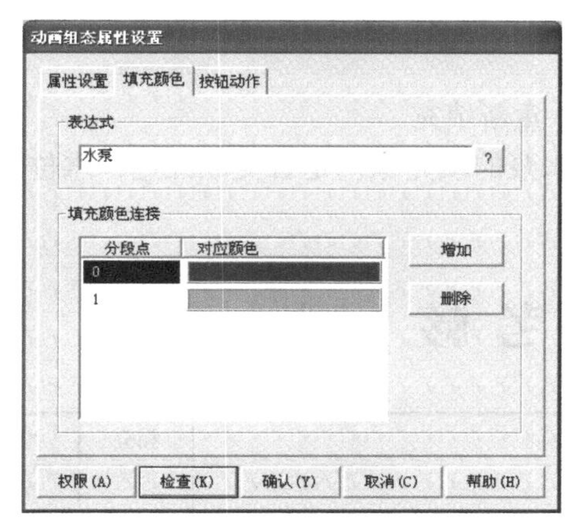

图 14-19　水泵的填充颜色设置

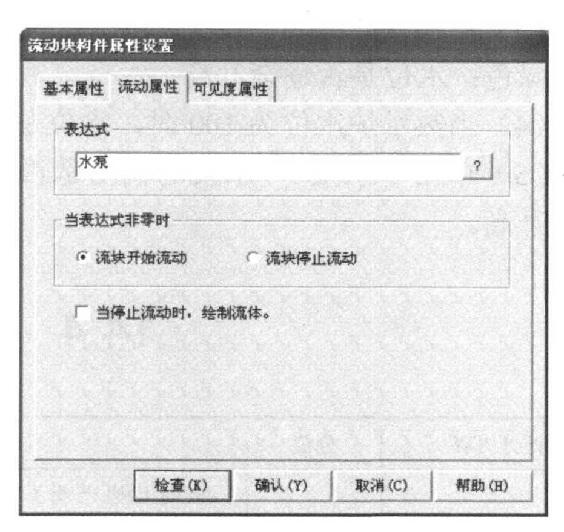

图 14-20　热水管的动画连接

4. 脚本程序

在画面空白处单击鼠标右键，出现下拉菜单，选择 “属性”，弹出“用户窗口属性设置”对话框，选择循环脚本属性，设置循环时间为 200ms，在窗口中输入控制程序，也可以单击“打开脚本程序编辑器”按钮，进入脚本程序编辑界面输入脚本程序，程序如图 14-21 所示。

14.3.6　运行与调试

单击工具条中的图标，弹出“下载配置”对话框，选择“模拟运行”→“通讯测试”→“工程下载”，等待工程下载到模拟运行环境后，单击“启动运行”，进入工程运行状态。

（1）为了监控水泵的状态，在“水泵”的下面建立一个“标签”，利用“显示输出”动画连接，设置显示输出的表达式为“水泵”，输出值类型为开关型，开时信息为“1”，关时信息为“0”（见图 14-22），调试结束后再删除标签。

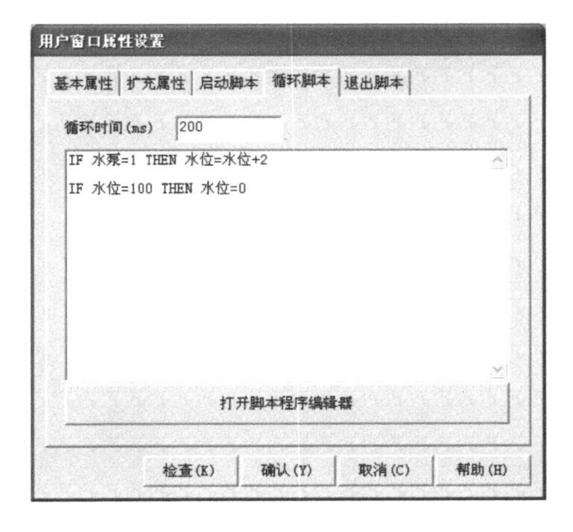

图 14-21　脚本程序

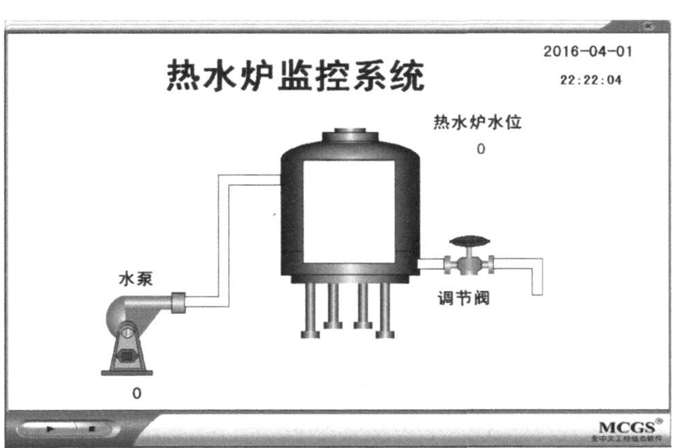

图 14-22　热水炉监控系统运行界面

（2）水泵的初始状态为 0，水位的初始值也为 0，观察“标签”显示是否为 0，水泵的填充颜色是否为红色，水位输出是否为 0。

（3）单击“水泵”，水泵的输出是否变成 1（即 “取反”操作），水泵的填充颜色是否变成绿色；水位是否逐渐升高。

（4）当热水炉水位为 100 时，水位是否变为 0，重新填充。

（5）单击“水泵”，水泵的输出是否变成 0，水泵的填充颜色是否变成红色；水位是否停止升高。

14.4 项目考核

评分内容	分值	评分标准	扣分	得分
软件使用	20	创建工程（5 分）		
		新建窗口（5 分）		
		工程保存（5 分）		
		工程运行（5 分）		
新知识掌握	40	定义变量（10 分）		
		大小变化属性设置（10 分）		
		填充颜色设置（10 分）		
		脚本程序（10 分）		
功能实现	40	水位变化功能运行及调试（10 分）		
		水泵控制功能运行及调试（10 分）		
		自动循环功能运行及调试（10 分）		
		日期时间显示（10 分）		

项目 15

热水炉监控系统曲线

15.1 项目任务

用 MCGS 组态软件制作一个热水炉监控系统，监控热水炉的水位，并根据水位控制水泵和调节阀的通断，制作实时数据曲线和历史数据曲线（见图 15-1）。

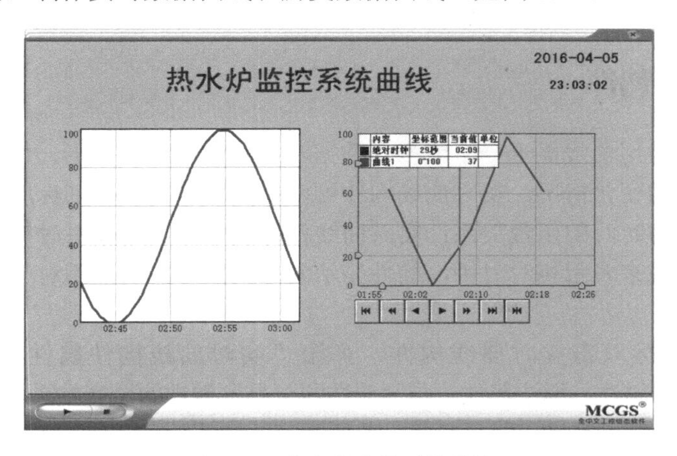

图 15-1 热水炉监控系统曲线

15.2 知识储备

15.2.1 模拟设备

模拟设备是 MCGS 嵌入版软件系统提供的虚拟设备，用户通过模拟设备的连接可以使动画不需要手动操作，自动运行起来。

模拟设备可以产生标准的正弦波、方波、三角波、锯齿波信号，信号的幅值和周期都可以由用户设置。每个模拟设备最多可以产生 16 条曲线，每条曲线都可设置不同的参数。如图 15-2 所示，用户可以设置设备的名称、最小采样周期（即对设备进行操作的时间周期）及模拟设备的内部属性，内部属性包括设置模拟设备所产生的曲线类型、曲线的数据类型（见图 15-3）、曲线的最大值和最小值及曲线的循环周期。

设备属性名	设备属性值
[内部属性]	设置设备内部属性
采集优化	1-优化
设备名称	设备0
设备注释	模拟设备
初始工作状态	1 - 启动
最小采集周期(ms)	100

图 15-2　模拟设备的属性设置

内部属性

通道	曲线类型	数据类型	最大值	最小值	周期(秒)
1	1 - 方波	1 - 浮点	1000	0	10
2	0 - 正弦	0 - 整数	1000	0	10
3	0 - 正弦	1 - 浮点	1000	0	10
4	0 - 正弦	1 - 浮点	1000	0	10
5	0 - 正弦	1 - 浮点	1000	0	10
6	0 - 正弦	1 - 浮点	1000	0	10
7	0 - 正弦	1 - 浮点	1000	0	10
8	0 - 正弦	1 - 浮点	1000	0	10
9	0 - 正弦	1 - 浮点	1000	0	10
10	0 - 正弦	1 - 浮点	1000	0	10
11	0 - 正弦	1 - 浮点	1000	0	10
12	0 - 正弦	1 - 浮点	1000	0	10

曲线条数：16　拷到下行　确定　取消　帮助

图 15-3　“内部属性”对话框

通常情况下，启动 MCGS 嵌入版组态软件时，模拟设备都会自动装载到设备工具箱中。如果未被装载，可以打开设备工具箱中的“设备管理”对话框（见图 15-4），在可选设备的“通用设备”文件夹中打开“模拟数据设备”选项，双击“模拟设备”自行添加。

15.2.2　实时曲线构件

实时曲线构件是用曲线显示一个或多个数据对象数值的动画图形，像笔绘记录仪一样实时记录数据对象值的变化情况。实时曲线构件可以用绝对时间为横轴标度，此时，构件显示的是数据对象的值与时间的函数关系；实时曲线构件也可以使用相对时钟为横轴标度，此时必须指定一个表达式来表示相对时钟，构件显示的是数据对象的值相对于此表达式值的函数关系。

在窗口中用鼠标双击实时曲线构件，弹出“实时曲线构件属性设置”对话框（见图 15-5），包括基本属性、标注属性、画笔属性和可见度属性四个属性页。其中，基本属性页可以设置实时曲线的背景网格、背景颜色、曲线类型、边线颜色和线性，也可以设置成透明曲线或不显示网格的曲线；标注属性页可以设置 X 轴和 Y 轴的标注文字颜色、标注间隔、字体和长度；画笔属性页可以设置画笔对应的表达式和属性，一条曲线相当于一支画笔，一个实时曲线构件最多可同时显示 6 条曲线；可见度属性页可以设置曲线在系统运行中是否可见。

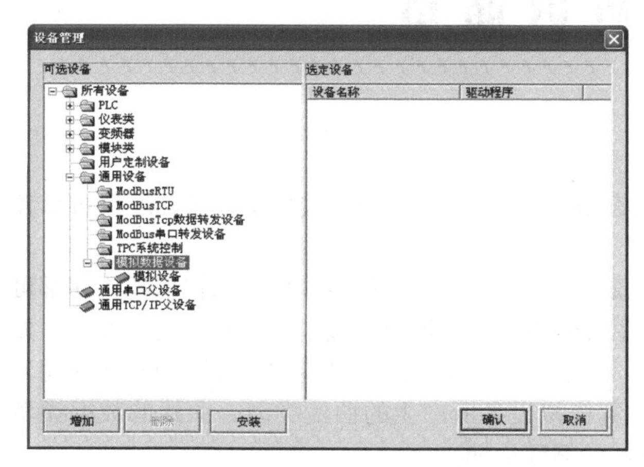

图 15-4　添加模拟设备

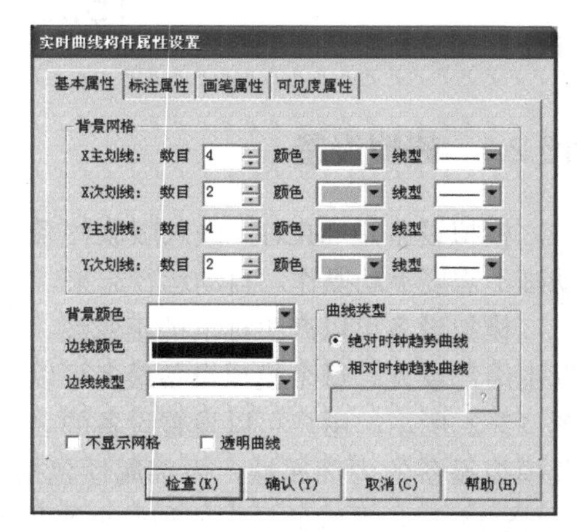

图 15-5　“实时曲线构件属性设置”对话框

15.2.3　历史曲线构件

历史曲线构件实现了历史数据的曲线浏览功能。运行时，历史曲线构件能够根据需要画出相应历史数据的趋势效果图，体现和描述了历史数据的变化。运行时可以使用功能按钮（见图 15-6）向后（X 轴左端）滚动曲线一页或半页，向后或向前滚动一个主划线位置，向前（X 轴右端）滚动曲线半页或一页，也可以设置曲线的起始点时间。

图 15-6　历史曲线构件的功能按钮

用鼠标双击历史曲线构件，弹出构件的属性设置对话框（见图 15-7），包括基本属性、存盘数据、标注设置、曲线标识、输出信息和高级属性六个属性页。其中，基本属性页可以设置历史曲线的名称、曲线网格、曲线背景等，也可以设置成透明曲线或不显示网格的曲线；存盘数据页用来设置历史存盘数据来源；标注设置页可以设置 X 轴标识和曲线起始点，曲线起始点可以选择存盘数据的开头、当前的存盘数据或某一时间的存盘数据（用户自行定义）；曲线标识页可以设置曲线的内容、线形、颜色及最大、最小坐标和实时刷新，同时也可以设置标注的颜色、字体、间隔；输出信息页设置曲线的输出信息与对应数据对象的连接关系；高级属性页是一个复选框，可以选择是否在运行时显示曲线翻页操作按钮，是否在运行时显示曲线放大操作按钮，是否在运行时显示曲线信息窗口，设置自动刷新周期等操作。

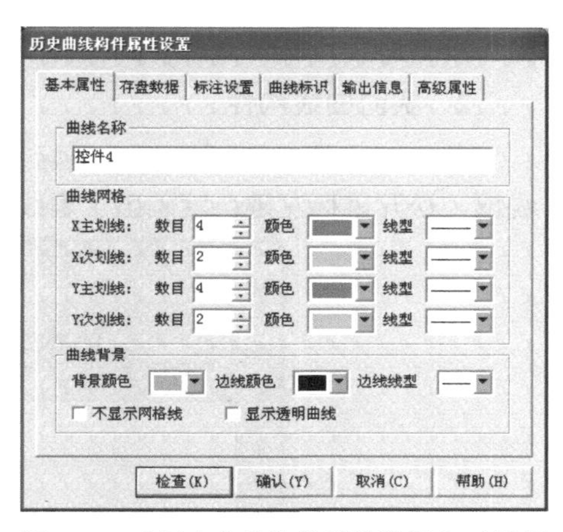

图 15-7　“历史曲线构件属性设置”对话框

15.3　项 目 实 施

15.3.1　打开已有工程

进入组态环境，单击文件菜单中的“打开工程”选项，弹出对话框，如图 15-8 所示，选择工程所在路径后，单击“确认”按钮，进入“热水炉系统”，或找到工程文件后，双击工程图标（见图 15-9），进入“热水炉系统”。

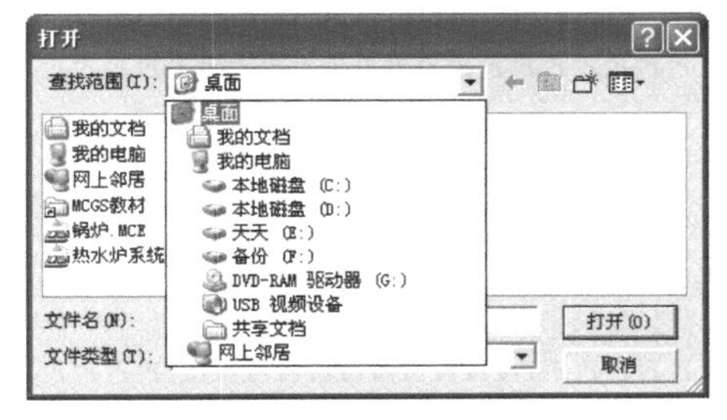

图 15-8　“打开工程”对话框

图 15-9　“热水炉系统”工程图标

15.3.2 新建窗口

在“用户窗口”中新建一个窗口，窗口名称为“曲线”，其他不变，如图 15-10 所示。

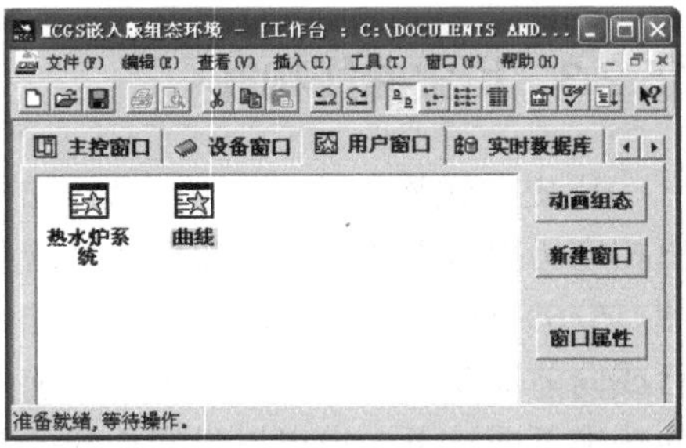

图 15-10 新建“曲线”窗口

15.3.3 制作画面

1．画面标题

单击“工具箱”中的A图标，输入标题文字“热水炉监控系统曲线”。双击标签进行标题属性设置，设置填充颜色为“没有填充”，边线颜色为“没有边线”，字符颜色为“蓝色”；设置字体为黑体，字形为粗体，大小为“36”。

2．实时曲线构件

单击工具箱中的图标，鼠标变成“＋”，按住鼠标左键在画面中拖曳出合适大小的虚线框，松开鼠标左键，就画出了虚线框大小的实时趋势曲线，如图 15-11 所示。

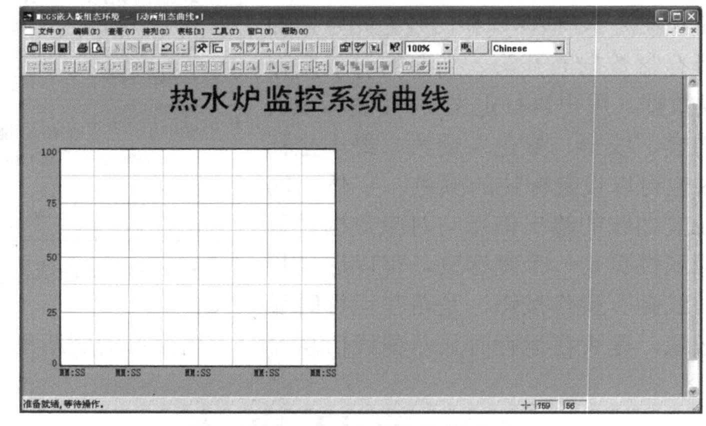

图 15-11 实时趋势曲线

3．历史曲线构件

单击工具箱中的图标，在画面的右侧拖曳出合适大小的历史趋势曲线（见图 15-12）。可以通过拖曳曲线上的小方框调整曲线的大小。

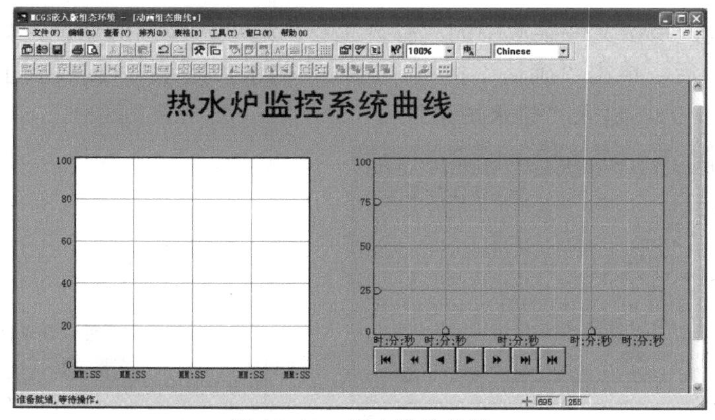

图 15-12 历史趋势曲线

15.3.4　定义变量

“历史曲线构件”主要用于事后查看数据和数据变化趋势，也可用于总结数据规律，使用时需要对数据进行存盘操作，因此建立数据组对象“热水炉”[见图 15-13（a）]，成员包括水位、调节阀和水泵三个数据对象[见图 15-13（b）]。注意一定要设置组对象的存盘属性，即设置存盘周期，如图 15-13（c）所示。

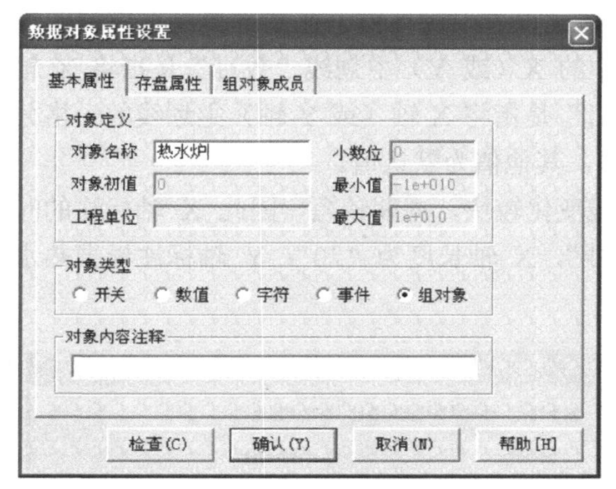

（a）数据组对象“热水炉”

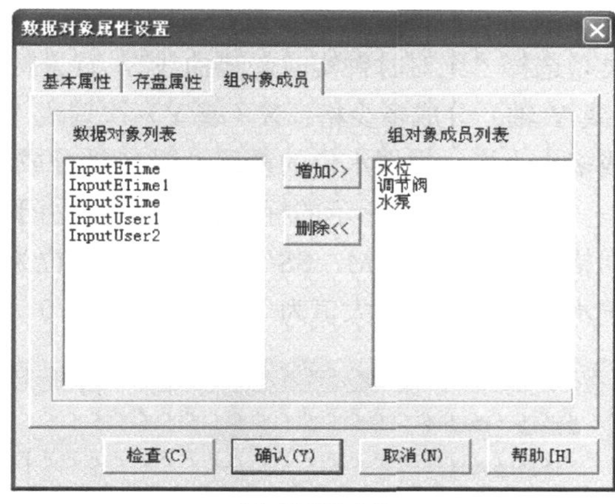

（b）组对象成员

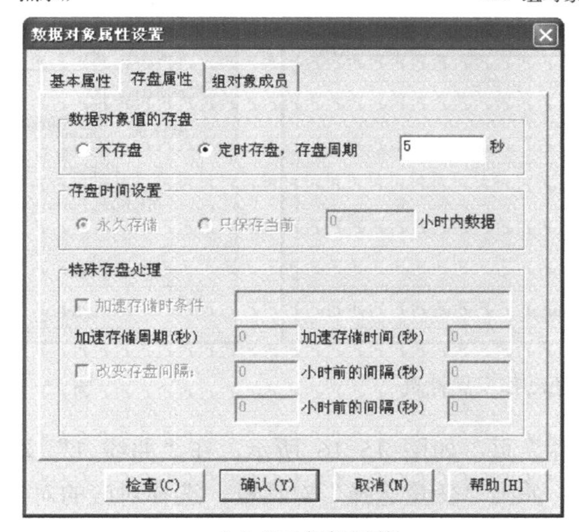

（c）组对象存盘属性

图 15-13　热水炉组对象

15.3.5　动画连接

1．画面切换

在热水炉系统窗口中，双击热水炉，弹出“动画组态属性设置”对话框，选择“按钮动作”动画连接，切换到“按钮动作”属性页，选中“打开用户窗口”，单击▼，出现下拉菜单，选择“曲线”窗口，如图 15-14 所示；选中“关闭用户窗口”，单击▼，出现下拉菜单，选择“热水炉系统”。

运行时，单击“热水炉”，系统就会关闭热水炉系统窗口，打开曲线窗口，显示水位的实时曲线和历史曲线。

2．实时曲线构件

双击实时曲线构件，弹出 “实时曲线构件属性设置”对话框。在基本属性页中，曲线类型选择“绝对时钟实时趋势曲线”，背景网格中的 X（或 Y）主划线“数目”是指将 X 轴（或 Y 轴）分成多少格；X（或 Y）次划线“数目”是指将 X 轴（或 Y 轴）主划线的一格分成多少小格。根据水位的量程设置 Y 轴分成 5 格，其他值为默认值。

如图 15-15 所示的标注属性页中，由于曲线变化较快，周期较短，因此 X 轴标注的时间格式设置为“MM：SS”，选定时间单位为“秒”，X 轴长度为“20”；Y 轴标注根据热水炉水位情况设置最大值为 100，最小值为 0。

图 15-14 “按钮动作”属性页

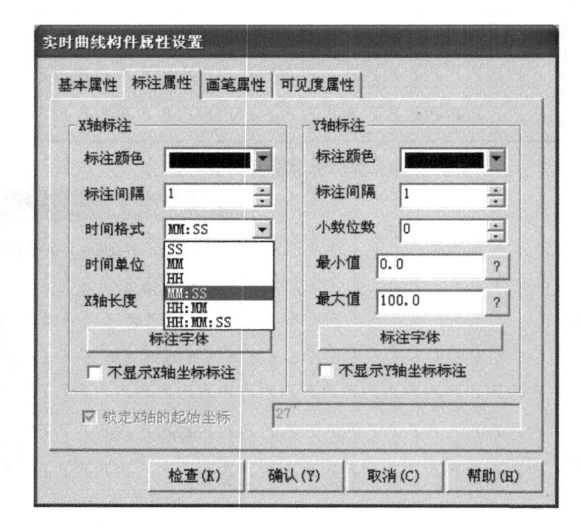

图 15-15 “标注属性”页

切换到“画笔属性”页，如图 15-16 所示，在“曲线 1”文本框中输入“水位”，或单击右侧的“？”按钮，弹出“变量选择”对话框，选择对应的对象变量，修改水位曲线的颜色为“红色”，修改水位曲线的线型，设置完成后，单击“确认”按钮。

如果在实时曲线构件中显示多条曲线，则在 “画笔属性”页中分别设置曲线的对象变量、颜色及线型即可。

3．历史曲线构件

双击历史曲线构件，弹出 “历史曲线构件属性设置”对话框。在基本属性页中，曲线名称设置为“热水炉历史曲线”，根据水位的量程设置 Y 轴分成 5 格，其他值为默认值。在存盘数据页中，组对象对应的存盘数据选择“热水炉”（见图 15-17）。

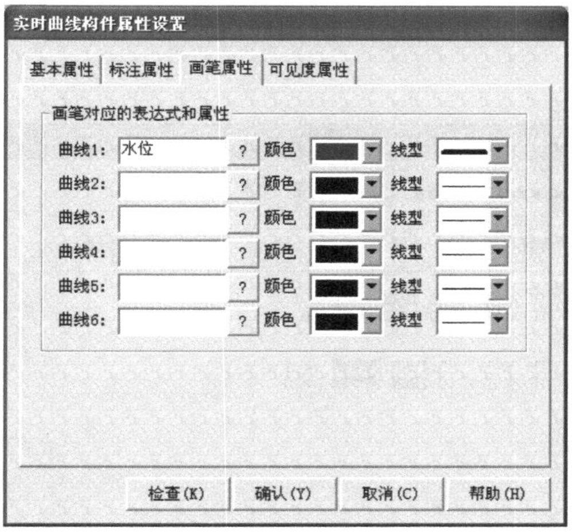

图 15-16 “画笔属性”页

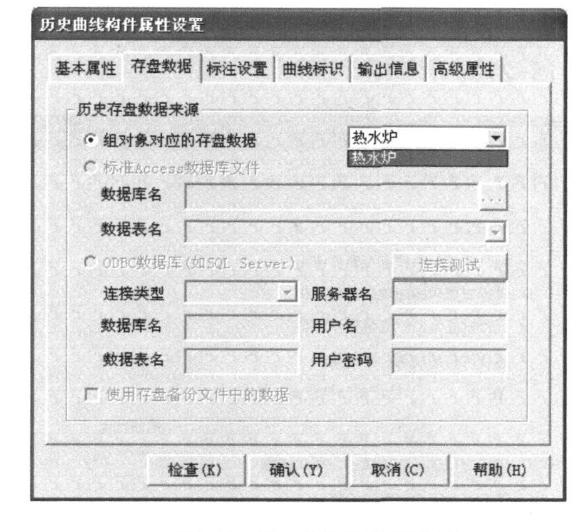

图 15-17 “存盘数据”页

在标注设置页，X 轴标识对应的列设置为 “MCGS_Time”，坐标长度为 20，选定时间单位为“秒”，时间格式设置为“分：秒”，曲线起始点设为“当前时刻的存盘数据”，用户可以根据需要设置特定的时间起点，如最近的 1 小时等（见图 15-18）。

切换到“曲线标识”页，单击“曲线 1”，设置右侧的曲线内容为“水位”，修改曲线线型和曲线颜色，根据热水炉水位情况设置最大坐标为 100，最小坐标为 0。为了运行时实时刷新曲线，必须在“实时刷新”属性中选择“水位”，如图 15-19 所示。

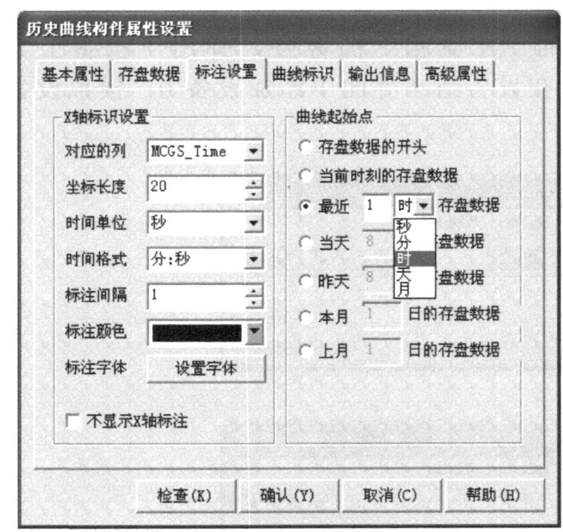

图 15-18 “标注设置”页

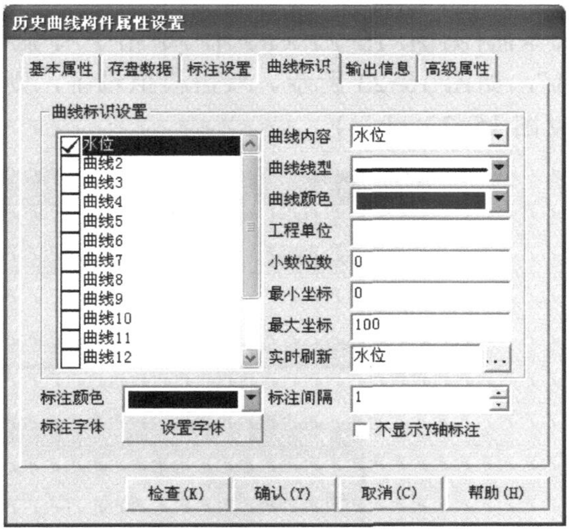

图 15-19 “曲线标识”页

“输出信息”页不需要进行任何设置，直接切换到“高级属性”页（见图 15-20），将“运行时自动刷新”这一项选中，设置刷新周期为 5 秒，并设置在 5 秒后自动恢复刷新状态，其他设置不变，设置完成后，单击“确认”按钮。

4．脚本程序

在画面空白处单击鼠标右键，出现下拉菜单，选择 “属性”，弹出“用户窗口属性设置”对话框，选择循环脚本属性，设置循环时间为 200ms，在窗口中输入脚本程序（见图 15-21）。

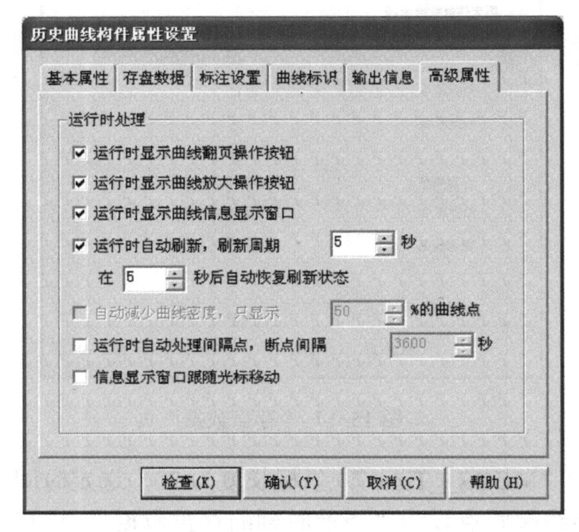

图 15-20 “高级属性”页

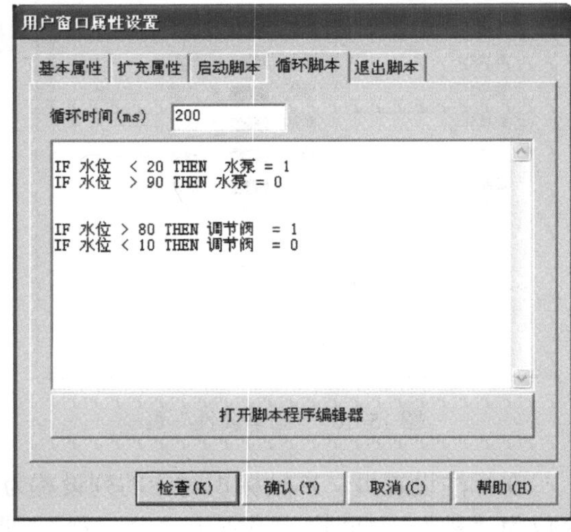

图 15-21　脚本程序

15.3.6　设备连接

在“设备窗口”标签下，双击图标或单击右侧的“设备组态”按钮进入设备组态界面[见图 15-22（a）]。单击工具条中的“工具箱”图标，弹出“设备工具箱”，如图 15-23 所示。双击模拟设备，则会在设备组态界面中添加设备 0--模拟设备[见图 15-22（b）]。

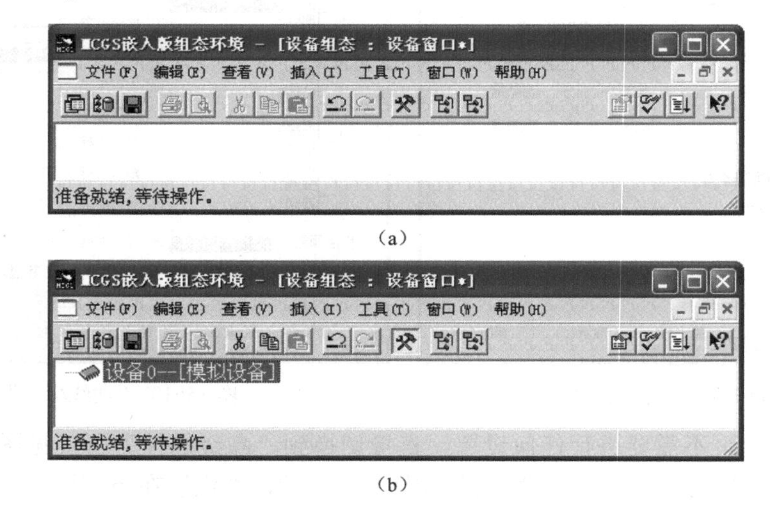

图 15-22　设备组态界面

（1）双击“设备 0--[模拟设备]”，进入设备编辑窗口，如图 15-24 所示。单击“内部属性”命令或“设置设备内部属性”命令，右侧会出现…按钮，单击…按钮，弹出“内部属性”对话框，设置通道 1 的曲线类型为正弦波，数据类型为整数，最大值为 100，最小值为 0，曲线周期为 20 秒，单击“确认”按钮返回设备编辑窗口。

图 15-23 设备工具箱

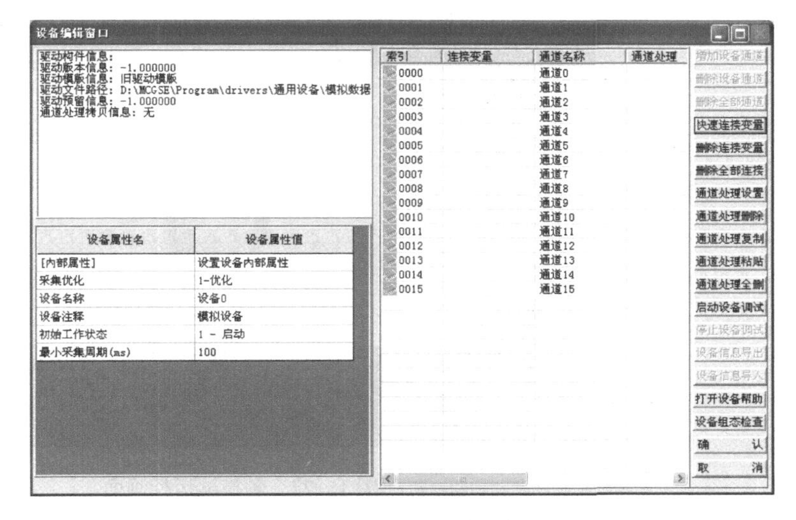

图 15-24 设备编辑窗口

（2）在设备编辑窗口右侧进行通道变量连接，需要注意的是这里的通道 0 对应的是内部属性设置中的通道 1，双击通道 0，或选择通道 0 后单击鼠标右键，弹出“变量选择”对话框，选择变量“水位”，确定后添加到“连接变量”中（见图 15-25）。

索引	连接变量	通道名称	通道处理
0000	水位	通道0	
0001		通道1	

图 15-25 通道变量连接

（3）单击设备编辑窗口右侧的“启动设备调试”按钮，拖动设备编辑窗口下方的滚动条，如图 15-26 所示，可以看到通道数据的变化。此时，系统进入“运行环境”，即可看到热水炉的水位自动变化。

通道名称	通道处理	调试数据	采集周
通道0		20.6	1

图 15-26 设备调试

15.3.7 运行与调试

单击工具条中的图标，弹出“下载配置”对话框，选择“联机运行”，连接方式选择“USB 通讯”，单击“通讯测试”，对话框显示“通讯测试正常”后，单击“工程下载”，等待工程下载成功后，在触摸屏上观察系统运行情况。

（1）热水炉水位的初始值为 0，观察“标签”显示是否为 0，水泵是否自动打开，水位是否逐渐升高（见图 15-27）。

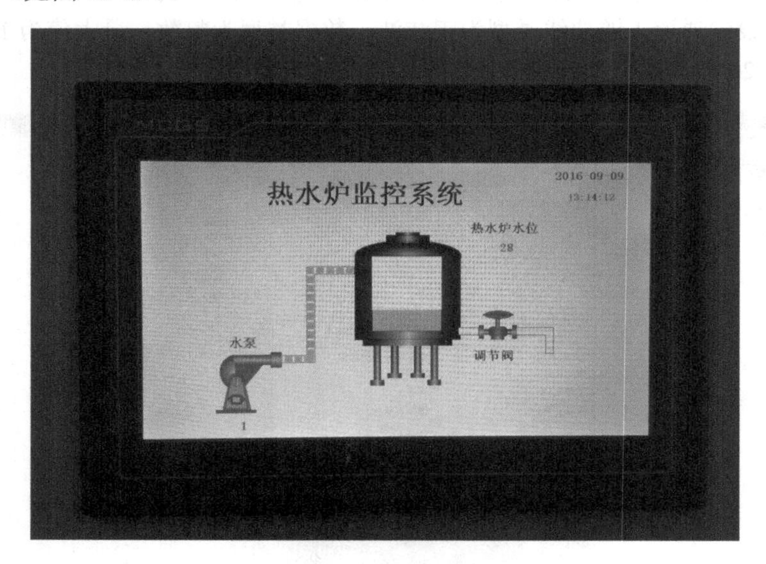

图 15-27 触摸屏运行画面

（2）当水位增加到 80 时，观察调节阀是否打开；当水位增加到 90 时，观察水泵是否自动关闭。

（3）当热水炉水位减小到 20 时，观察水泵是否自动打开；当热水炉水位减小到 10 时，观察调节阀是否自动关闭。

（4）单击“热水炉”，是否可以切换到曲线画面（见图 15-28），实时曲线和历史曲线是否显示水位变化情况。

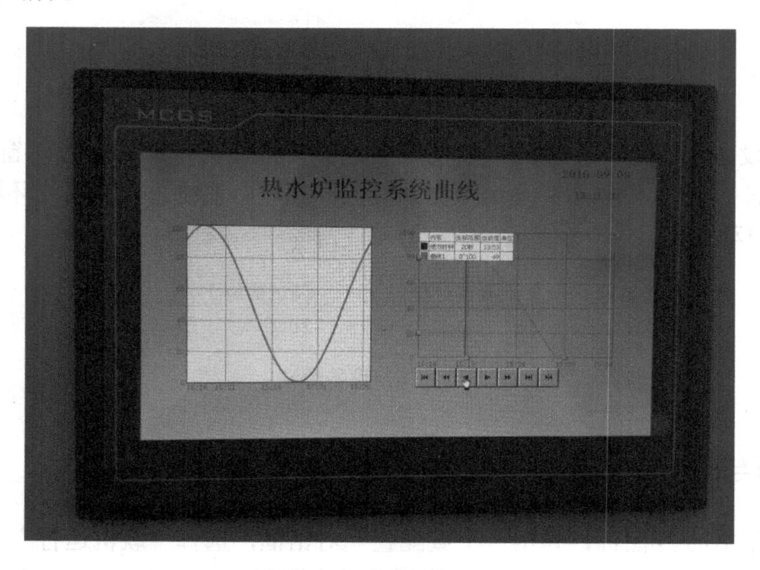

图 15-28 曲线运行画面

15.4 项目考核

评分内容	分值	评分标准	扣分	得分
软件使用	20	打开工程（5 分）		
		新建窗口（5 分）		
		工程保存（5 分）		
		工程运行（5 分）		
新知识掌握	40	定义变量组（10 分）		
		实时曲线构件属性设置（10 分）		
		历史曲线构件属性设置（10 分）		
		脚本程序（10 分）		
功能实现	40	画面切换（10 分）		
		实时曲线显示水位变化（10 分）		
		历史曲线显示水位变化（10 分）		
		日期时间显示（10 分）		

项目 16

热水炉监控系统表格和报警

16.1 项目任务

用 MCGS 组态软件制作一个热水炉监控系统，监控热水炉的水位，制作实时数据报表和历史数据报表，同时实现热水炉的报警功能，实时输出系统报警信息，并能修改水位报警上限值和下限值（见图 16-1）。

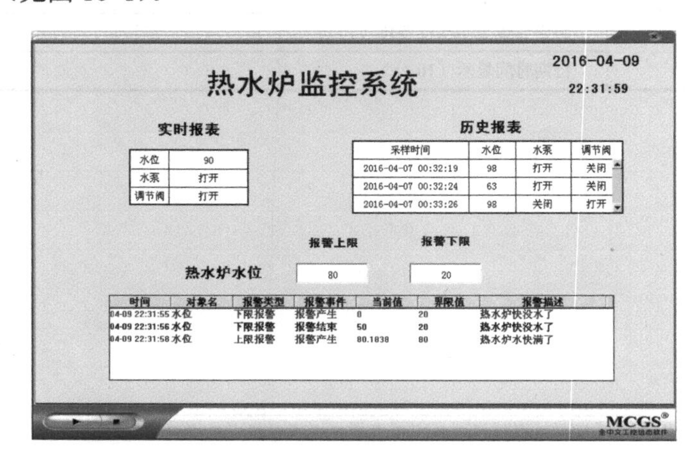

图 16-1　热水炉监控系统报表

16.2 知识储备

所谓数据报表就是根据实际需要以一定格式将统计分析后的数据记录显示并打印出来，以便对系统监控对象的状态进行综合记录和规律总结。数据报表在工控系统中是必不可少的一部分，是整个工控系统的最终结果输出。实际中常用的报表有实时数据报表和历史数据报表两种形式。

16.2.1 实时数据报表

实时数据报表实时地将当前数据对象的值按一定的报表格式（用户组态）显示和打印出来，它是对瞬时量的反映。实时数据报表可以通过 MCGS 嵌入版系统的自由表格构件来组态显示并将它打印输出。

实时数据报表（即自由表格）的连接组态非常简单，只需要切换到连接组态状态下，然后在各个单元格中直接填写数据对象名（见图 16-2），或者直接按照脚本程序语法填写表达式，表达式可以是字符型、数值型和开关型。用户可以利用索引拷贝的功能快速填充连接；也可以一次填充多个单元格。

实时报表	
水位	
温度	
压力	
阀门	

图 16-2　实时数据报表

16.2.2　历史数据报表

历史数据报表从历史数据库中提取存盘数据记录，把历史数据以一定的格式显示和打印出来。为了能够快速方便地组态工程数据报表，MCGS 嵌入版系统提供了历史报表构件（见图 16-3），可以用于报表组态。

历史报表

2016-09-12 10:31:15	781.832	97	0
2016-09-12 10:31:38	781.832	97	0
2016-09-12 10:32:13	778.188	97	0
2016-09-12 10:32:18	221.799	64	0

图 16-3　历史数据报表

历史数据报表（即历史报表）是基于“Windows”窗口和“可见即可得”机制的，用户可以在窗口上利用历史表格构件强大的格式编辑功能配合 MCGS 嵌入版的画图功能制作出各种精美的报表。历史数据报表提供以下几种功能。

1．显示和打印静态数据

历史表格构件可以显示和打印用户在组态环境编辑好的表元（表格单元）的内容，一般用于完成报表的表头或其他的固定内容。值得注意的是此功能只有在表元没有连接变量和数据源的情况下才有效。

2．运行环境中编辑数据

历史表格构件表元的数据允许在运行环境中编辑并可把编辑的结果输出到相应的变量中，一般用于手动修改报表的当前数据。值得注意的是此功能只有在表元没有连接变量和数据源的情况下才有效。

3．显示和打印动态数据

用户在表格的表元中连接 MCGS 嵌入版实时数据库的变量，运行时就可以看到实时数据库中变量的动态显示，也可以打印实时数据库中变量的值。

4．显示和打印历史记录

用户在表格的表元中连接 MCGS 嵌入版存盘数据源（即 MCGS 嵌入版的历史数据库），运行时就可以看到存盘数据源中存盘记录的动态显示，既可以多页显示和单页显示，也可以将历史数据表中的字段按行或按列显示。

5．显示和打印统计结果

历史表格构件显示统计结果有两种方式，一种是对表格中的其他实时表元的数据进行统计，如表格的合计等；另一种是对历史数据库中的记录进行统计，在表格的表元中连接MCGS嵌入版存盘数据源，运行时动态地显示存盘数据源中存盘记录的统计结果。

16.2.3 显示报警信息

在MCGS嵌入版中，实时报警信息可以通过报警显示构件或报警浏览构件来显示；历史报警信息可以通过报警浏览构件来显示。MCGS嵌入版还提供了报警条构件，可以单独显示报警注释信息，一般用于滚动显示报警注释信息，可以关联单个数据对象或组对象，当用户没有设置报警对象时，报警条显示所有对象的报警注释信息。

在显示报警信息之前必须先定义报警，如图16-4所示，报警的定义在“数据对象属性设置”对话框的“报警属性”页中进行。首先要选中“允许进行报警处理”复选框，使实时数据库能对数据对象进行报警处理；其次要正确设置报警限值或报警状态。

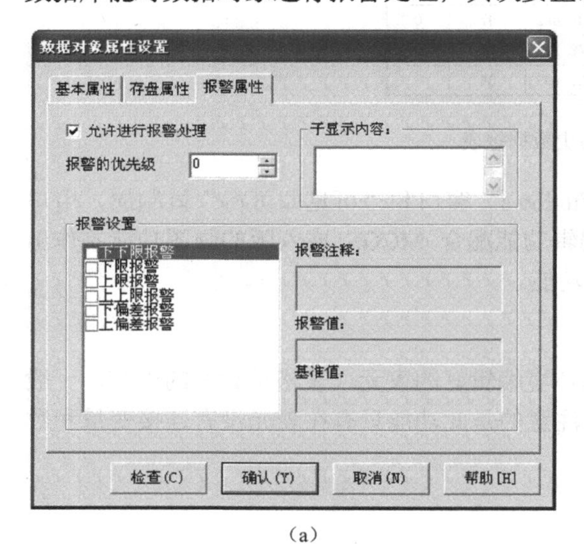

（a）

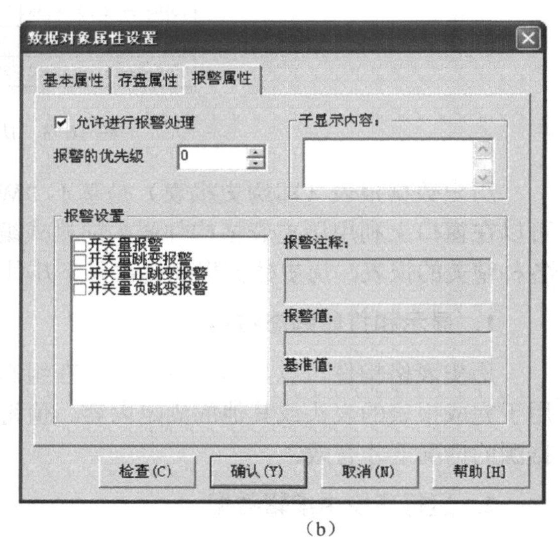

（b）

图16-4 “数据对象属性设置”对话框

针对不同的数据对象类型，用户可以设置不同的报警方式。

1．数值型数据对象

数值型数据对象有六种报警方式，分别为下下限报警、下限报警、上限报警、上上限报警、上偏差报警、下偏差报警。

2．开关型数据对象

开关型数据对象有四种报警方式，分别为开关量报警、开关量跳变报警、开关量正跳变报警和开关量负跳变报警。

（1）开关量报警时可以选择是开（数据对象值为1）报警，还是关（数据对象值为0）

报警，当一种状态为报警状态时，另一种状态就为正常状态。当在保持报警状态保持不变时，只产生一次报警。

（2）开关量跳变报警也称开关量变位报警，当开关量在跳变（值从 0 变 1 和值从 1 变 0）时报警，即在正跳变和负跳变时都产生报警。

（3）开关量正跳变报警只在开关量正跳变时发生报警。

（4）开关量负跳变报警只在开关量负跳变时发生报警。

3．事件型数据对象

事件型数据对象不用进行报警限值或状态设置，当它所对应的事件产生时，报警也就产生。对于事件型数据对象，报警的产生和结束是同时完成的。

4．字符型数据对象和组对象

字符型数据对象和组对象不能设置报警属性，但对组对象所包含的成员可以单个设置报警。组对象一般可用来对报警进行分类，以方便系统的其他部分对同类报警进行处理。

为了适用不同的应用需求，用户在使用时可以根据不同的需求选择一种或多种报警方式。当用户设置了多种报警方式时，可以设置报警优先级，系统会优先处理优先级高的报警。

16.2.4 数据对象操作函数

在 MCGS 嵌入版系统内部定义了一些供用户直接使用的系统函数，直接用于表达式和用户脚本程序中完成特定的功能。系统函数是以“!”符号开头的，以区别于用户自定义的数据对象。

```
!SetAlmValue(DatName,Value,Flag)
```

该函数用于设置数据对象 DatName 对应的报警限值，只有在数据对象 DatName“允许进行报警处理”的属性被选中后，本函数的操作才有意义。此函数对组对象、字符型数据对象、事件型数据对象无效。其中 DatName 为数据对象名称；Value 为新的报警值；Flag 用来标识改变何种报警限值。

当 Flag=1 时，修改下下限报警值；当 Flag=2 时，修改下限报警值；当 Flag=3 时，修改上限报警值；当 Flag=4 时，修改上上限报警值；当 Flag=5 时，修改下偏差报警限值；当 Flag=6 时，修改上偏差报警限值；当 Flag=7 时，修改偏差报警基准值。

例如，!SetAlmValue(水位，200，3)，表示把数据对象“水位”的报警上限值设为 200。

16.3 项 目 实 施

16.3.1 打开已有工程

进入组态环境，单击文件菜单中的“打开工程”选项，弹出“打开”对话框，选择工程所在路径后，单击“确认”按钮，进入“热水炉系统”，或找到工程文件，双击工程图标，进入“热水炉系统”。

16.3.2 新建窗口

在“用户窗口”中新建一个窗口，窗口名称为“表格”，窗口背景设为“浅蓝色”，其他不变，如图 16-5 所示。

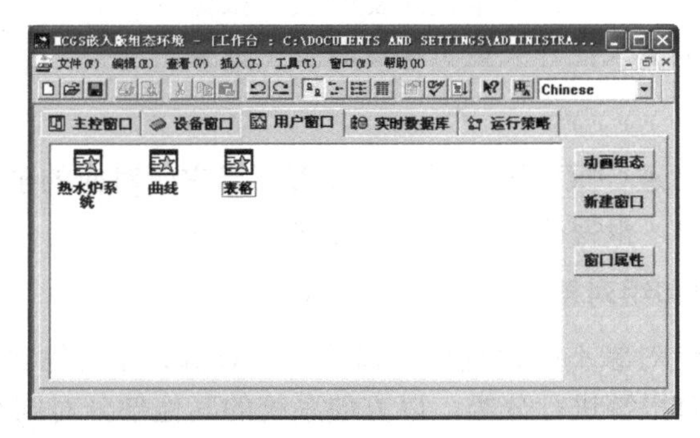

图 16-5　新建“表格”窗口

16.3.3 制作画面

1. 画面标题

利用“工具箱”中的图标，输入标题文字“热水炉监控系统”。双击标签进行标题属性设置，设置填充颜色为“没有填充”，边线颜色为“没有边线”，字符颜色为“蓝色”；设置字体为黑体，字形为粗体、大小为“36”。

采用同样的方法，分别制作“实时报表”和“历史报表”2 个标签，设置填充颜色为“没有填充”，边线颜色为“没有边线”，字符颜色为“黑色”；设置字体为黑体，字形为粗体、大小为“小二”。

2. 实时数据报表

单击工具箱中的图标，鼠标变成“+”，按住鼠标左键在画面中拖曳出合适大小的虚线框，松开鼠标左键，就画出了虚线框大小的实时数据报表，如图 16-6 所示。

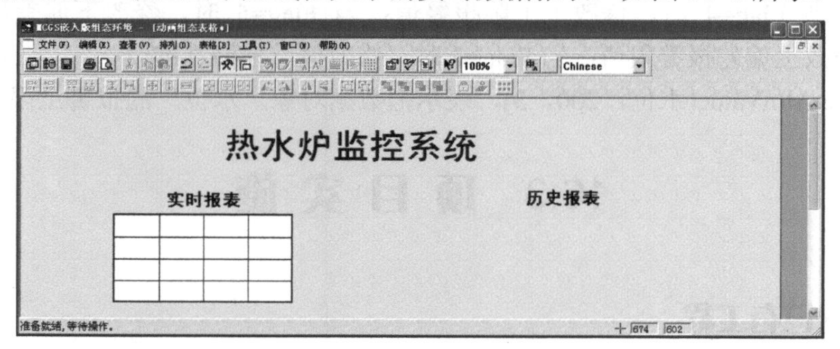

图 16-6　实时数据报表

双击表格进入编辑状态，单击鼠标右键，从弹出的下拉菜单中选择 “删除一列”选项，连续操作两次，删除 2 列，再选择“删除一行”，或选择编辑栏中的和图标编辑表格，构成一个三行两列的表格。把鼠标放在 A 和 B 之间（或 B 的右面），当鼠标指针呈分割线形状时，拖动鼠标调整单元格的大小。

在 A 列的 3 个单元格中分别输入水位、水泵和调节阀，在 B 列的 3 个单元格中分别输入“0|0”、“打开|关闭”和“打开|关闭”，其中“0|0”表示该单元格中连接的数值型数据有 0 位小数，无空格；“打开|关闭” 表示该单元格中连接的开关型数据为 1 时显示打开，为 0 时显示关闭，如图 16-7 所示。

3．历史数据报表

单击工具箱中的图标，鼠标变成“＋”，按住鼠标左键在画面中拖曳出合适大小的虚线框，松开鼠标左键，就画出了虚线框大小的历史数据报表。

双击表格进入编辑状态，把鼠标放在 C1 和 C2 之间，当鼠标指针呈分割线形状时，拖动鼠标调整单元格的大小，构成一个四行四列的表格。

在 R1 行的 4 个单元格中分别输入采样时间、水位、水泵和调节阀，在 C2 列的 3 个单元格中输入“0|0”，在 C3 列和 C4 列的 3 个单元格中输入 “打开|关闭”，如图 16-8 所示。

实时报表

水位	0|0
水泵	打开|关闭
调节阀	打开|关闭

图 16-7　实时数据报表的画面设计

历史报表

采样时间	水位	水泵	调节阀
	0|0	打开|关闭	打开|关闭
	0|0	打开|关闭	打开|关闭
	0|0	打开|关闭	打开|关闭

图 16-8　历史数据报表的画面设计

4．报警显示

报警显示构件专用于实现 MCGS 嵌入版系统的报警信息管理、浏览和实时显示的功能。报警显示构件类似一个列表框，将系统产生的报警事件逐条显示出来，包括报警开始、报警应答和报警结束等。

单击工具箱中的图标，鼠标变成“＋”，按住鼠标左键在画面中拖曳出合适大小的虚线框，松开鼠标左键，就画出了虚线框大小的报警显示构件，如图 16-9 所示。

时间	对象名	报警类型	报警事件	当前值	界限值	报警描述
04-09 20:55:11	Data0	上限报警	报警产生	120.0	100.0	Data0上限报警
04-09 20:55:11	Data0	上限报警	报警结束	120.0	100.0	Data0上限报警
04-09 20:55:11	Data0	上限报警	报警应答	120.0	100.0	Data0上限报警

图 16-9　报警显示构件

5．修改报警极限值

在报警显示构件的上面，利用“工具箱”中的图标构建三个注释标签，分别输入热电炉水位、报警上限和报警下限，设置填充颜色为“没有填充”，边线颜色为“没有边线”，字符颜色为“黑色”；设置字体为黑体，字形为粗体、大小为“四号”。

双击“工具箱”中的图标，鼠标变成“＋”，在画面中间位置拖曳出 2 个合适大小的输入框，如图 16-10 所示。

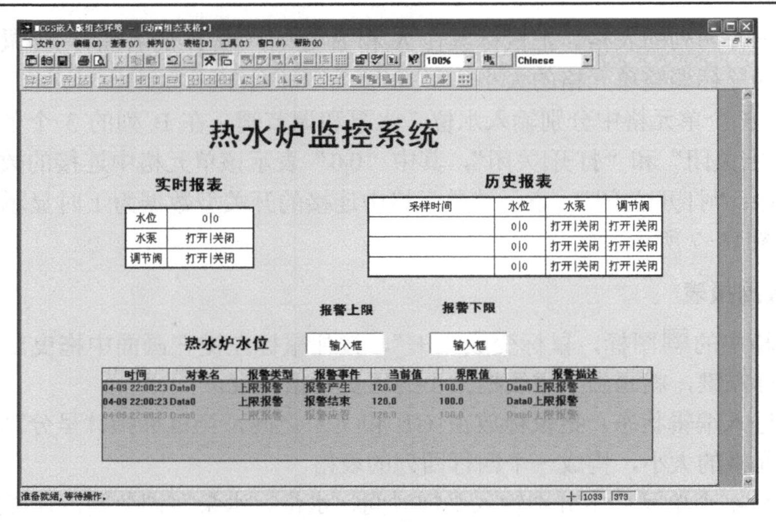

图 16-10 表格图形画面

16.3.4 定义变量

在系统的实时数据库中定义 2 个数值型变量，分别为“热水炉水位上限”和“热水炉水位下限”，初值分别为 80 和 20，其他值为默认值。

双击数据对象“水位”，弹出 “数据对象属性设置”对话框，选择“报警属性”页，选中“允许进行报警处理”，报警设置区域被激活，选择“下限报警”，报警注释为“热水炉快没水了”，报警值设为“20”；选择“上限报警”，报警注释为“热水炉水快满了”，报警值设为“80”，如图 16-11 所示。

16.3.5 动画连接

1．菜单设计

（1）在“工作台”窗口中选择“主控窗口”，单击“菜单组态”，弹出“菜单组态：运行环境菜单”，如图 16-12 所示。

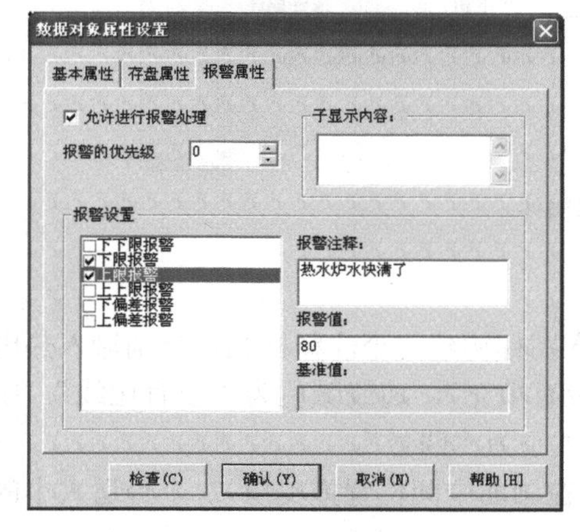

图 16-11 “水位”报警属性设置

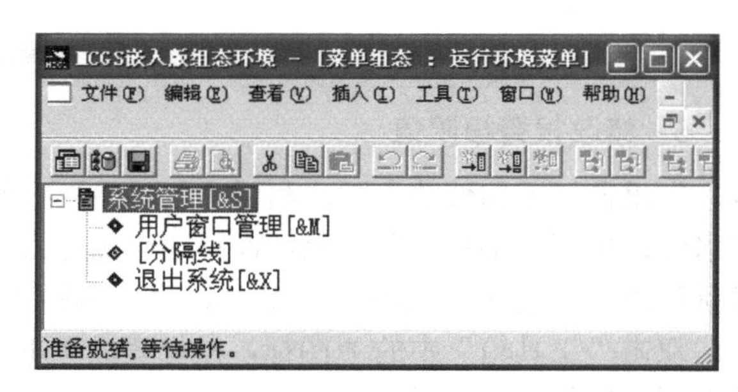

图 16-12 菜单组态窗口

（2）单击“系统管理[&S]”，用鼠标右键弹出下拉菜单，如图 16-13 所示，选择“删除菜单”项，菜单组态窗口内显示空白。

（3）单击工具条中的按钮，或选择图 16-13 所示下拉菜单中的“新增菜单”项，产生[操作 0]菜单。

（4）双击[操作 0]，弹出“菜单属性设置”对话框，选择菜单名为“文件”，菜单类型选择“下拉菜单项”，如图 16-14 所示。

图 16-13　下拉菜单

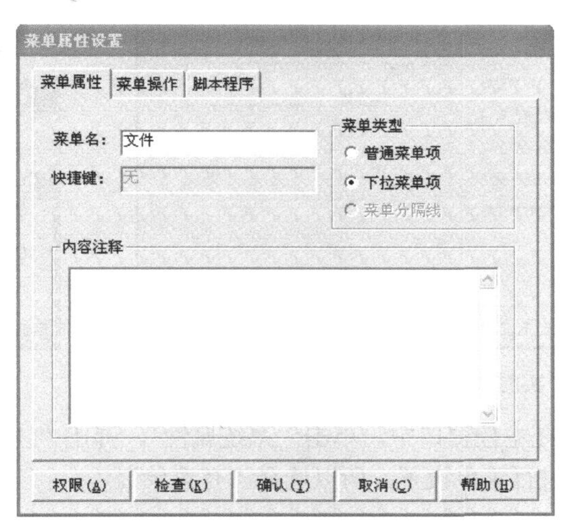

图 16-14　“文件”菜单属性设置

（5）单击工具条中的按钮，或选择图 16-13 所示下拉菜单中的“新增下拉菜单”项，产生[操作集 0]菜单。双击[操作集 0]，弹出“菜单属性设置”对话框，选择菜单名为“退出”，菜单类型选择“普通菜单项”，在菜单操作属性页（见图 16-15）中，菜单对应功能选择“退出运行系统”，在右侧的下拉菜单中选择“退出运行环境”，确认后设置结束。

（6）单击“退出”菜单，用鼠标右键选择“菜单右移”，如图 16-16 所示。

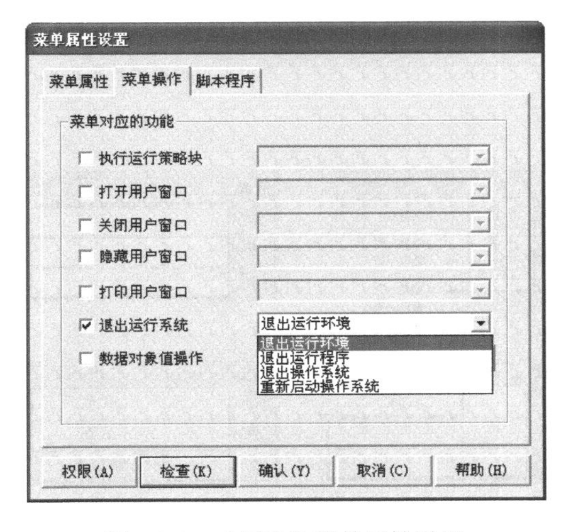

图 16-15　“退出”菜单属性设置

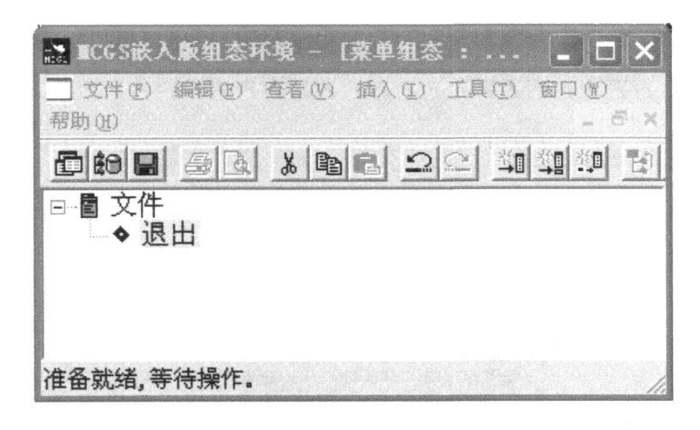

图 16-16　文件菜单结构

（7）采用同样的方法设置一个下拉菜单“数据管理”，普通菜单“实时曲线与历史曲线”和“实时报表与历史报表”，普通菜单的菜单操作属性页如图 16-17 所示，选择打开用户窗口功能，分别打开曲线画面和表格画面。最终设计的菜单结构如图 16-18 所示。

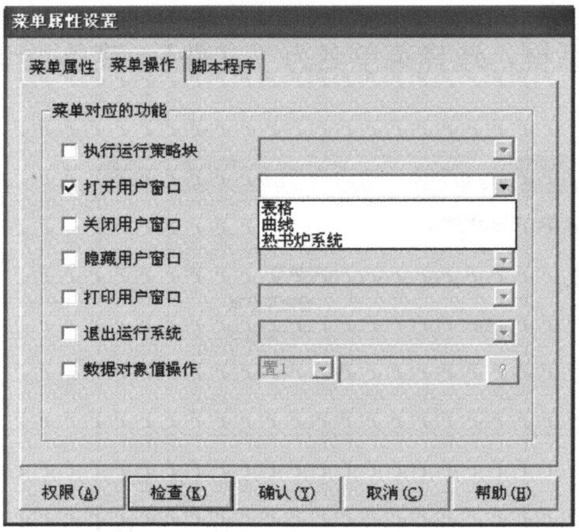

图 16-17 “实时曲线与历史曲线”的菜单操作属性页

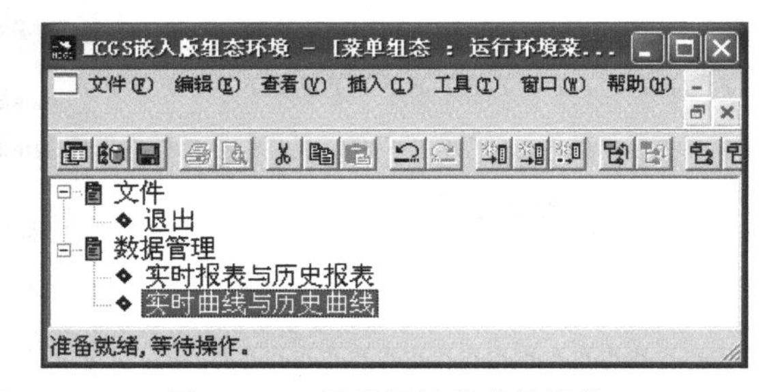

图 16-18 最终设计的菜单结构

（8）在主控窗口中，单击“系统属性”，弹出“主控窗口属性设置”对话框（见图 16-19），因为需要进行菜单设置，所以选择“有菜单”。

2．实时数据报表

双击实时数据报表，进入编辑状态，单击鼠标右键，从弹出的下拉菜单[见图 16-20（a）]中选择“连接”项后，如图 16-20（b）所示，在 B 列的第一个单元格再单击鼠标右键，弹出数据对象列表，选择数据对象“水位”，确定后，B 列的第一个单元格显示“水位”[见图 16-20（c）]，建立了报表与“水位”的连接关系，该单元格运行时显示的数据即数据对象“水位”的值。

采用同样的方法将 B 列的第二个、第三个单元格分别与数据对象“水泵”、“调节阀”建立连接，如图 16-20（d）所示。

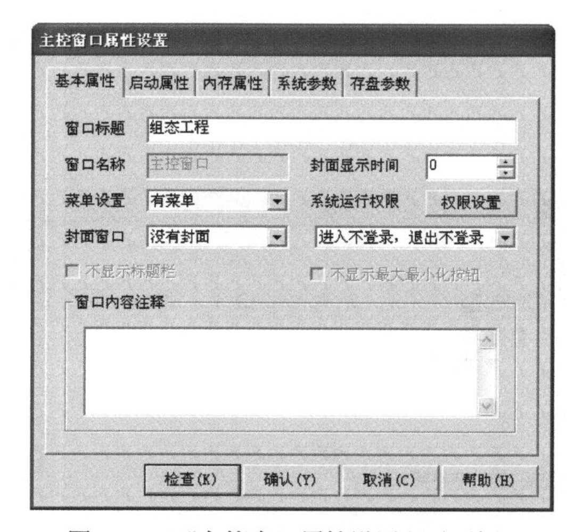

图 16-19 “主控窗口属性设置”对话框

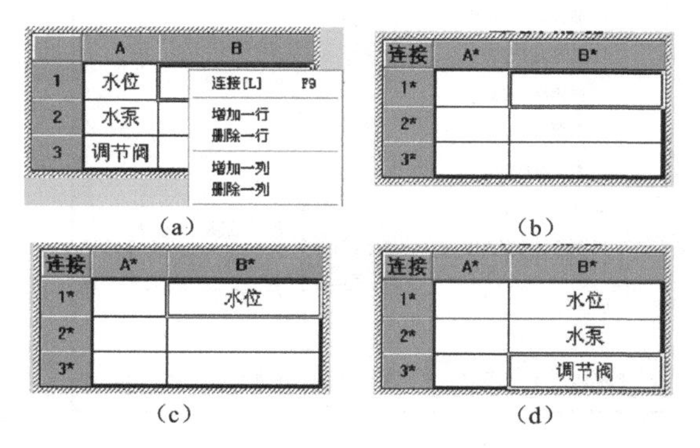

图 16-20 实时数据报表的动画连接

3．历史数据报表

（1）双击历史数据报表，进入编辑状态，单击鼠标右键，从弹出的下拉菜单中选择“连接”项[见图 16-21（a）]，按住鼠标左键，选中 R2、R3 和 R4 三行，如图 16-21（b）所示；单击菜单栏中的“表格”，从弹出的下拉菜单中选择“合并表元”项（或单击编辑条中的按钮），所选区域会出现反斜杠，如图 16-21（c）所示。

（2）双击反斜杠区域，弹出“数据库连接设置”对话框，在“基本属性”页中选择连接方式，选择“显示多页记录”，其他设置不变，如图 16-22 所示。

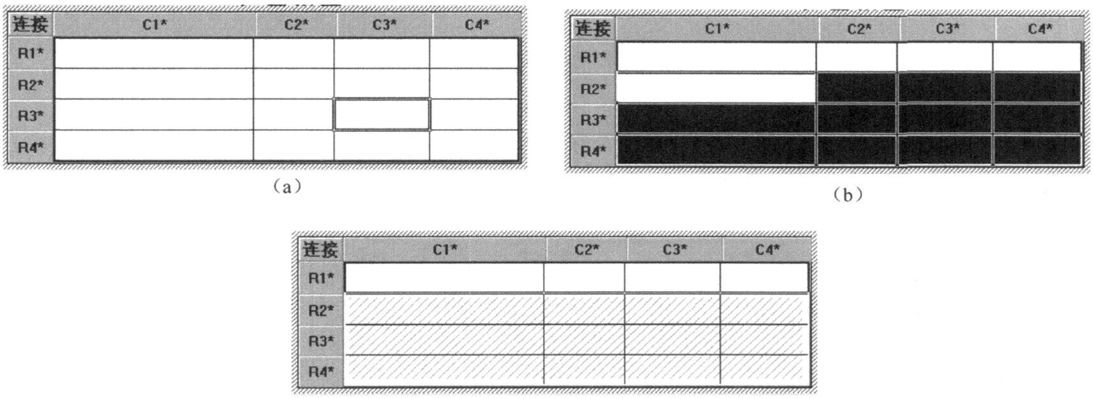

（a）

（b）

（c）

图 16-21　历史数据报表的动画连接

（3）在“数据来源”页中设置数据来源为组对象“热水炉”，如图 16-23 所示。

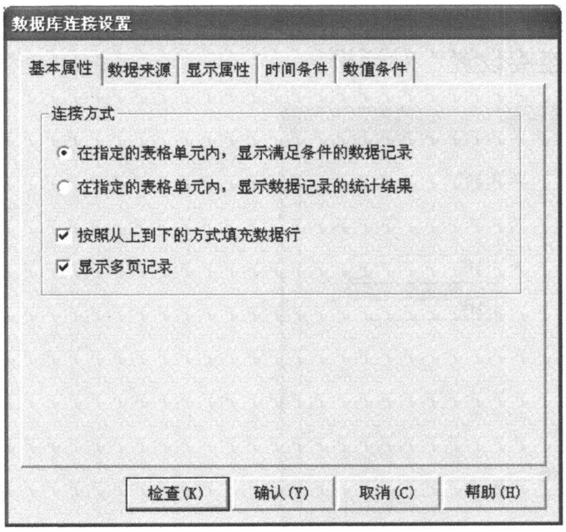

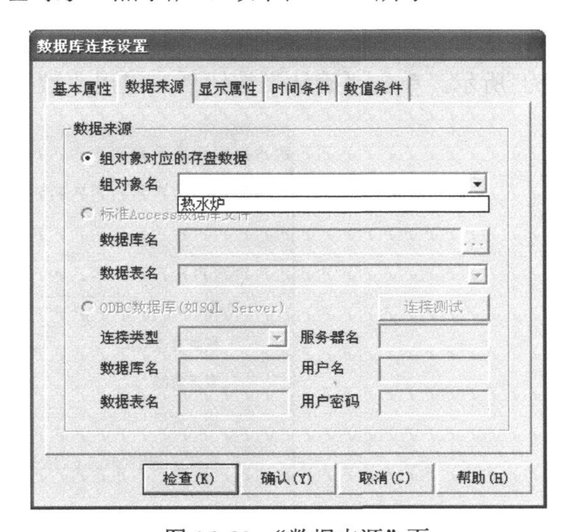

图 16-22　“基本属性”页

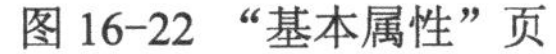

图 16-23　“数据来源”页

（4）在“显示属性”页中设置对应数据列，单击“复位”按钮[图 16-24（a）]，利用“上移”、“下移”按钮调整数据对象位置与表元一致，如图 16-24（b）所示；也可以单击 C1 右侧空格，在弹出的下拉菜单中选择 “MCGS__Time”[见图 16-24（c）]，再依次选择 C2、C3、C4 对应的数据对象。

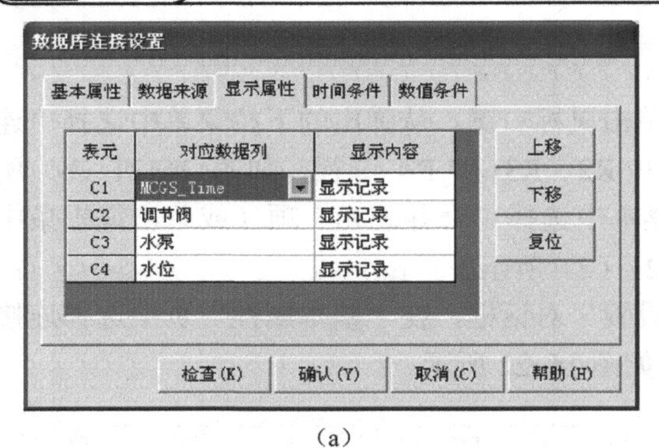

(a)

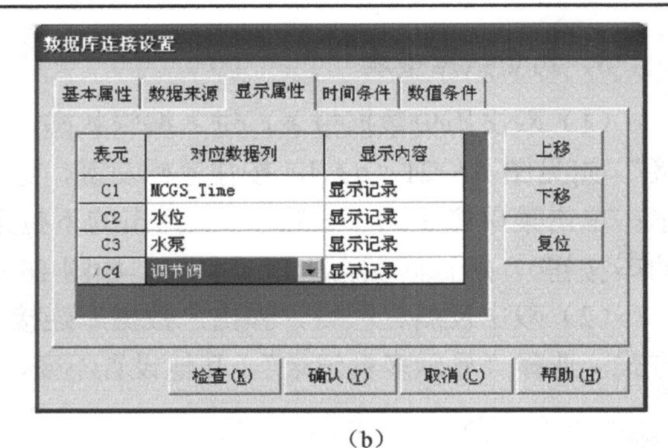

(b)

(c)

图 16-24 “显示属性”页

（5）在“时间条件”页（见图 16-25）中设置报表显示的排列顺序（升序或降序），选择升序时，第一行显示的数据采样时间最早，逐渐向下更新采样数据，如图 16-26（a）所示；选择降序时，最末行显示的数据采样时间最早，逐渐向上更新采样数据，如图 16-26（b）所示。单击“确认”按钮后，退出“数据库连接设置”对话框。

图 16-25 “时间条件”页

历史报表

采样时间	水位	水泵	调节阀
2016-04-09 09:35:57	63	打开	关闭
2016-04-09 09:36:02	2	关闭	打开
2016-04-09 09:36:07	37	关闭	打开

（a）升序

历史报表

采样时间	水位	水泵	调节阀
2016-04-09 09:37:07	37	关闭	打开
2016-04-09 09:37:02	2	关闭	打开
2016-04-09 09:36:57	63	打开	关闭

（b）降序

图 16-26　报表显示排列顺序

4. 报警显示

双击报警显示构件，弹出“报警显示构件属性设置”对话框，如图 16-27 所示，设置对应的数据对象名称为组对象“水位”，最大记录次数为 5，选中“运行时，允许改变列的宽度”。

5. 修改报警限值

双击报警上限对应的输入框，弹出“输入框构件属性设置”对话框，在“操作属性”页中，设置对应数据对象的名称为 “热水炉水位上限”，取消自然小数位选项，设置小数位数为 0，设置最小值为 60，最大值为 90，其他不变（见图 16-28）。采用同样的方法设置报警下限的最小值为 10，最大值为 40。

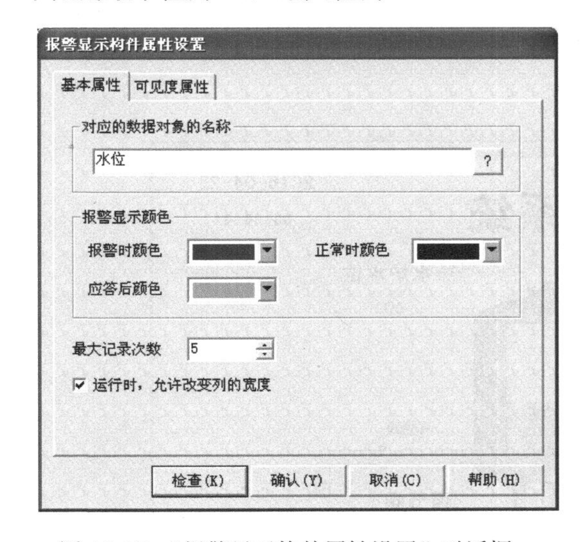

图 16-27　“报警显示构件属性设置”对话框

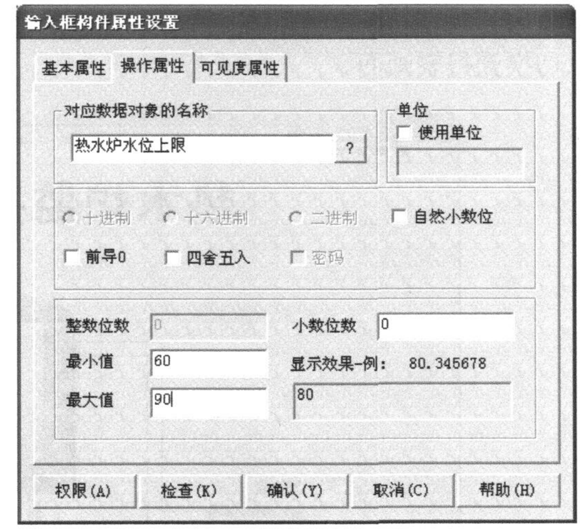

图 16-28　“输入框构件属性设置”对话框

6. 脚本程序

在画面空白处单击鼠标右键，出现下拉菜单，选择“属性”，弹出“用户窗口属性设置”对话框，选择循环脚本属性，设置循环时间为 200ms，在窗口中输入控制程序；也可以利用“打开脚本程序编辑器” 按钮输入控制程序，如图 16-29 所示。

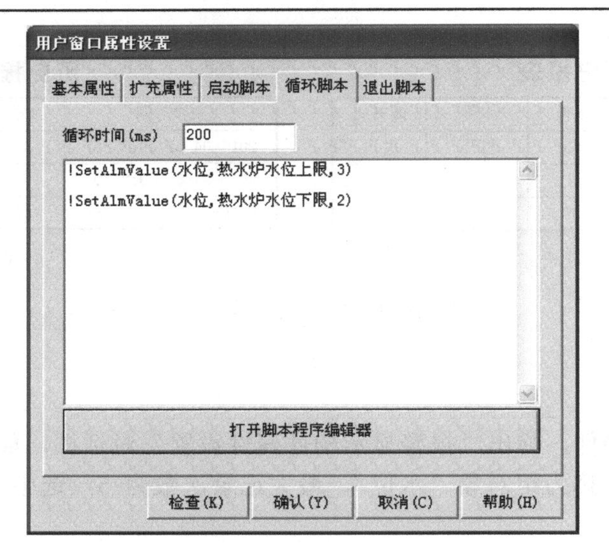

图 16-29　脚本程序

16.3.6　运行与调试

单击工具条中的图标，弹出“下载配置”对话框，选择“模拟运行”→“通讯测试”→“工程下载”，等待工程下载到模拟运行环境后，单击“启动运行”，进入工程运行状态。

（1）如图 16-30 所示，单击菜单“数据管理”→“实时报表与历史报表”，观察是否可以切换到报表画面。

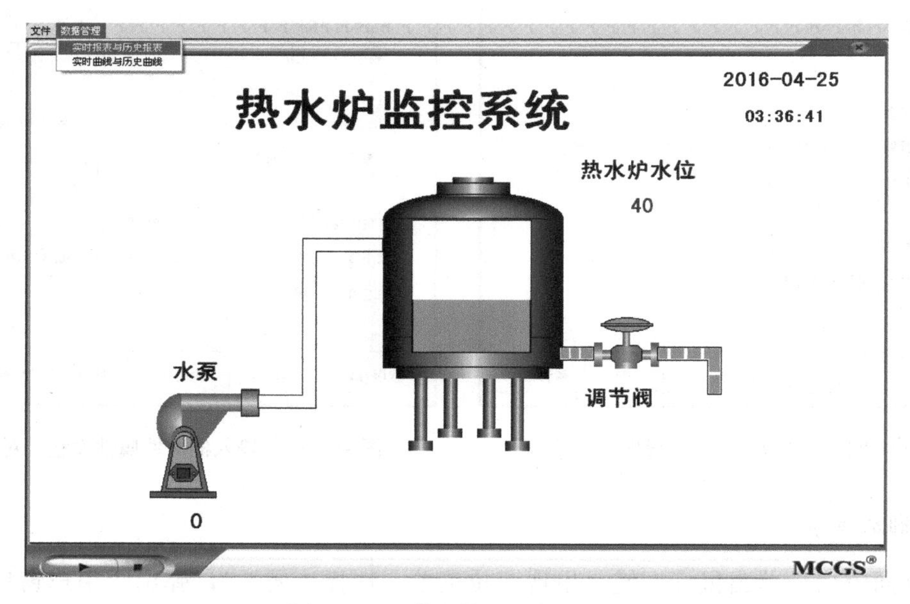

图 16-30　“数据管理”菜单调试

（2）在报表画面中，观察实时数据报表和历史数据报表是否显示水位变化情况；报警显示构件是否有报警信息显示，是否有颜色区分。

（3）当修改报警上限（或报警下限）时，观察报警显示构件的报警信息是否有变化（见图 16-31）。

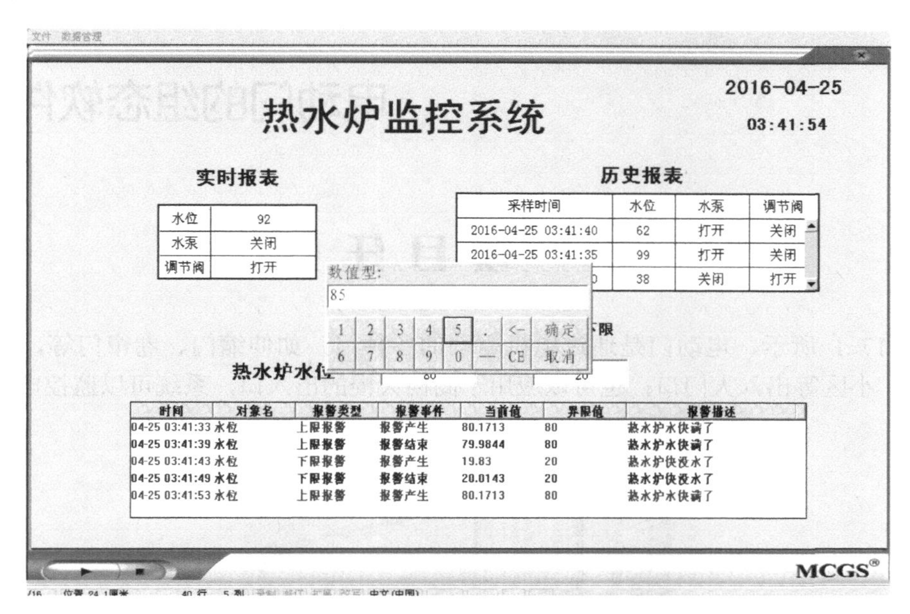

图 16-31 修改报警上限

（4）单击菜单“文件”→“退出”，观察是否退出运行系统。

16.4 项目考核

评分内容	分值	评分标准	扣分	得分
软件使用	20	打开工程（5 分）		
		新建窗口（5 分）		
		工程保存（5 分）		
		工程运行（5 分）		
新知识掌握	40	实时数据报表构件属性设置（10 分）		
		历史数据报表构件属性设置（10 分）		
		报警显示构件属性设置（10 分）		
		菜单设计（10 分）		
功能实现	40	实时数据报表显示水位变化（10 分）		
		历史数据报表显示水位变化（10 分）		
		报警信息显示（10 分）		
		修改报警上限或下限（10 分）		

项目 17

电动门的组态软件设计

17.1 项目任务

如图 17-1 所示，电动门是通过电机驱动的各种门，如伸缩门、卷帘门等，应用于企业、厂房、小区等出入大门口；也可以应用于高档大楼的出入口，系统可以监控电动门的工作状态。

图 17-1　电动门

电动门的控制要求如下：

（1）门卫通过开门按钮、关门按钮和停止按钮控制电动门；

（2）当门卫按下开门按钮后，报警灯开始闪烁，门开始打开，当门完全打开时，门自动停止动作；

（3）当门卫按下关门按钮后，报警灯开始闪烁，门开始关闭，当门完全关闭时，门自动停止动作；

（4）开门或关门的过程中，报警灯闪烁；

（5）开门或关门的过程中，门卫按下停止按钮，门马上停止在当前位置。

17.2 知识储备

17.2.1 标准按钮构件

标准按钮构件有抬起与按下两种状态，可以分别设置动作，包括执行一个运行策略块、打开或关闭指定的用户窗口及执行特定脚本程序等。当鼠标移过标准按钮上方时，将变为手状光标，表示可以进行鼠标按键操作，此时单击鼠标左键，即可执行所设定的按钮的操作功能。

组态时用鼠标双击标准按钮构件，弹出“标准按钮构件属性设置”对话框，如图 17-2

所示。构件属性设置包括基本属性、操作属性、脚本程序和可见度属性四个属性页。

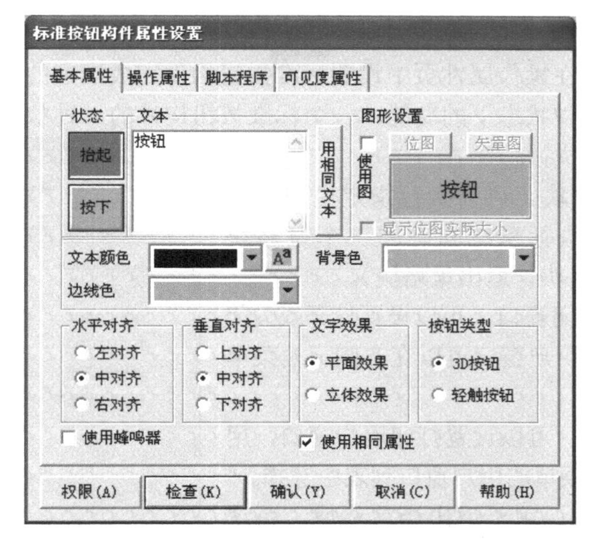

图 17-2 “标准按钮构件属性设置”对话框

1．基本属性页

在基本属性页中将右下方的“使用相同属性”前面的对号去掉，就可以分别设置按钮按下状态[见图 17-3（a）]和抬起状态的属性了[见图 17-3（b）]。

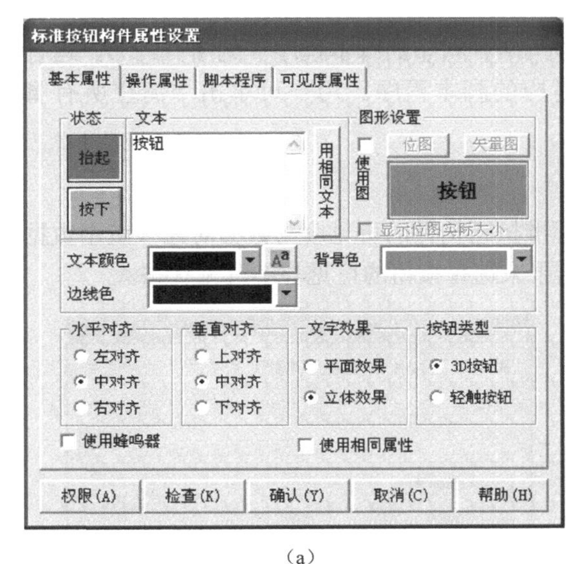

（a）

（b）

图 17-3　标准按钮构件的基本属性页

在基本属性页中可以设置按钮上显示的文本内容、按钮背景图案、显示文字的颜色和字体、构件边线的颜色及标准按钮构件文字背景颜色，同时，还可以指定标准按钮构件上的文字对齐方式（水平对齐和垂直对齐）、标准按钮构件上的文字显示效果（平面和立体），以及按钮类型（“3D 按钮”和“轻触按钮”）。

另外，为了提示按下按钮或抬起按钮的情况，也可以设置使用蜂鸣器。

2．操作属性页

如图 17-4 所示，在操作属性页中设置标准按钮构件完成指定的功能，同样，用户可以分别设定抬起、按下两种状态下的功能。一个标准按钮构件的一种状态可以同时指定几种功能，运行时构件将逐一执行。

（1）执行运行策略块。可以执行指定用户所建立的策略块，但不能执行系统固有的三个策略块（启动策略块、循环策略块、退出策略块）。

（2）打开窗口和关闭窗口。可以设置打开或关闭一个指定的用户窗口，用户窗口可以在右侧下拉菜单的列表中选择。

（3）打印用户窗口。可以设置打印用户窗口，用户窗口可以在右侧下拉菜单的用户窗口列表中选择。

（4）退出运行系统。用于退出当前环境，系统提供退出运行程序、运行环境、操作系统、重启操作系统和关机五种操作。

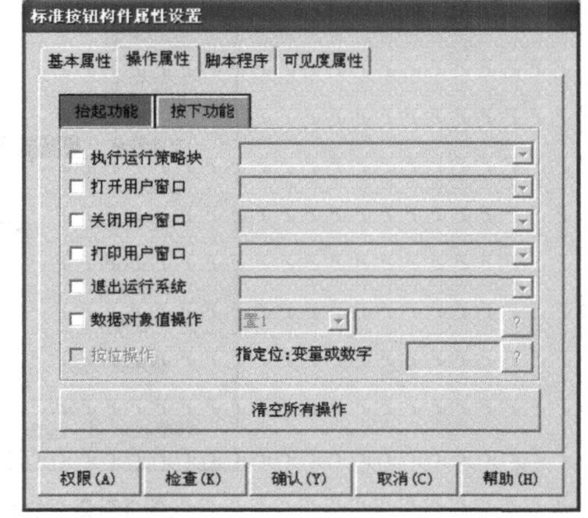

图 17-4　标准按钮构件的操作属性页

（5）数据对象值操作。一般用于对开关型对象的值进行取反、清 0、置 1、按 1 松 0 和按 0 松 1 操作。用户可以单击右侧的“？”按钮，从弹出的数据对象列表中选取变量。

3．脚本程序页

用户可在该属性页窗口内分别编辑抬起、按下两种状态的脚本程序（见图 17-5），运行时，当完成一次按钮动作时，系统执行一次对应的脚本程序。用户可单击“清空所有脚本”，快速清空两种状态的脚本程序。

4．可见度属性页

如图 17-6 所示，在“表达式”栏中，将标准按钮构件的可见度与数据对象（或由数据对象构成的表达式）建立连接，根据表达式的结果来选择按钮的可见与不可见状态。

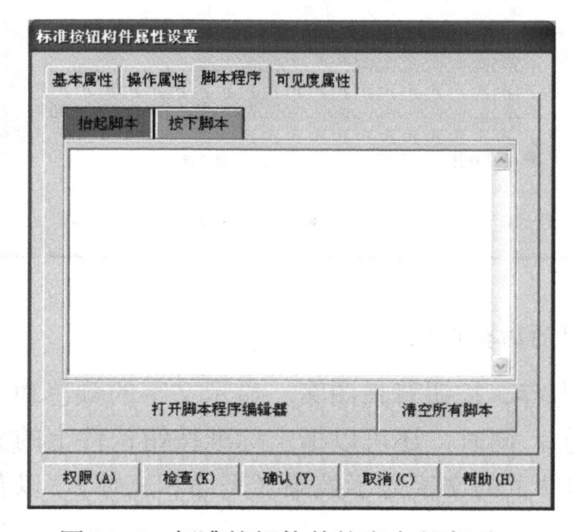

图 17-5　标准按钮构件的脚本程序页

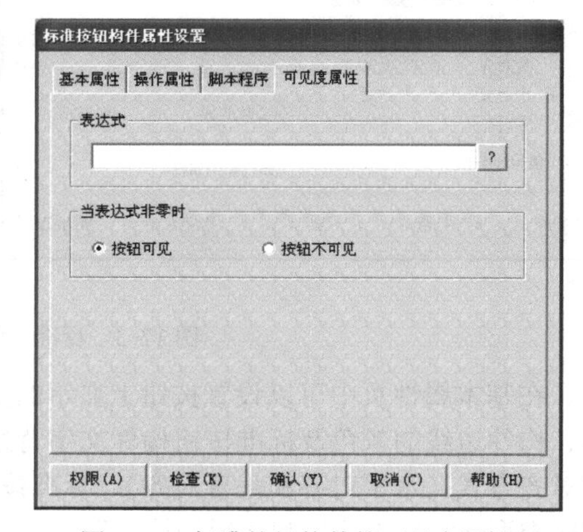

图 17-6　标准按钮构件的可见度属性页

17.2.2　水平移动动画连接

位置动画连接包括图形对象的水平移动、垂直移动和大小变化三种属性，通过设置这三个属性使图形对象的位置和大小随数据对象值的变化而变化。用户只要控制数据对象值的大小和值的变化速度，就能精确地控制所对应图形对象的大小、位置及其变化速度。

双击图形对象，弹出“动画组态属性设置”对话框，勾选“水平移动”后，出现“水平移动”选项卡，如图 17-7 所示。单击 ? 选择已定义的对象名作为“表达式”，根据图形对象水平移动的距离确定最大移动偏移量，对应表达式的值为变量的最小值及最大值，其中偏移量是以图形对象所在的位置为基准（初始位置），单位为像素点，向左为负方向，向右为正方向来计算的。

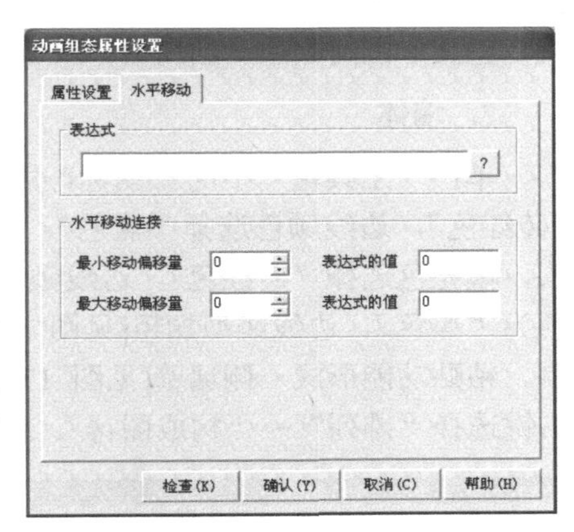

图 17-7　水平移动属性页

确定偏移量时，先选中图形对象，观察窗口右下角的坐标[见图 17-8（a）]，从左到右依次为图形对象的 x 坐标（左边界）、y 坐标（上边界）、宽度及高度，拖动图形对象移动，从起点到终点，再观察窗口右下角的坐标[见图 17-8（b）]，将两次 x 坐标相减即 561-161，得到的 400 就是图形对象的偏移量。

（a）移动前　　（b）移动后

图 17-8　计算偏移量

17.3　项 目 实 施

17.3.1　创建工程

双击桌面上的“MCGS 组态环境”图标，进入组态环境。单击“文件”菜单中的“新建工程”选项，默认的工程名为“新建工程 0.MCE”。 选择“文件”菜单中的“工程另存为”菜单项，弹出文件保存窗口，选择存储路径，在文件名一栏内输入“电动门监控系统”，单击“保存”按钮，工程创建完毕，如图 17-9 所示。

电动门监控系统.MCE
MCE 文件
348 KB

图 17-9　“电动门监控系统”工程文件

17.3.2　新建窗口

在“用户窗口”中单击“新建窗口”按钮，出现“窗口 0”图标，选中“窗口 0”，单击鼠标右键，出现下拉菜单，选择 “属性”，进入“用户窗口属性设置”对话框，将窗口名称改为电动门，窗口背景选择“蓝色”，其他不变，单击“确认”按钮。

17.3.3　制作画面

1．画面标题

利用“工具箱”中的图标，输入标题文字“电动门监控系统”。双击标签，进入“标签动画组态属性设置”对话框，调整文字内容、大小、颜色及对齐方式等，也可以拖曳小方块调整文本框的大小。当用鼠标单击窗口的其他空白位置时，即可结束标签的编辑。

2．墙体

单击“工具箱”中的图标，用鼠标在窗口中画一个矩形作为墙体的砖块，填充色选择“砖红色”，边线颜色选择“黑色”，边线线型加粗[见图 17-10（a）]；同理，画出第二块砖头，填充色选择“砖红色”，边线颜色选择“没有填充”，并在矩形中心画一条竖线，边线颜色为“黑色”，边线线型加粗[见图 17-10（b）]；调整两个矩形的位置，上下排列；使用复制、粘贴功能形成一侧墙壁[见图 17-10（c）]；为了方便移动，选中所有砖块后，单击鼠标右键选择“排列”→“构成图符”，构成一个整体，复制、粘贴、对齐后构成两侧墙体。

（a）

（b）

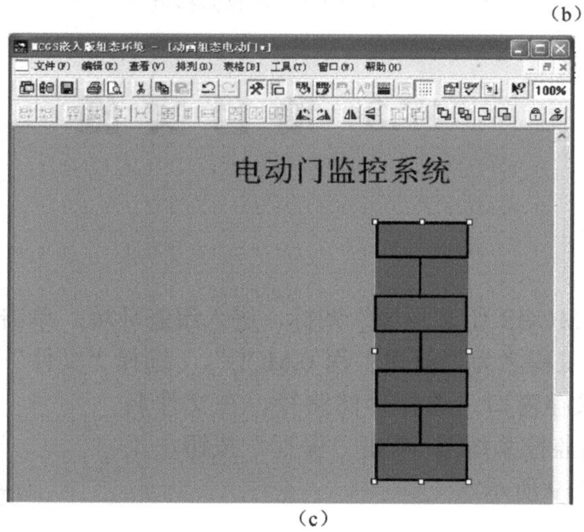

（c）

图 17-10　制作墙体

3．电动门

单击“工具箱”中的图标，弹出“常用图符工具箱”，利用和用鼠标在窗口中画电动门的金属杆，如图 17-11 所示。利用“工具箱”中的▭和“常用图符工具箱”中的◎制作电动门的轮子，将金属杆和轮子全部选中，单击鼠标右键选择“排列”→“构成图符”，构成左侧电动门。

同理，画出右侧电动门。利用▭画出电动门轮子的滑道，填充颜色为黑色，构成电动门整体（见图 17-12）。

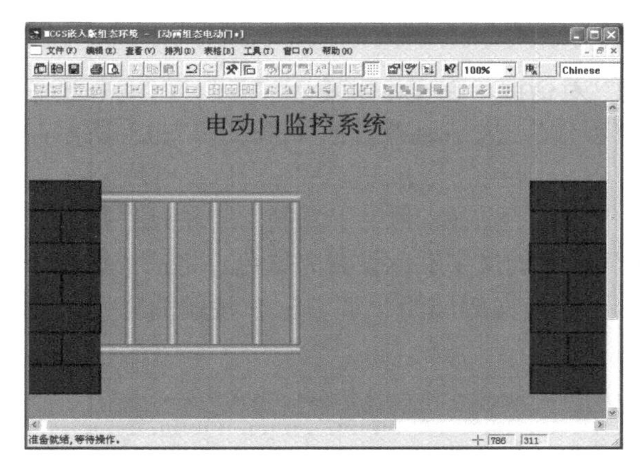

图 17-11　电动门的金属杆

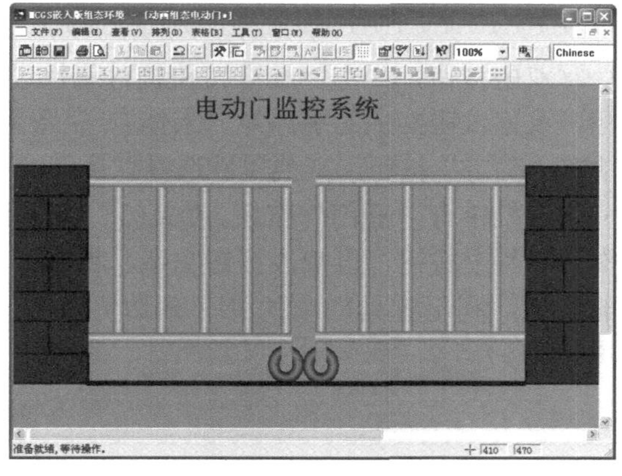

图 17-12　电动门

4．指示灯

单击“工具箱”中的图标，弹出“对象元件库管理”对话框，在图形对象库中选择指示灯，对话框右侧显示各种类型的指示灯，选择指示灯 1，单击“确认”按钮，即可放置在“用户窗口”中。用鼠标拖曳小方块改变指示灯的大小，放置在左侧门上，再复制一个放置在右侧门上，如图 17-13 所示。

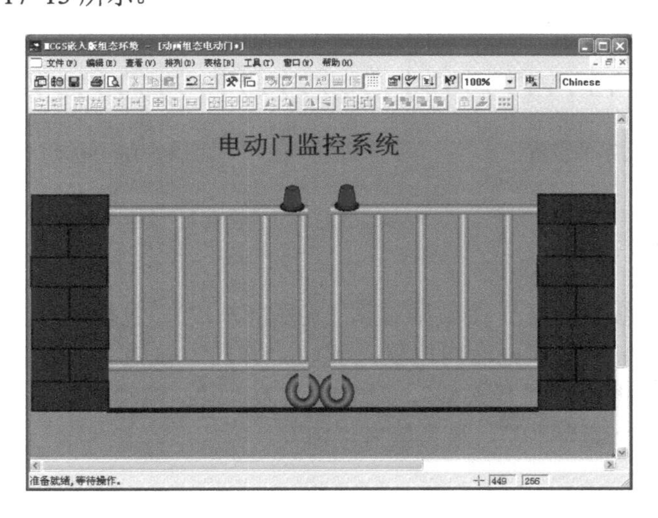

图 17-13　指示灯

5．按钮

单击“工具箱”中的▭，在画面中拖曳鼠标画出合适大小的按钮，也可以选中按钮后，在窗口右下角的坐标中设置按钮的大小。如图 17-14（a）所示，已画出的按钮宽度为 72，高度为 30，直接单击数据进行修改，设置宽度为 100，高度为 40，如图 17-14（b）所示。

图 17-14　按钮大小的设置

双击按钮，弹出“标准按钮构件属性设置”对话框，在文本中输入“开门”，单击图标，设置按钮文字的字体为“宋体”，字形为“粗体”，大小为“三号”，如图 17-15 所示，单击“确定”按钮，其他属性选择默认值。

系统中有“开门”按钮、“关门”按钮和“停止”按钮，利用“复制”、“粘贴”按钮制作另外两个按钮，再修改按钮文字，将“停止”按钮的文字颜色设置为红色。将三个按钮全部选中，利用工具栏中的（顶边界对齐）、（横向等间距）调节三个按钮的位置（见图 17-16）。

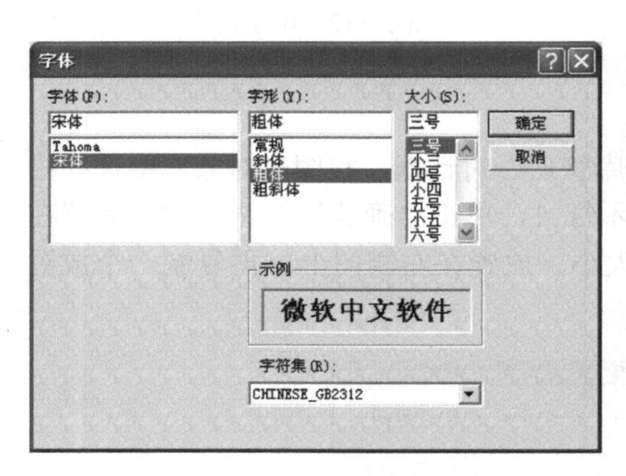

图 17-15　按钮文字的设置

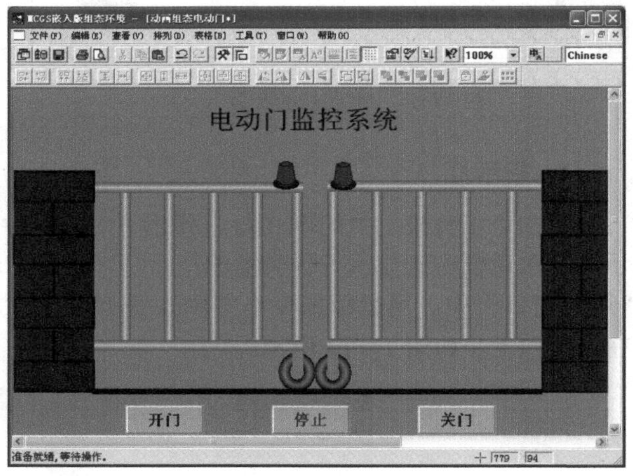

图 17-16　电动门监控系统

17.3.4　定义变量

在电动门监控系统中需要 5 个数据对象（见图 17-17），包括“开门”按钮、“关门”按钮、“停止”按钮、指示灯和电动门位置，其中“开门”按钮、“关门”按钮、“停止”按钮、报警灯的对象类型均为“开关型”，对象初值为“0”；电动门位置为数值型数据，设置对象初值为“0”，最小值为“0”，最大值为“10”。

17.3.5　动画连接

1．按钮

双击“开门”按钮，弹出“标准按钮构件属性设置”对话框，选择“操作属性”，单击

“数据对象值操作”选项，也可以单击“数据对象值操作”前面的小方框。单击“▼”按钮，在下拉列表中选择“取反”（模拟带自锁功能的按钮），如图 17-18 所示；单击“？”按钮，弹出数据对象列表（见图 17-19），选择“开门按钮”，确认后即出现在“标准按钮属性页”中。

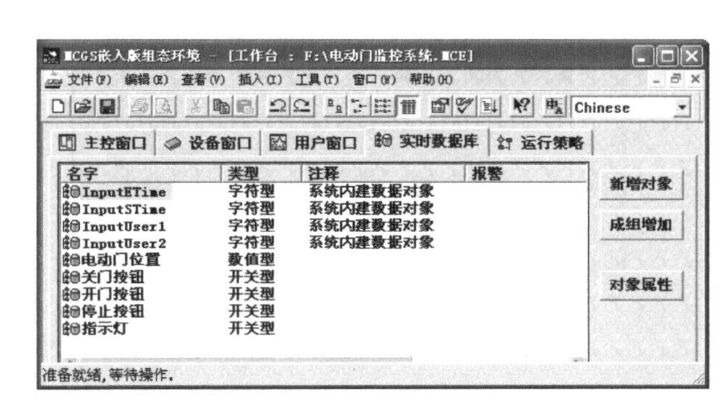

图 17-17　电动门监控系统的数据变量

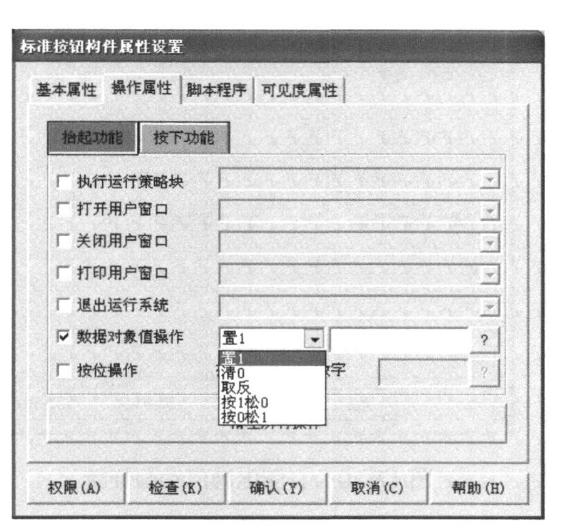

图 17-18　“开门”按钮功能选择

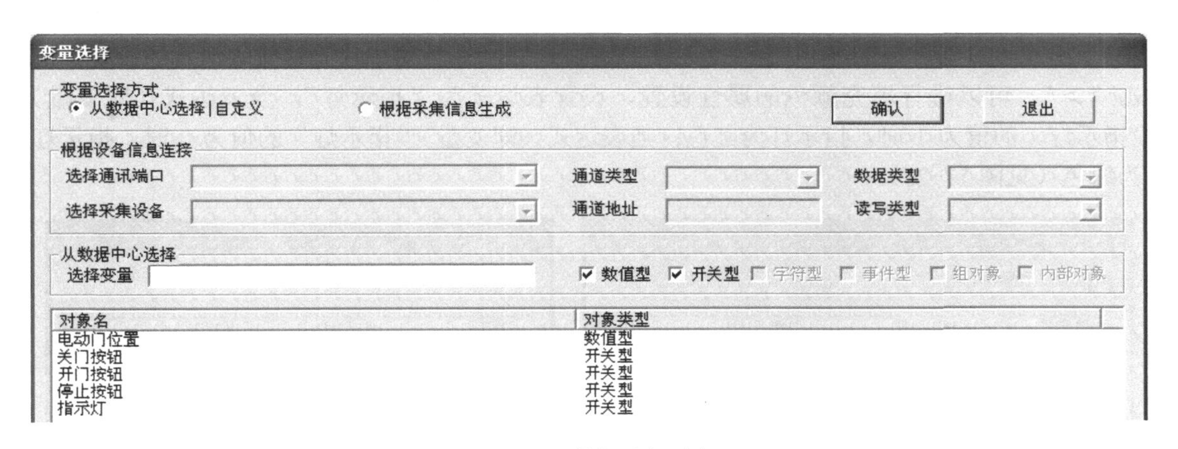

图 17-19　数据对象列表

同理，设置“关门”按钮和“停止”按钮的动画连接，其中“停止”按钮的操作属性选择“按 1 松 0”。

2．电动门

双击右侧电动门，弹出“动画组态属性设置”对话框，勾选“水平移动”位置动画连接，在“水平移动”属性页中单击 ? 选择电动门位置作为“表达式”，根据电动门从当前位置（关门状态）移动到最右侧（开门状态）的距离确定最大移动偏移量为 250，对应表达式的值为变量的最小值 0 及最大值 10，如图 17-20 所示。

左侧电动门是从当前位置（关门状态）移动到最左侧（开门状态），移动方向与右侧电动门的移动方向相反，因此，最大移动偏移量为-250（见图 17-21），其他设置方法与右侧电动门相同。

图 17-20　右侧电动门动画连接

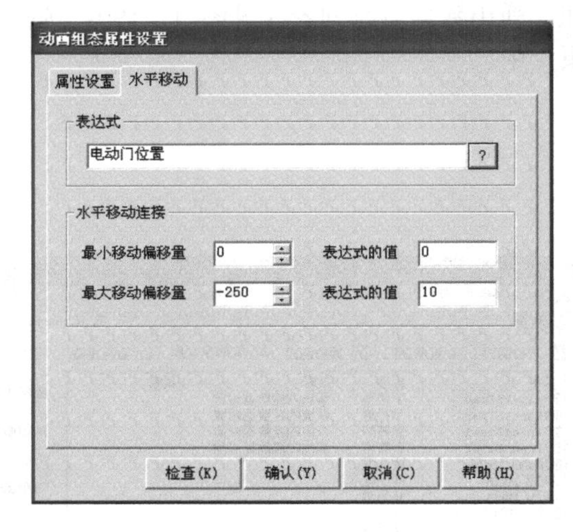

图 17-21　左侧电动门动画连接

3. 指示灯

双击指示灯，弹出“单元属性设置”对话框，在“动画连接”属性页中单击“组合图符”，出现“？”、“＞”，如图 17-22（a）所示，单击“？”可以进行连接表达式的设置；单击“＞”，可以进行填充颜色的属性设置，设置表达式为“指示灯”，当表达式（即变量）“指示灯”的值为 1 时，指示灯为红色；当表达式（即变量）“指示灯”的值为 0 时，指示灯为绿色（见图 17-23）。

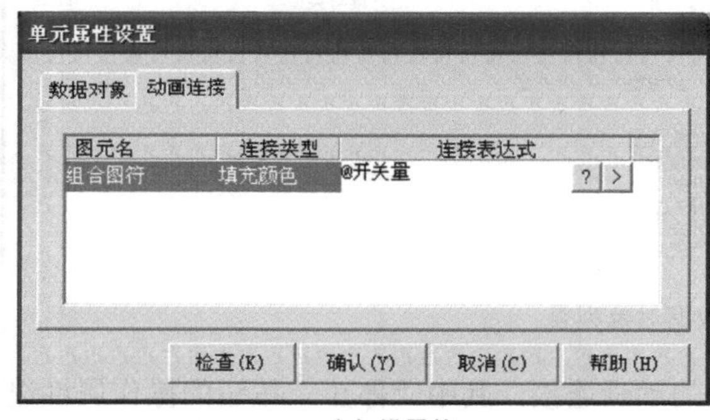

（a）设置前

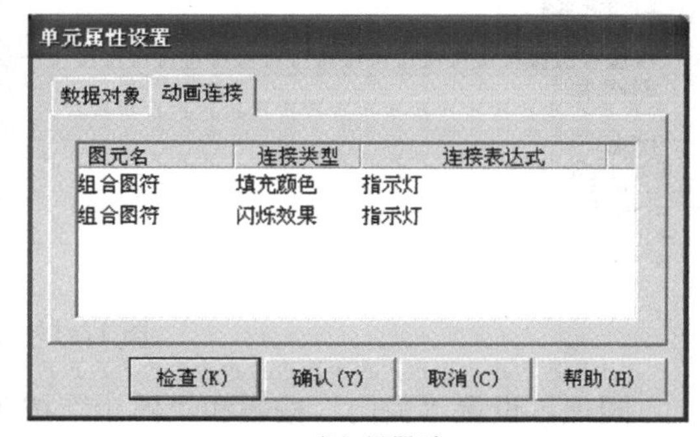

（b）设置后

图 17-22　指示灯的“单元属性设置”

在电动门开门或关门的过程中，指示灯需要闪烁，提醒行人或车辆注意。因此，在指示灯的单元属性设置页中，选择“特殊动画连接”→“闪烁效果”，进入“闪烁效果”属性页，表达式选择“指示灯”（见图 17-24），采用指示灯的可见度变化实现闪烁，闪烁速度为快，确定后，指示灯设置结束，如图 17-22（b）所示。

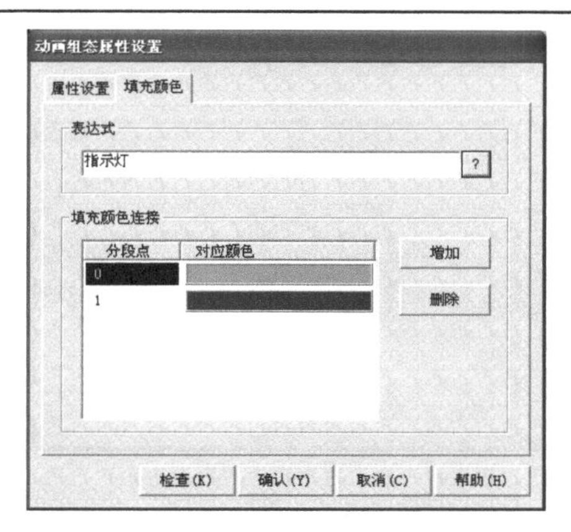

图 17-23　“填充颜色”属性页

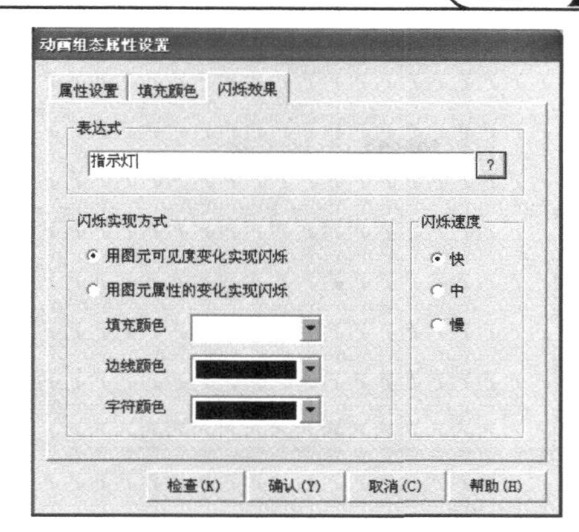

图 17-24　指示灯的闪烁效果

4．脚本

在画面空白处单击鼠标右键，出现下拉菜单，选择“属性”，弹出“用户窗口属性设置”对话框，选择循环脚本属性，在窗口中输入控制程序；也可以利用“打开脚本程序编辑器”按钮输入控制程序，如图 17-25 所示。

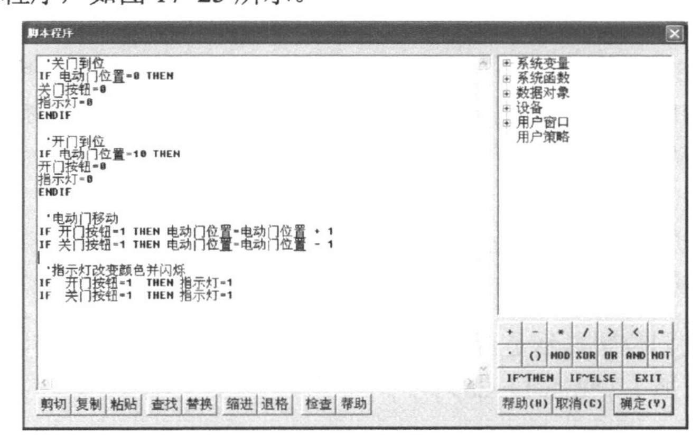

图 17-25　脚本程序编辑器

17.3.6　运行与调试

由于系统功能较多，为了便于查找错误，电动门监控系统的功能需要分步运行及调试。

1．按钮功能调试

在“开门”按钮的右边建立一个“标签”，利用“显示输出”动画连接显示按钮的状态，显示输出的表达式为“开门按钮”，输出值类型为开关型，开时信息为“1”，关时信息为“0”，如图 17-26 所示。

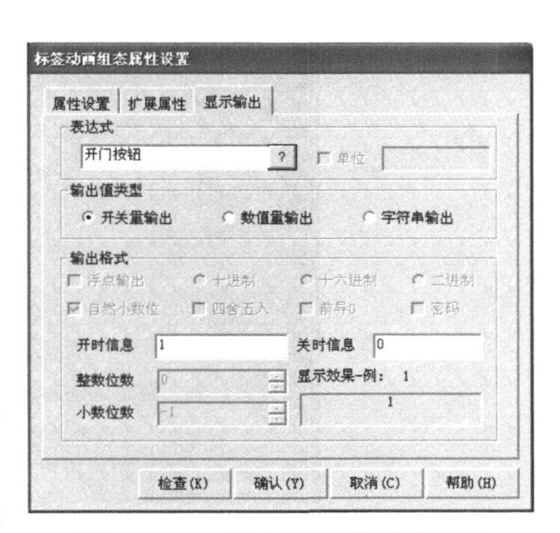

图 17-26　开门按钮标签属性设置

运行时，“开门”按钮的初始状态为 0，观察“标签”显示是否为 0[见图 17-27（a）]；按下“开门”

按钮，松开后观察显示是否变成1，即“取反”操作[见图17-27（b）]。

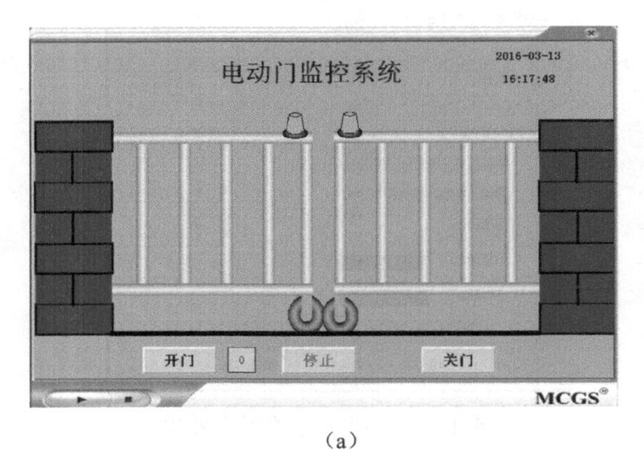

（a）

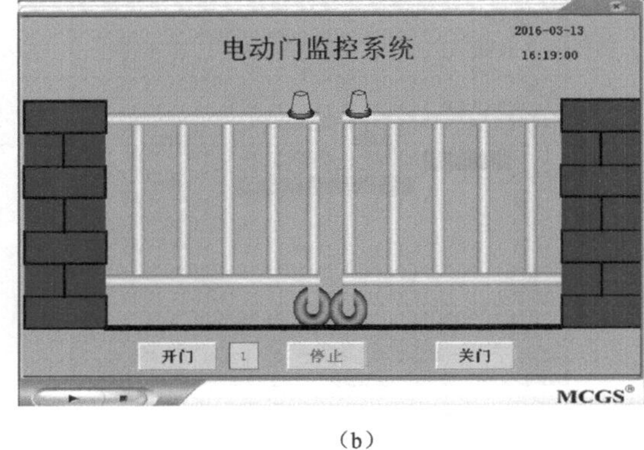

（b）

图17-27 “开门”按钮功能调试

同理，观察“关门”按钮的运行效果是否为“取反”操作；观察“停止”按钮的运行效果是否为“按1松0”操作。

2．电动门功能调试

在电动门上方建立一个“标签”，利用“显示输出”动画连接显示电动门位置，显示输出的表达式为“电动门位置”，输出值类型为数值型，输出格式为十进制，自然小数输出。

（1）在循环脚本中输入如下程序：

```
'电动门移动
IF  开门按钮=1 THEN  电动门位置=电动门位置 +1
IF  关门按钮=1 THEN  电动门位置=电动门位置 -1
```

运行时观察电动门位置显示是否为0，按下“开门”按钮后，观察电动门是否移动，电动门位置的数值是否加1（见图17-28）。

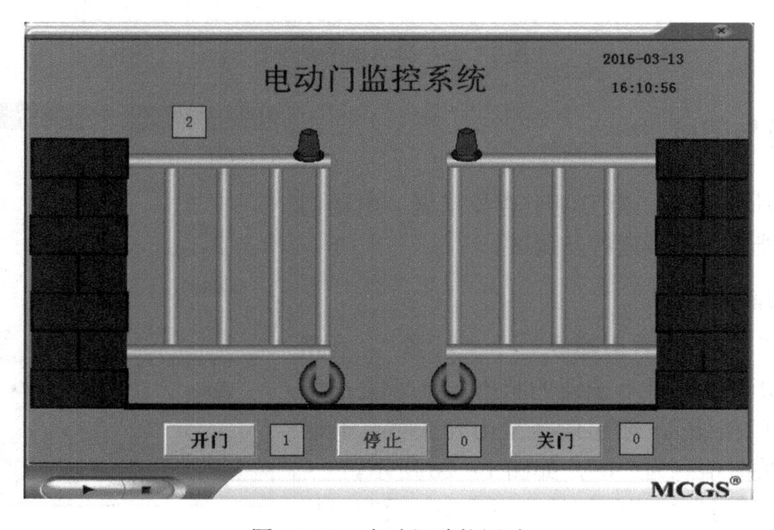

图17-28　电动门功能调试

按下“关门”按钮，观察电动门是否移动，电动门位置的数值是否减 1。

（2）在循环脚本中加入如下程序：

```
'关门到位
IF  电动门位置=0 THEN
关门按钮=0
ENDIF
'开门到位
IF  电动门位置=10 THEN
开门按钮=0
ENDIF
```

运行时观察电动门开门到位时，电动门位置是否为 10，电动门移动是否自动停止，开门按钮显示是否为 0；电动门关门到位时，观察电动门位置是否为 0，电动门移动是否自动停止，关门按钮显示是否为 0。

3．指示灯功能调试

在脚本程序中加入如下程序：

```
'指示灯改变颜色并闪烁
IF   开门按钮=1   THEN  指示灯=1
IF   关门按钮=1   THEN  指示灯=1
```

运行时观察电动门开门或关门的过程中指示灯的颜色是否变成红色，是否闪烁；当电动门停止移动时，观察指示灯的颜色是否变成绿色，是否停止闪烁。

17.4 项目考核

评分内容	分值	评分标准	扣分	得分
软件使用	20	创建工程（5 分）		
		新建窗口（5 分）		
		工程保存（5 分）		
		工程运行（5 分）		
新知识掌握	40	定义变量（10 分）		
		水平移动属性设置（10 分）		
		闪烁属性设置（10 分）		
		按钮功能设置（10 分）		
功能实现	40	按钮功能运行及调试（10 分）		
		电动门移动功能运行及调试（10 分）		
		指示灯功能运行及调试（10 分）		
		日期时间显示（10 分）		

项目 18

运料小车控制系统的组态软件设计

18.1　运料小车控制系统的项目任务

用 MCGS 组态软件构建一个运料小车控制系统，实时监控运料小车的工作情况。当按下“左行”（或“右行”）按钮时，运料小车开始左行（或右行），监控画面上的小车同步运行；当按下“停止”按钮时，运料小车停止运行，画面中的小车也随之停止运行（见图 18-1）。

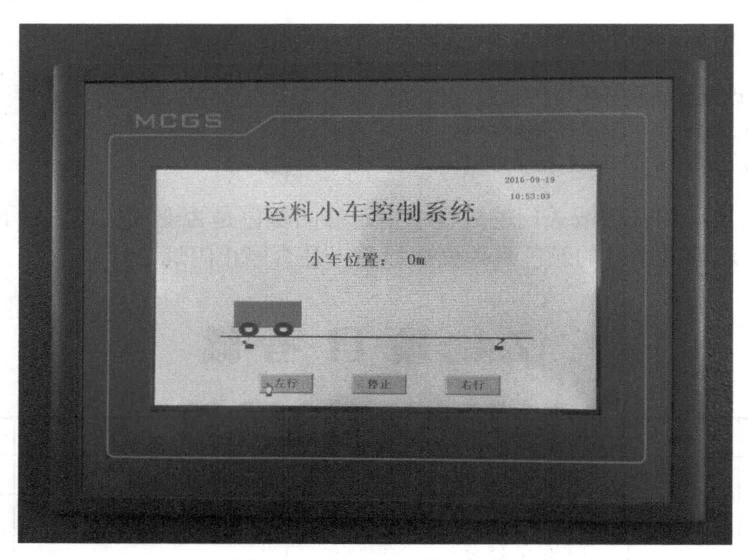

图 18-1　运料小车控制系统

18.2　知 识 储 备

18.2.1　组态设备窗口

设备窗口是 MCGS 嵌入版系统与外部设备进行联系的媒介，它可以采集外部设备的运行数据，送入实时数据库，供系统其他部分调用；也可以把实时数据库中的数据输出到外部设备，实现对外部设备的操作与控制。组态设备窗口的操作过程包括设备登记、添加设备、设置设备属性、通道连接及调试设备。

1. 设备登记

MCGS 嵌入版设备驱动程序的登记工作是非常重要的，在初次使用设备或用户自己新添加的设备之前，必须进行设备驱动程序的登记工作。

如图 18-2 所示，在设备管理窗口中，左边列出系统现在支持的所有设备，右边列出所有已经登记的设备，用户在窗口左边的列表框中选中需要使用的设备，单击“增加”按钮，设备出现在窗口右边的列表框中，即完成了 MCGS 嵌入版设备的登记工作。

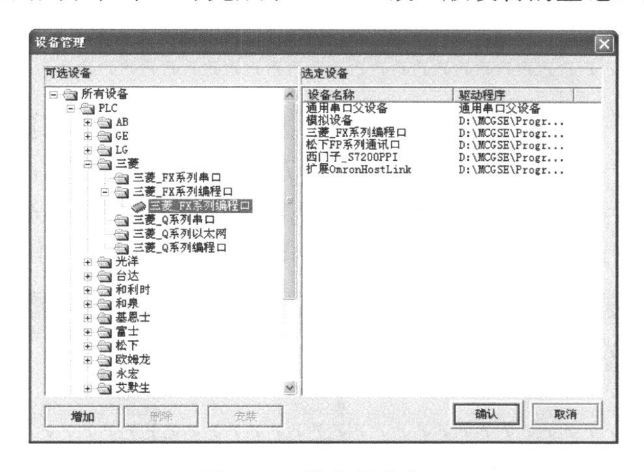

图 18-2 设备管理窗口

如果需要增加新的设备，单击“安装”按钮，系统弹出如图 18-3 所示的对话框，选择“是”，指明驱动程序所在的路径，进行安装，安装完毕，新的设备将显示在设备管理窗口的左侧窗口“用户定制设备”目录下，接下来就可以进行新设备的登记工作了。

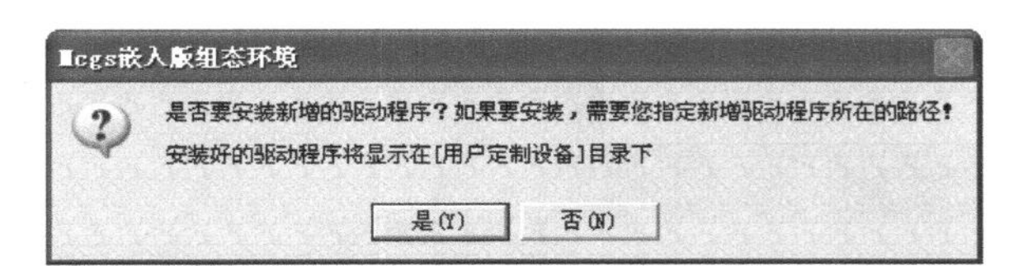

图 18-3 新设备安装对话框

2. 添加设备

在工作台的“设备窗口”页中，设备工具箱内包含已登记的设备（见图 18-4），用户双击所需要的设备，或选中设备构件，鼠标移到设备窗口内，则可将其选到设备窗口内。

如果使用串口通信，则需要先选择提供串口通信功能的父设备——通用串口父设备。通用串口父设备对应的串口有 RS232 和 RS485 两种通信方式，其中 RS232 方式只能使用 1 对 1 通信方式，即 1 个 RS232 串口接一个 RS232 设备（见图 18-5）；而 RS485 方式可以使用 1 主对多从的通信方式，但各子设备的串口通讯参数必须与父设备串口通信参数设置相同，且各子设备要以不同地址区分（见图 18-6）。

设备工具箱
设备管理
通用串口父设备
模拟设备
三菱_FX系列编程口
松下FP系列通信口
西门子_S7200PPI
扩展OmronHostLink

图 18-4 设备工具箱

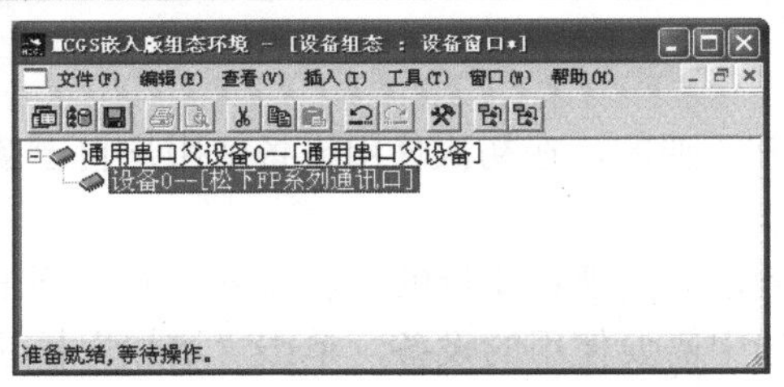

图 18-5　父设备串口通信 1 主对 1 从

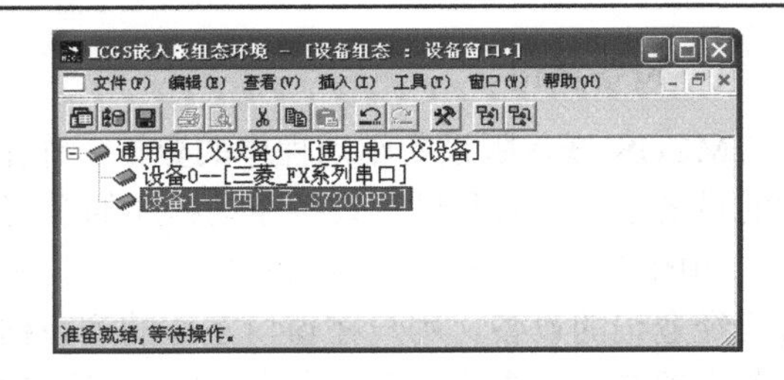

图 18-6　父设备串口通信 1 主对多从

3．设置设备属性

选中设备构件后，选择“编辑”菜单中的“属性”命令，或者用鼠标双击设备构件，弹出所选设备构件的“设备编辑窗口”，如图 18-7 所示，设置设备的内部属性、设备名称、地址、数据采集周期等项目。系统对设备构件的操作是以设备名为基准的，因此各个设备构件不能重名。与硬件相关的参数必须正确设置，否则系统不能正常工作。

图 18-7　设备编辑窗口

4．通道连接

建立设备通道和实时数据库中数据对象的对应关系的过程称为通道连接，就是确定采集进来的数据送入实时数据库的什么地方，或从实时数据库中的什么地方取用数据。图 18-7 所示的“设备编辑窗口”中列举了所连接设备的部分通道（如只读 X0000、只读 X0001 等），用户可以通过右侧功能按钮增加或删除设备通道，也可以通过设置 “内部属性” 增加或删除设备通道。双击通道名称，选择实时数据库中的变量，即可建立设备通道和数据对象的对应关系。

5．设备调试

设备调试可以帮助用户及时检查组态操作的正确性，包括设备构件选用是否合理，通道连接及属性参数设置是否正确，这是保证整个系统正常工作的重要环节。单击“设备编辑窗口”中的“设备组态检查”进行设置检查，单击“启动设备调试”按钮即可。

18.2.2　可见度属性设置

在 MCGS 嵌入版系统中，可以对图元（或图符对象）设置可见度状态属性（见图 18-8），将数据对象（或由数据对象构成的表达式）与图元（或图符对象）建立连接，实现可见与不可见两种状态的改变。在“当表达式非零时”的选项栏中，根据表达式的结果来选择图形对象的可见度方式。

当满足指定的可见度表达式时，图形对象在用户窗口中显示出来，呈现可见状态；当不满足指定的可见度表达式时，图形对象消失，处于不可见状态。如果不指定可见度表达式，即不对可见度属性进行设置时，图形对象一直处于可见状态。

如果在工程中出现同一表达式控制两个图形对象的可见度，而且两者状态相反，其中一个就要在表达式非零时，选择“对应图符不可见”，即当指定的可见度表达式被满足时，图形对象呈现不可见状态；当不满足指定的可见度表达式时，图形对象处于可见状态。

18.2.3　闪烁效果设置

在 MCGS 嵌入版中，将数据对象与图形对象建立连接，实现图形对象闪烁的动画效果。如图 18-9 所示，实现闪烁的动画效果有两种方法：一种是不断改变图形对象的可见度来实现闪烁效果；另一种是不断改变图形对象的填充颜色、边线颜色或字符颜色来实现闪烁效果。同时，用户可以根据需要选择快速、中速和慢速三挡闪烁速度。

在系统运行状态下，当数据对象（或者由数据对象构成的表达式）的值为 1 时，图形对象就以设定的速度开始闪烁；而当数据对象（或者由数据对象构成的表达式）的值为 0 时，图形对象就停止闪烁。值得注意的是，“字符颜色”的闪烁效果只对“标签”对象有效。

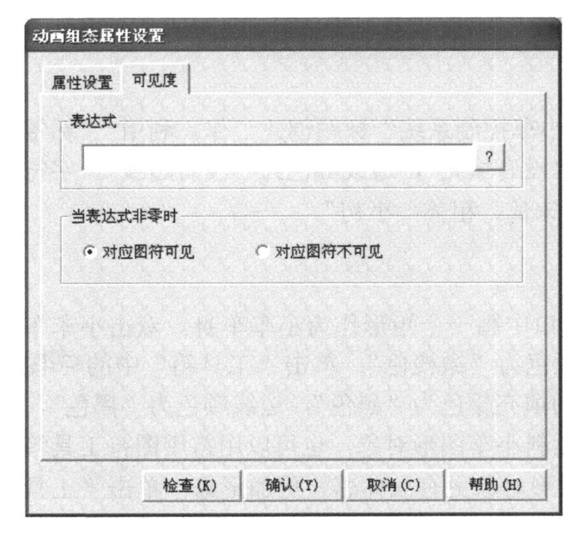

图 18-8　可见度状态属性

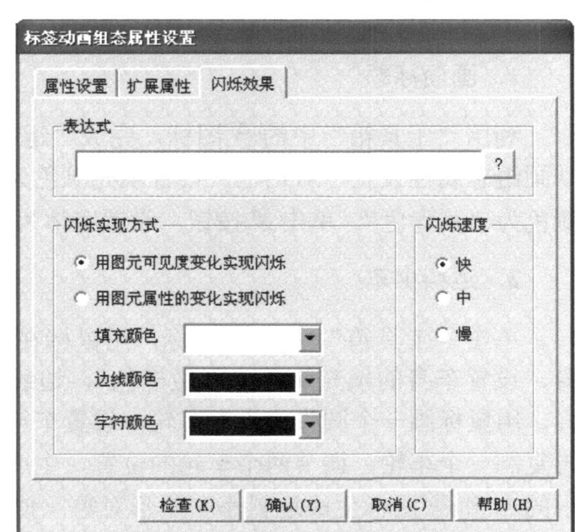

图 18-9　闪烁效果属性设置

18.3 项目实施

18.3.1 创建工程

进入 MCGS 嵌入版组态环境后，单击工具栏上的“新建”按钮，或执行“文件”菜单中的“新建工程”命令，弹出“新建工程设置”对话框，如图 18-10 所示。根据实际触摸屏的型号，选择“TPC1061Ti”，背景颜色、网格数值选择默认值。

选择“文件”菜单中的“工程另存为”菜单项，弹出文件保存窗口，选择存储路径，在“文件名”一栏内输入“运料小车控制系统”，单击“保存”按钮，工程创建完毕。

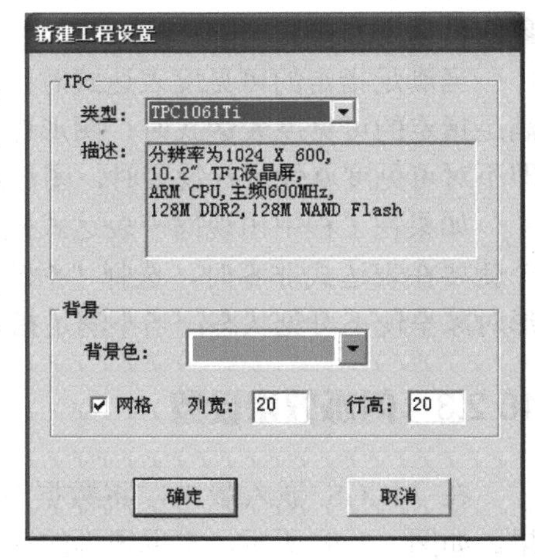

图 18-10 “新建工程设置”对话框

18.3.2 新建窗口

在“用户窗口”中单击“新建窗口”按钮，出现“窗口 0”图标，选中“窗口 0”，单击右侧的“窗口属性”按钮，进入“用户窗口属性设置”对话框，将窗口名称改为运料小车，窗口背景选择“白色”，其他不变，单击“确认”按钮。

18.3.3 制作画面

1. 画面标题

利用“工具箱”中的A图标，完成“运料小车控制系统”标题创建工作。利用 “标签动画组态属性设置”对话框，设置填充颜色为“没有填充”，边线颜色为“没有边线”，字符颜色为“藏青色”，单击按钮，设置字体为“宋体、粗体、小初”。

2. 运料小车

单击“工具箱”中的图标，用鼠标在窗口中画一个矩形作为小车车身。双击小车车身，设置车身的填充颜色为“橄榄色”，边线颜色为“橄榄色”；单击“工具箱”中的图标，用鼠标画一个圆作为小车车轮，设置车轮的填充颜色为“黑色”，边线颜色为“黑色”，再复制一个车轮，调节两个车轮的位置，生成运料小车图形对象，也可以用常用图符工具箱中的和图标生成运料小车图形对象，使图形对象更有立体感，更加形象；单击“工具箱”中的图标，用鼠标画一条直线作为小车运行轨道，设置边线颜色为“黑色”，并调节边线线型，使画面更加逼真，如图 18-11 所示。

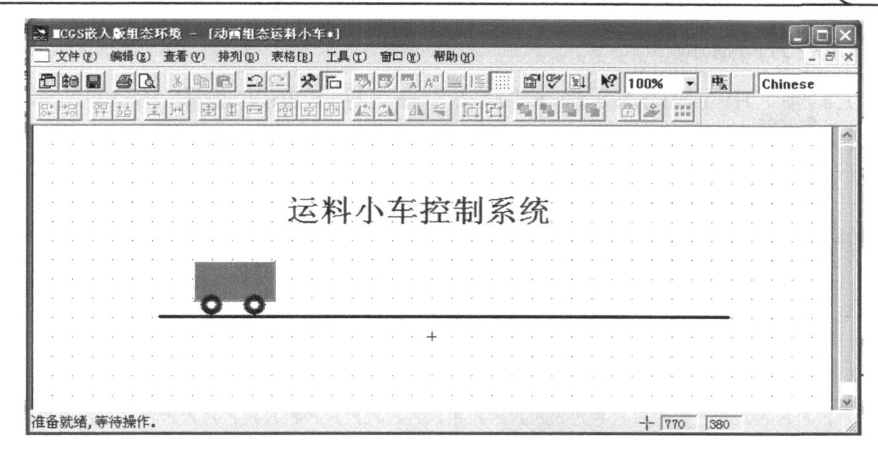

图 18-11　运料小车图形对象

3．行程开关

单击“工具箱”中的、和按钮，在画面上画出小车运行的 A 地行程开关。用户可以利用图形中活动臂的角度位置表示行程开关的状态，当行程开关为 1 状态时，活动臂被压下[见图 18-12（a）]；当行程开关为 0 状态时，活动臂抬起[见图 18-12（b）]。将角度不同的两个活动臂和矩形放置在一起，组成一个行程开关[见图 18-12（c）]，复制后用菜单命令中的“排列”→ “旋转”→“左右镜象”，设置另一端的行程开关。

（a）行程开关1状态　（b）行程开关0状态　（c）组合后的行程开关

图 18-12　行程开关的状态

4．按钮

利用“工具箱”中的图标画出三个矩形按钮，文本显示分别为“左行”、“停止”和“右行”，文本颜色为“黑色”，字体加粗显示，其他设置为默认值。按住鼠标左键，拖动鼠标同时选中三个按钮，选择编辑条中的（等高宽）、（顶边界对齐）和（横向等间距）对三个按钮进行排列对齐。

5．小车位置显示

为更好地实现人机交互功能，方便用户对系统操作，设置了小车位置显示。单击“工具箱”中的图标，拉出两个矩形框，分别输入“小车位置:”及“###”，设置填充颜色为“没有填充”，边线颜色为“没有边线”，字符颜色为“黑色”，字体为“宋体、粗体、小一”。

6. 小车运行方向指示

利用“工具箱”中的插入元件→“标志”→“标志 30”，如图 18-13 所示，在画面中添加右箭头，调整大小后，利用复制、粘贴再制作一个右箭头，利用菜单命令中的“排列”→“旋转”→“左右镜象”，将右箭头变成左箭头（见图 18-14）。

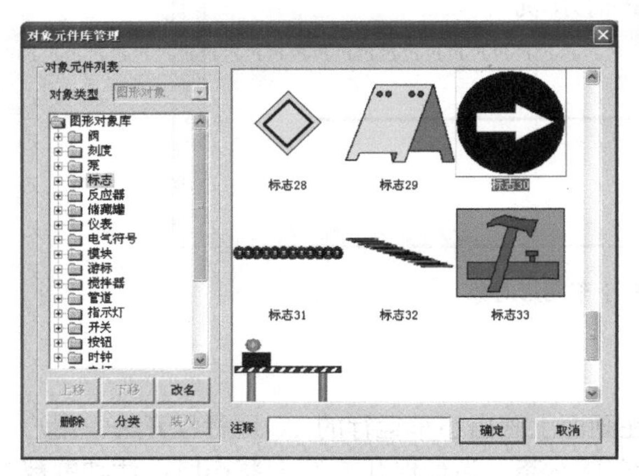

图 18-13 右箭头标志

图 18-14 左、右箭头

18.3.4 定义变量

在运料小车控制系统中需要 8 个数据对象，包括小车左行、小车右行、左行按钮、右行按钮、停止按钮、A 地行程开关、B 地行程开关和小车位置，数据对象的属性设置如表 18-1 所示。

表 18-1 运料小车控制系统的数据对象

对象名称	对象类型	对象初值	最小值	最大值
左行按钮	开关型	0		
右行按钮	开关型	0		
停止按钮	开关型	0		
A 地行程开关	开关型	0		
B 地行程开关	开关型	0		
小车左行	开关型	0		
小车右行	开关型	0		
小车位置	数值型	0	0	100

18.3.5 动画连接

1. 运料小车

在运料小车控制系统中，小车的状态变化是从左向右运行或从右向左运行，即水平直线运动。

双击小车车身，弹出“动画组态属性设置”对话框，勾选“水平移动”位置动画连接，在“水平移动”属性页（见图 18-15）中，选择“小车位置”作为“表达式”，根据小车从最左端移动到最右端的距离确定最大移动偏移量为 400（小车车身在最右端的 X 轴坐标与最左端的 X 轴坐标之差），对应表达式的值为变量的最小值及最大值。也就是说，当表达式“小车位置”的值为 0 时，小车车身的位置向右移动 0 点（即不动）；当表达式“小车位置”的值为 100 时，小车车身的位置向右移动 400 点，当表达式“小车位置”为其他值时，利用线性插值公式即可计算出相应的移动位置。

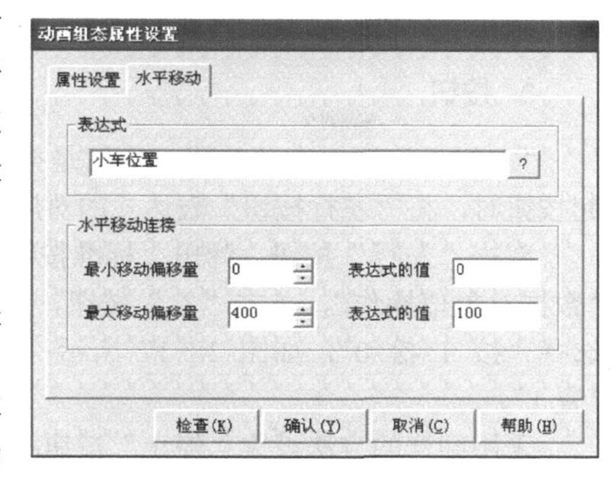

图 18-15　运料小车的动画组态属性设置

采用相同的方法分别进行两个小车车轮的动画组态属性设置。也可以将小车车身、两个车轮选中，单击鼠标右键，选择“排列”→“构成图符”，或者选择工具栏中的图标，生成一个新的图形对象，设置一次动画组态属性。

2．行程开关

在运料小车控制系统中，行程开关的状态由小车位置决定，当小车处于 A 地，即小车位置为 0 时，A 地行程开关闭合，B 地行程开关断开；反之，当小车处于 B 地，即小车位置为 100 时， B 地行程开关闭合，A 地行程开关断开。

双击 A 地行程开关的图形，选择“可见度”动画连接[见图 18-16（a）]，设置表达式为“A 地行程开关”，当表达式非零时，选择“对应图符不可见”； 双击 A 地行程开关的图形，选择“可见度”动画连接图[见图 18-16（b）]，设置表达式为“A 地行程开关”， 当表达式非零时，选择“对应图符可见”。这样设置后，当表达式“A 地行程开关”为 1 时，A 地行程开关显示图 18-12（a）中的状态；当表达式“A 地行程开关”为 0 时，显示图 18-12（b）中的状态。

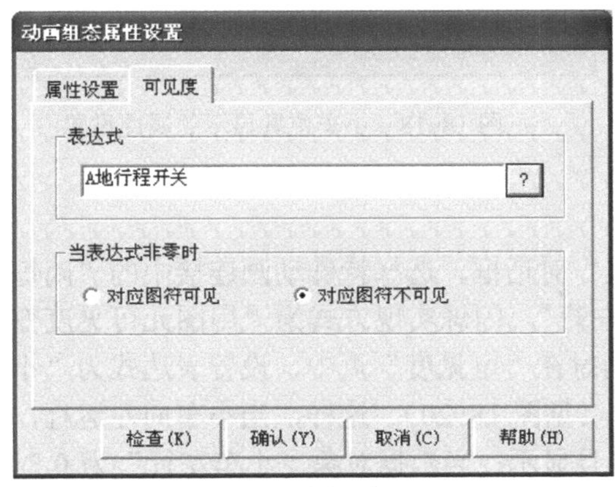

（a）活动臂抬起

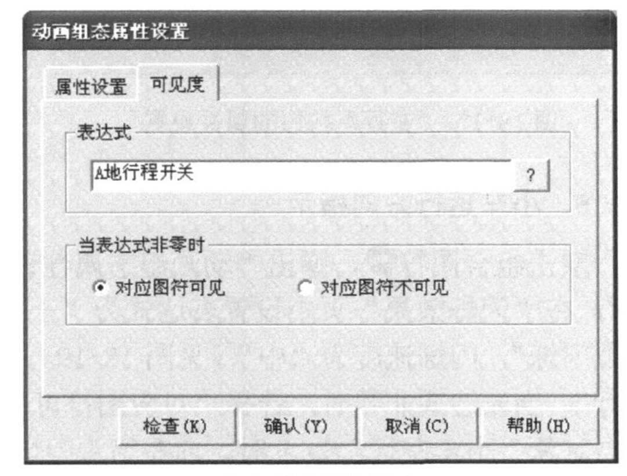

（b）活动臂被压下

图 18-16　行程开关的动画组态属性设置

采用同样的方法设置 B 地行程开关的动画连接。

3. 按钮

“左行”按钮为点动按钮，作用是按下按钮时将“左行按钮”表达式的对应值置 1；抬起按钮时，将“左行按钮”表达式的对应值清 0。

双击“左行”按钮，弹出“标准按钮构件属性设置”对话框，在“操作属性”页中选择“数据对象值操作”，单击“？”按钮，选择“左行按钮”，单击“▼”按钮，在下拉列表中选择“按 1 松 0”，如图 18-17 所示；也可以在抬起功能时选择“清 0”，按下功能时选择“置 1”。

采用同样的方法设置“停止”按钮和“右行”按钮。

4. 小车位置显示

双击“###”矩形框，勾选“显示输出”，在“显示输出”属性页中，设置表达式为“小车位置”，输出单位为“m（米）”，选择输出值类型为“数值量输出”，设置数值输出的格式为“十进制、自然小数位”，如图 18-18 所示。如果有小数，可以根据实际需要选择显示小数的位数。

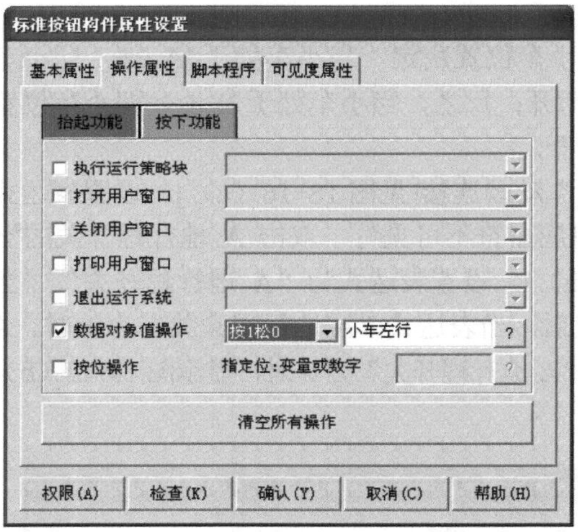

图 18-17 “左行”按钮的属性设置

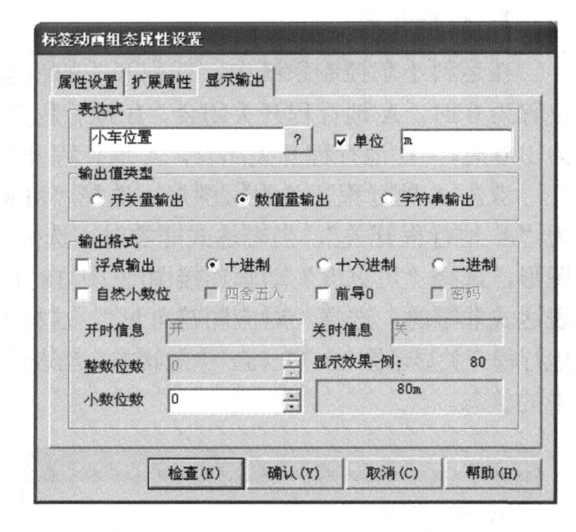

图 18-18 小车位置显示的属性设置

5. 小车运行方向指示

双击组合图符，弹出“动画组态属性设置”对话框，选择特殊动画连接中的“闪烁效果”，在“闪烁效果”页中设置表达式为“小车左行”，闪烁实现方式为“用图元可见度变化实现闪烁”，闪烁速度为“中”（见图 18-19），同时在“可见度”页中，设置表达式为“小车左行”，当表达式非零时，选择“对应图符可见”（见图 18-20）。这样，当小车向左运行，即数据对象“小车左行”为 1 时，向左箭头闪烁并且显示；当数据对象“小车左行”为 0 时，箭头不显示。

同理，设置组合图符的闪烁属性和可见度属性，当小车向右运行，即数据对象“小车右行”为 1 时，向右箭头闪烁并且显示。

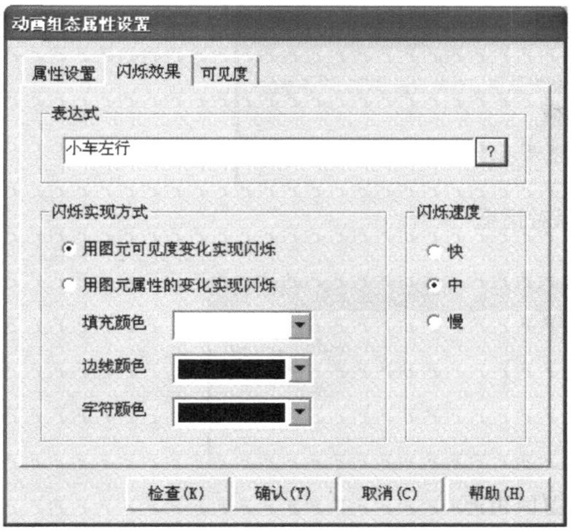

图 18-19 “动画组态属性设置”的“闪烁效果”页

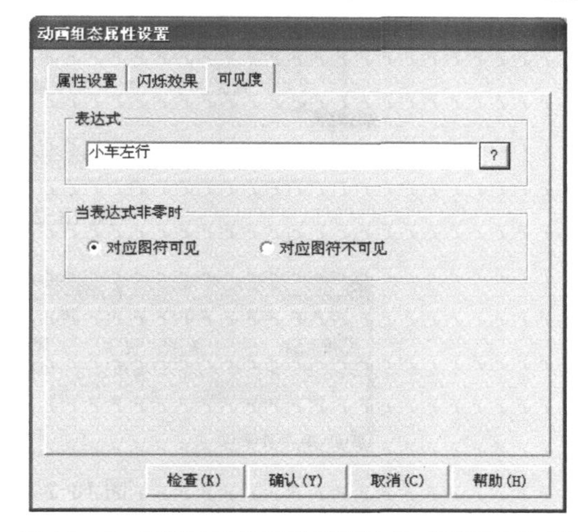

图 18-20 “动画组态属性设置”的“可见度”页

6．脚本程序

在画面空白处单击鼠标右键，出现下拉菜单，选择“属性”，弹出“用户窗口属性设置”对话框，选择循环脚本属性，在窗口中输入如下控制程序：

```
’小车移动
IF 小车左行 =1 AND 小车位置 >0 THEN
小车位置 = 小车位置 -1
ENDIF
IF 小车右行 =1 AND 小车位置 <100 THEN
小车位置 = 小车位置 + 1
ENDIF
```

18.3.6 设备连接

1．添加设备

在用户操作界面（见图 18-21）下，双击“设备窗口”图标，或选中“设备窗口”，单击“设备组态”按钮，进入设备组态窗口（见图 18-22）。在设备工具箱中用鼠标双击“通用串口父设备” 添加到设备组态窗口，再双击 “三菱__FX 系列编程口”，此时会弹出提示对话框，如图 18-23 所示，选择“是”后，设备窗口组态操作结束（见图 18-24）。

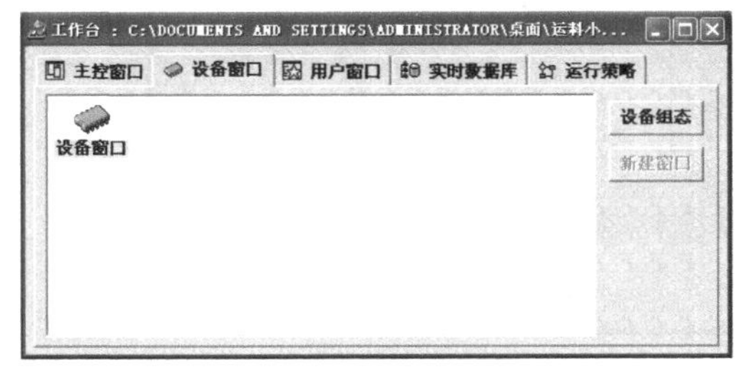

图 18-21 用户操作界面

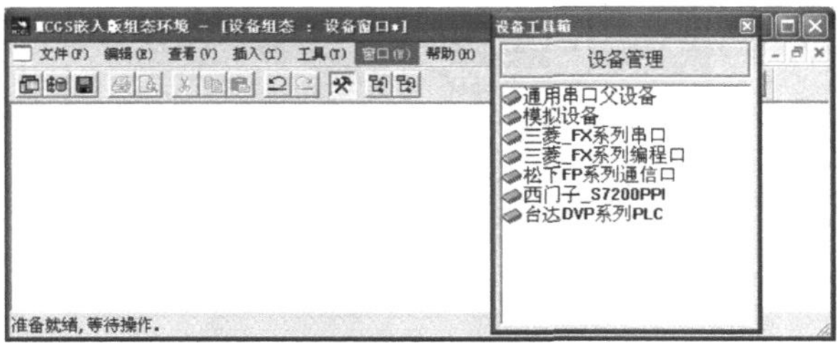

图 18-22 设备组态窗口

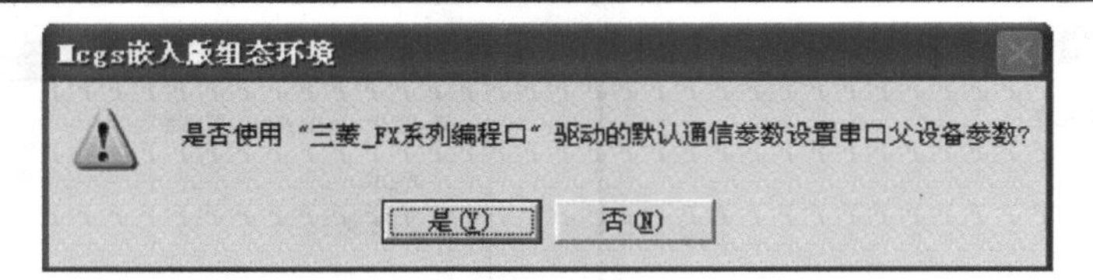

图 18-23　提示对话框

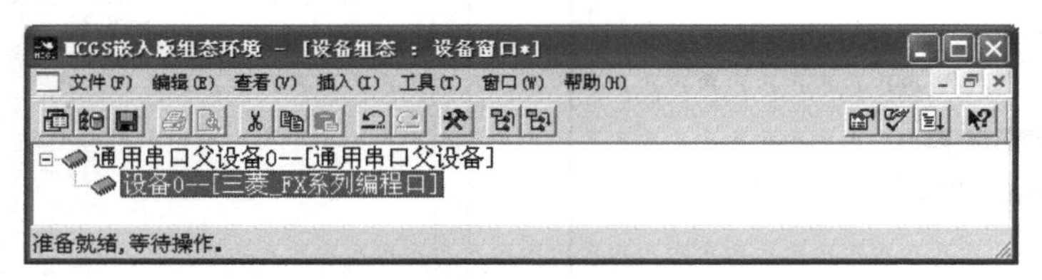

图 18-24　设备窗口组态

当添加的子设备是父设备下的第一个子设备时，父设备的参数会自动初始化为通信默认参数值，波特率为 9600，数据位为 7，停止位为 1，偶校验，如图 18-25 所示。

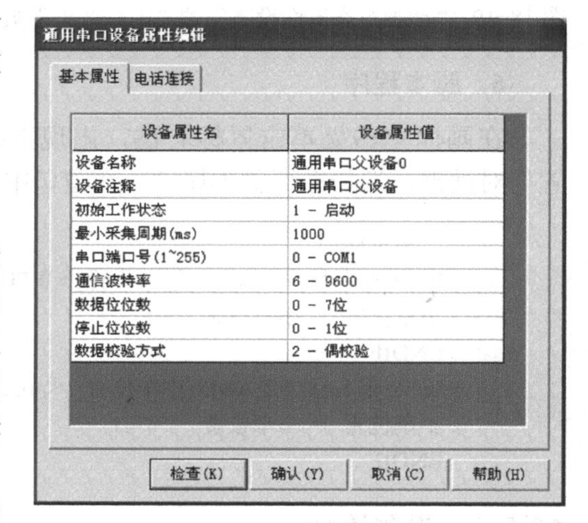

图 18-25 “通用串口设备属性编辑”对话框

2．内部属性设置

在设备编辑窗口（见图 18-7）中，用鼠标单击“内部属性”或单击“设置设备内部属性”，右侧出现…按钮，单击该按钮，弹出“三菱__FX 编程通道属性设置”对话框，如图 18-26（a）所示。根据实际工程需要，删除只读通道 X000.2～X000.7，单击“增加通道”按钮，选择 M 辅助寄存器，确定输入寄存器的地址即增加通道的起始地址为 0，输入增加的通道个数为 3，选择读写操作方式，如图 18-27 所示，即增加了 3 个辅助寄存器 M000.0～M000.2。同理增加 2 个输出寄存器 Y000.0 和 Y000.1，单击“确认”按钮后，工程添加了 5 个设备通道[见图 18-26（b）]；也可以在设备编辑窗口中通过“增加设备通道”按钮设置。

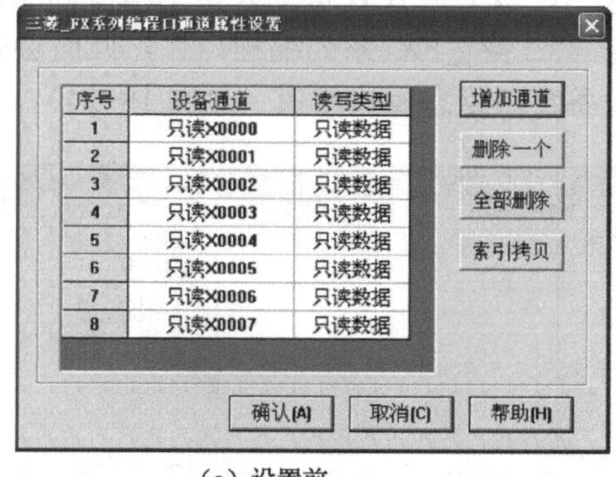

（a）设置前

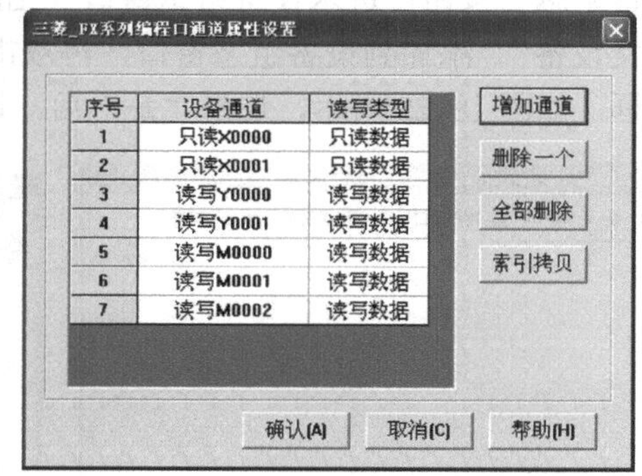

（b）设置后

图 18-26　三菱__FX 编程通道属性设置

在设备编辑窗口中，用鼠标单击“CPU 类型”或单击“0-FX0NCPU”，右侧出现按钮，单击该按钮出现下拉菜单（见图 18-28），根据使用的三菱 PLC 型号选择“4-FX3UCPU”。

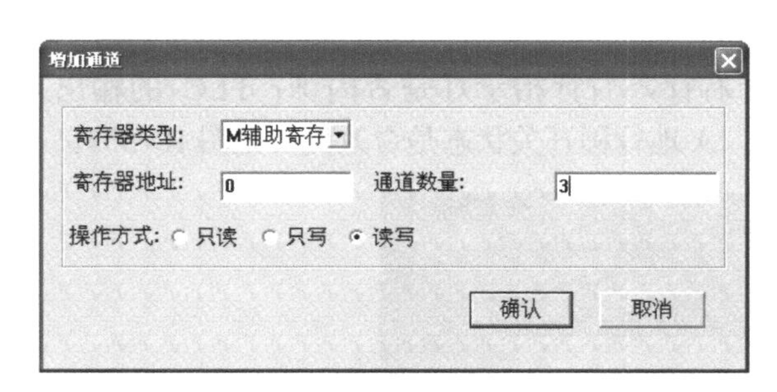

图 18-27 “增加通道”对话框

设备属性名	设备属性值
[内部属性]	设置设备内部属性
采集优化	1-优化
设备名称	设备0
设备注释	三菱_FX系列编程口
初始工作状态	1 - 启动
最小采集周期(ms)	100
设备地址	0
通信等待时间	200
快速采集次数	0
CPU类型	0 - FX0NCPU
	0 - FX0NCPU 1 - FX1NCPU 2 - FX2NCPU

图 18-28 “CPU 类型”选择

3. 建立设备通道和实时数据库之间的连接

所谓通道连接，就是由用户指定设备通道与数据对象之间的对应关系，这是设备组态的一项重要工作。如果不进行通道连接组态，则 MCGS 嵌入版无法对设备进行操作。

双击设备通道 Y0000，弹出变量选择窗口，在对象名中选择“小车左行”，确定后即建立了设备通道和实时数据库之间的连接。如图 18-29 所示，运料小车控制系统建立了 7 个设备通道与实时数据库之间的连接。

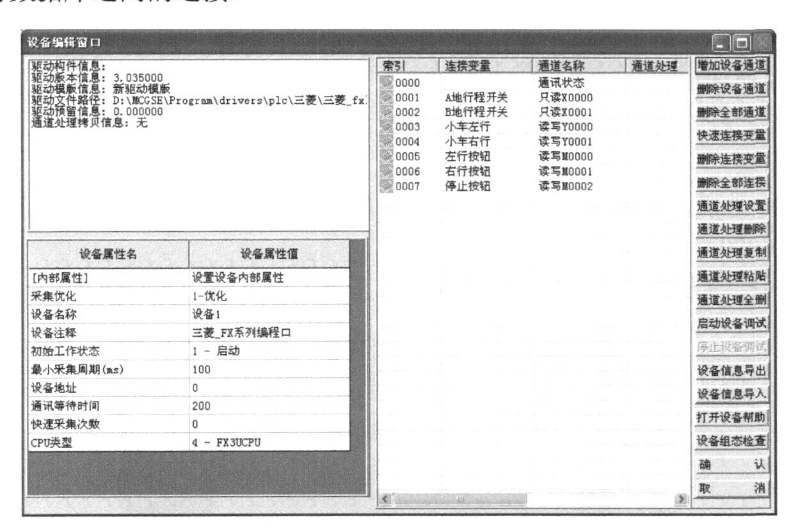

图 18-29 运料小车控制系统的设备编辑窗口

18.3.7 运行与调试

1. PLC 程序下载

采用 GX Works2 编写 PLC 程序，调试好后将程序下载到三菱 PLC 中。

2. 工程下载

单击工具栏中的图标，选择“连机运行”→“工程下载”，等待工程下载到下位机（触摸屏）后，单击“启动运行”，进入工程运行状态。

（1）观察小车的起始位置是否正确，小车位置的输出值是否为“0”，A 地（B 地）行程开关状态是否正确，如图 18-1 所示。

（2）单击“右行”按钮，观察小车是否右行，右行指示灯是否闪烁；PLC 的输出点 Y000.1 是否点亮，小车位置的输出值是否变化，A 地行程开关状态是否改变（见图 18-30）。

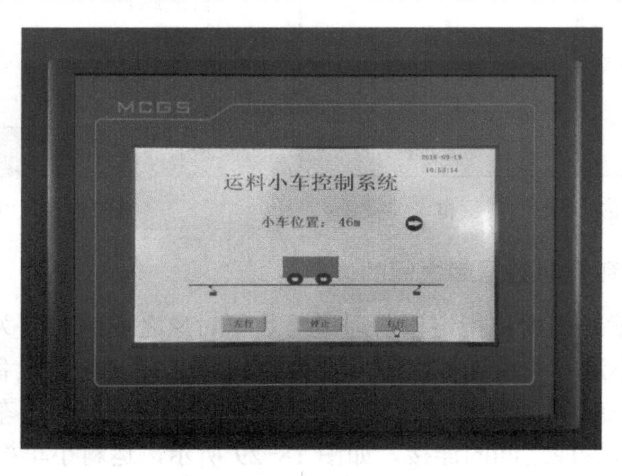

图 18-30　小车右行运行画面

（3）小车运行中，单击“停止”按钮，观察小车是否停车，PLC 的输出点 Y000.1 是否熄灭，右行指示灯是否闪烁。

（4）单击“右行”按钮，观察小车是否继续右行，PLC 的输出点 Y000.1 是否点亮，右行指示灯是否闪烁。

（5）到达 B 地后，观察 B 地行程开关状态是否有变化（见图 18-31），小车是否停车，PLC 的输出点 Y000.1 是否熄灭。

（6）采用同样的方法测试小车左行过程是否正确。

图 18-31　小车到达 B 地停车画面

18.4 项目考核

评分内容	分值	评分标准	扣分	得分
软件使用	20	新建工程（5 分）		
		新建窗口（5 分）		
		工程保存（5 分）		
		工程运行（5 分）		
新知识掌握	40	行程开关属性设置（10 分）		
		设备连接（10 分）		
		建立设备通道和实时数据库之间的连接（10 分）		
		脚本程序（10 分）		
功能实现	40	小车位置显示（10 分）		
		小车运行方向指示（10 分）		
		小车左行功能（10 分）		
		小车右行功能（10 分）		

项目 19

液体混合系统

19.1 液体混合系统的项目任务

在医药、食品、化工等流程制造领域，多种液体混合是典型的工艺流程。在一些混合液体物料生产加工过程中，需要对物料的液位进行检测和控制。用 MCGS 组态软件与三菱 PLC 构建一个液体混合系统，实时监控混合液体装置的工作情况。

系统开始工作后，液体 A 阀门打开，液体 A 流入容器；当液位到达 SL2 时，关闭液体 A 阀门，打开液体 B 阀门；当液位到达 SL1 时，关闭液体 B 阀门，搅匀电机开始搅动；搅匀电机工作 6s 后停止搅动，混合液体阀门打开，开始放出混合液体；当液位下降到 SL3 时，混合液阀门关闭，开始下一周期。在当前的混合液操作处理完毕后，按下“停止”按钮 SB1，停止操作。图 19-1 为液体混合系统的示意图。

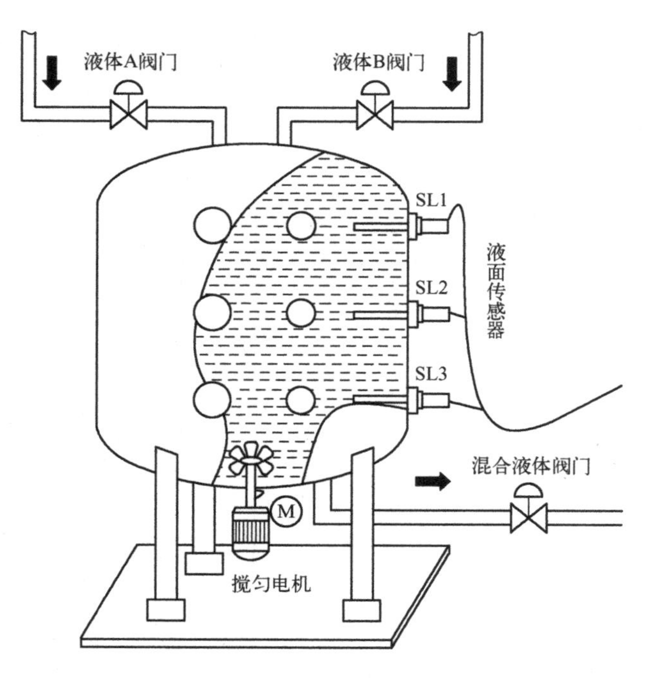

图 19-1　液体混合系统的示意图

19.2　知识储备

19.2.1　运行策略

MCGS 嵌入版系统为用户提供了七种运行策略，包括启动策略、退出策略、循环策略、用户策略、报警策略、事件策略及热键策略。每个策略都有自己的专用名称，每种策略都由一系列功能模块组成，通过策略的名称来对策略进行调用和处理。

启动策略、退出策略和循环策略为系统固有的三个策略块（见图 19-2），启动策略只在 MCGS 嵌入版系统开始运行时自动被调用一次；退出策略只在退出 MCGS 嵌入版系统时自动被调用一次；循环策略在 MCGS 嵌入版系统运行时按照设定的时间循环运行，在一个应用系统中，用户可以定义多个循环策略。

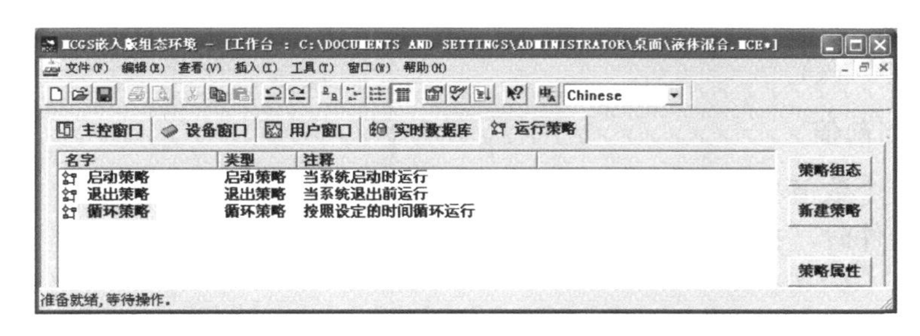

图 19-2　MCGS 嵌入版系统的运行策略

用户策略、报警策略、事件策略及热键策略由用户根据需要自行定义。其中报警策略由用户在组态时创建，当指定数据对象的某种报警状态产生时，报警策略被系统自动调用一次；事件策略由用户在组态时创建，当对应表达式的某种事件状态产生时，事件策略被系统自动调用一次；热键策略由用户在组态时创建，当用户按下对应的热键时执行一次；用户策略由用户在组态时创建，在 MCGS 嵌入版系统运行时供系统其他部分调用。

运行策略的结构形式如图 19-3 所示，每一个策略行都由策略条件部分和策略功能部分构成，其中策略条件部分控制在什么时候、什么条件下、什么状态下执行操作，完成对系统运行流程的精确控制；策略功能部分为策略构件，即系统进行的具体操作，如对实时数据库

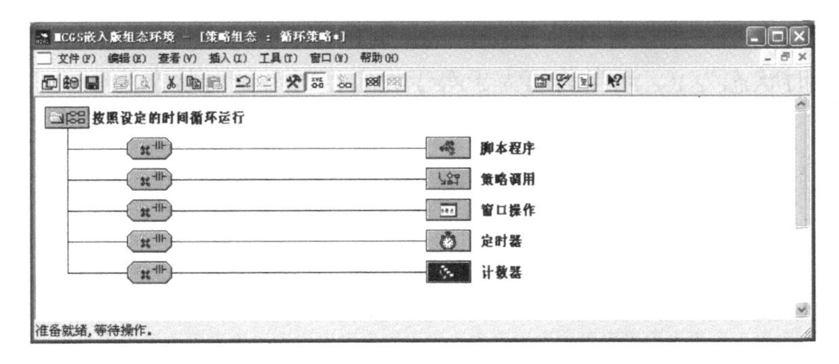

图 19-3　运行策略的结构形式

进行操作，对报警事件进行实时处理，打开或关闭指定的用户窗口等。MCGS 嵌入版提供了“策略工具箱”，一般情况下，用户只需从工具箱中选用标准构件，配置到“策略组态”窗口内，即可创建用户所需的策略行。

19.2.2 定时器构件

定时器功能构件通常用于循环策略块的策略行中，作为循环执行功能构件的定时启动条件。定时器功能构件一般应用于需要进行时间控制的功能部件，如定时存盘、定期打印报表、定时给操作员显示提示信息等。在循环策略中，双击定时器，弹出“定时器”对话框，如图 19-4 所示。

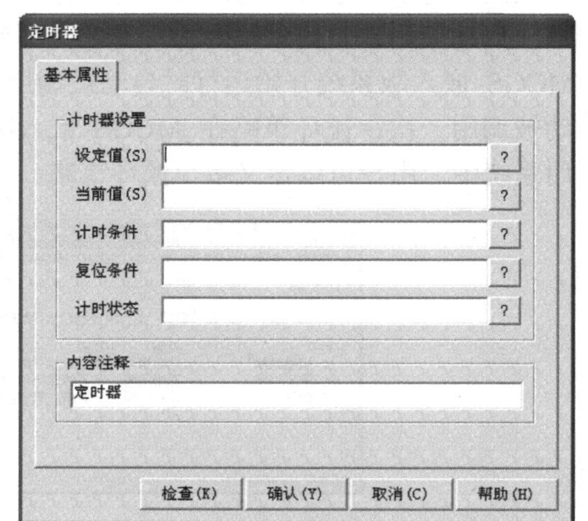

图 19-4 “定时器”对话框

1. 定时器设定值

定时器设定值对应于一个表达式，用表达式的值作为定时器的设定值。当定时器的当前值大于等于设定值时，本构件的条件一直满足。定时器的时间单位为秒（s）。

2. 定时器当前值

当前值和一个数值型的数据对象建立连接，每次运行到本构件时，把定时器的当前值赋给对应的数据对象。

3. 计时条件

计时条件对应一个表达式，当表达式的值为非零时，定时器进行计时；当表达式的值为为零时停止计时。

4. 复位条件

复位条件对应一个表达式，当表达式的值为非零时，对定时器进行复位，使其从 0 开始重新计时；当表达式的值为零时，定时器一直累计计时，到达最大值 65 535 后，定时器的当前值一直保持该数，直到复位条件非零。如果复位条件没有建立连接则认为定时器计时到设定值、构件条件满足一次后，自动复位重新开始计时。

5. 计时状态

计时状态和开关型数据对象建立连接，把计时器的计时状态赋给数据对象。当当前值小于设定值时，计时状态为 0，当当前值大于等于设定值时，计时状态为 1。

19.3 项 目 实 施

19.3.1 创建工程

用 MCGS 嵌入版组态软件新建一个工程，选择正确的触摸屏型号，并以“液体混合系统”文件名保存该工程，如图 19-5 所示。

19.3.2　新建画面

在 MCGS 组态环境的“工作台”窗口内，建立一个用户窗口，窗口名称为 “液体混合”，选择“详细资料”方式显示，窗口背景选择“银色”，其他设置选择默认值（见图 19-6）。

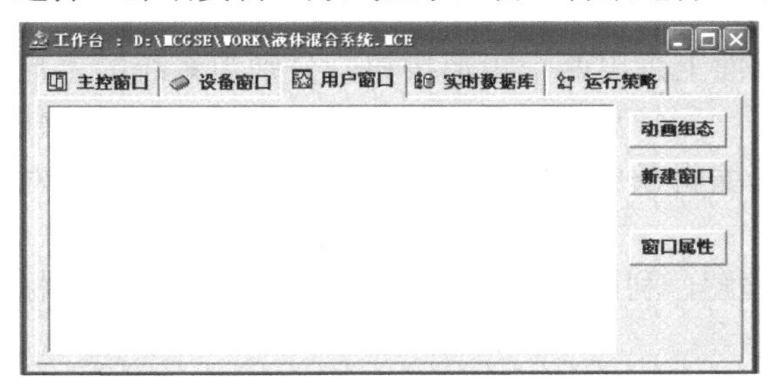

图 19-5 “液体混合系统”工程

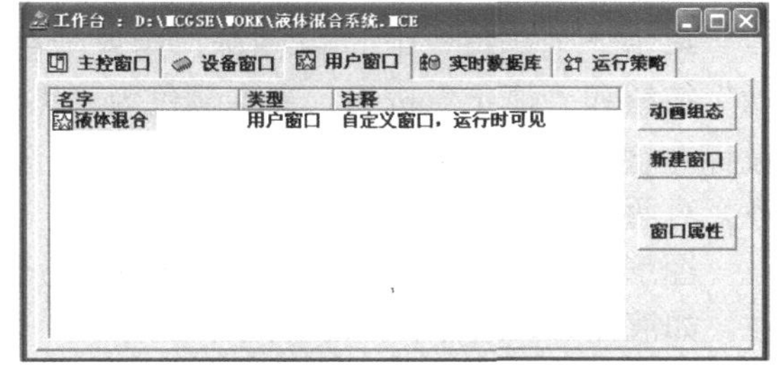

图 19-6 “液体混合”窗口

19.3.3　制作画面

1．系统标题

单击“工具箱”中的 A 图标，设置系统标题为“液体混合系统”，在“标签动画组态属性设置”对话框中，设置填充颜色为“灰色”，边线颜色为“没有边线”，字符颜色为“蓝色”，字体设置为“宋体，粗体，小初”。

2．液体混合装置

液体混合系统包括液体 A、液体 B 和混合液体的控制阀门及盛装容器、反应罐、搅拌电机、“启动”按钮、“停止”按钮，组态画面如图 19-7 所示。

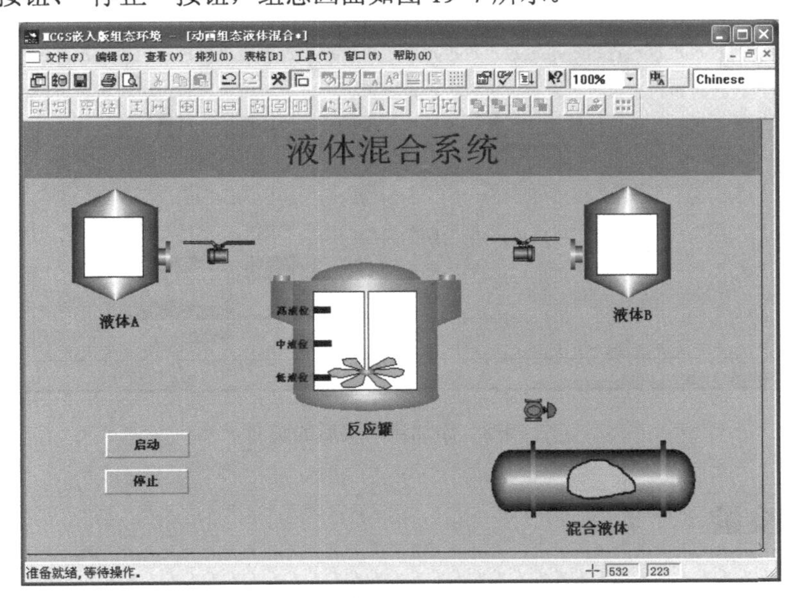

图 19-7　组态画面

单击“工具箱”中的图标，选择图形对象库中的储藏罐 41，单击“确认”按钮后，罐 41 出现在用户窗口的左上角，根据需要改变罐的大小及位置。采用同样的方法选择储藏罐 33、储藏罐 13、阀 30、阀 43 和搅拌器 3，根据需要改变图形对象的大小及位置。

单击图标，用鼠标在窗口中画两个矩形作为 A 液体、B 液体的盛装容器，选择不同的颜色及大小区分；再用鼠标在反应罐上画一个矩形，选择浅蓝色作为填充颜色，用于观察液体液位变化。

单击“工具箱”中的图标，用鼠标在画面上画出两个矩形按钮，分别为系统的“启动”按钮和“停止”按钮，文本颜色为“黑色”，字体加粗显示，其他设置为默认值。按住鼠标左键，拖动鼠标同时选中两个按钮，选择编辑条中的（等高宽）和（左边界对齐）对两个按钮进行排列对齐。

图形构件放置后，为了使工程画面更易于理解，利用工具箱中的A在窗口中加入文字标注，如液体 A、液体 B、混合液体等。

3．管道

流动块构件是模拟管道内液体流动状态的动画图形。单击“工具箱”中的图标，鼠标的光标变为“十”字形，移动鼠标至窗口的预定位置，单击一下鼠标左键，移动鼠标，在鼠标光标后形成一道虚线，拖动一定距离后，再单击鼠标左键，生成一段流动块；再拖动鼠标（可沿原来方向，也可垂直原来方向），生成下一段流动块，双击鼠标左键即可结束绘制流动块，添加流动块后的画面如图 19-8 所示。

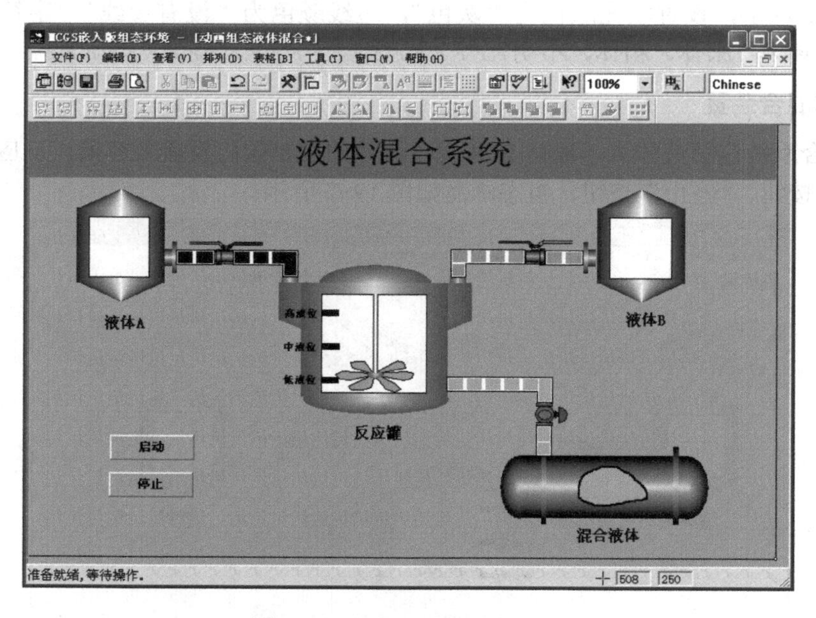

图 19-8　添加流动块后的画面

19.3.4　定义变量

在液体混合系统中需要新建 14 个数据对象，数据对象的属性设置如表 19-1 所示。

表 19-1　液体混合系统的数据对象

对象名称	对象类型	对象初值	最小值	最大值
A 罐液位	数值型	100	0	50
B 罐液位	数值型	100	0	50
反应罐液位	开关型	0	0	100
混合罐液位	开关型	0	0	100
低液位	开关型	0		
中液位	开关型	0		
高液位	开关型	0		
旋转	开关型	0		
搅拌电机	开关型	0		
“启动”按钮	开关型	0		
“停止”按钮	开关型	0		
液体 A 阀门	开关型	0		
液体 B 阀门	开关型	0		
混合液体阀门	开关型	0		

19.3.5　动画连接

1．按钮

双击“启动”按钮，弹出“标准按钮构件属性设置”对话框，在“操作属性”属性页中，默认“抬起功能”状态，勾选“数据对象值操作”，选择“清 0”，单击 ? 按钮，弹出“变量选择”对话框，选择“启动按钮”；单击“按下功能”，选择“置 1”，数据对象也是“启动按钮”置 1（见图 19-9）。

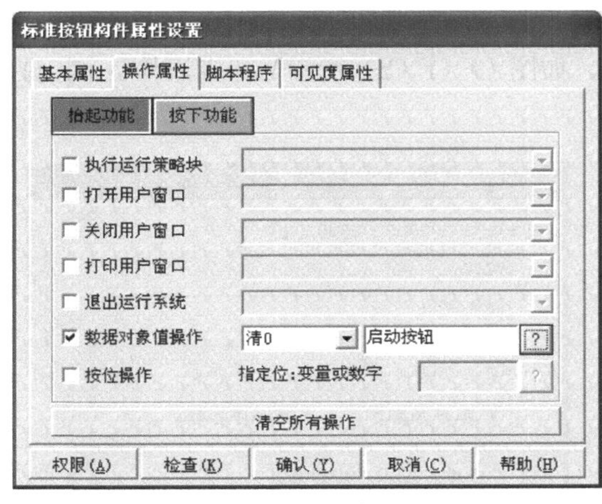

（a）“启动”按钮抬起功能设置

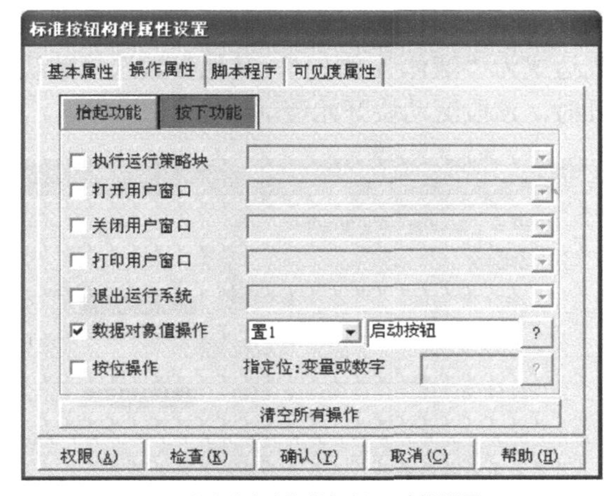

（b）“启动”按钮按下功能设置

图 19-9　“启动”按钮功能设置

采用同样的方法对“停止”按钮进行设置。

2．阀门

双击液体 A 阀门，弹出“单元属性设置”对话框，如图 19-10（a）所示，在“数据对象”属性页中单击“可见度”，出现?按钮，单击该按钮，变量选择为“液体 A 阀门”，确定后，变量连接成功。当液体 A 阀门为 1 时，液体 A 阀门打开（显示绿色手柄）；当液体 A 阀门为 0 时，液体 A 阀门闭合（显示红色手柄）。用户也可以通过“动画连接”属性页设置阀门的其他参数（如填充颜色、边线颜色、类型等）。

用户也可以设置“按钮输入”动画连接，单击“按钮输入”，出现?按钮，单击该按钮，变量选择为“液体 A 阀门”[见图 19-10（b）]，确定后，变量连接成功。系统运行时，用户可以通过单击阀门改变阀门的打开或关闭状态。

采用同样的方法分别对液体 B 阀门和混合液体阀门进行设置，变量选择“液体 B 阀门”和“混合液体阀门”。

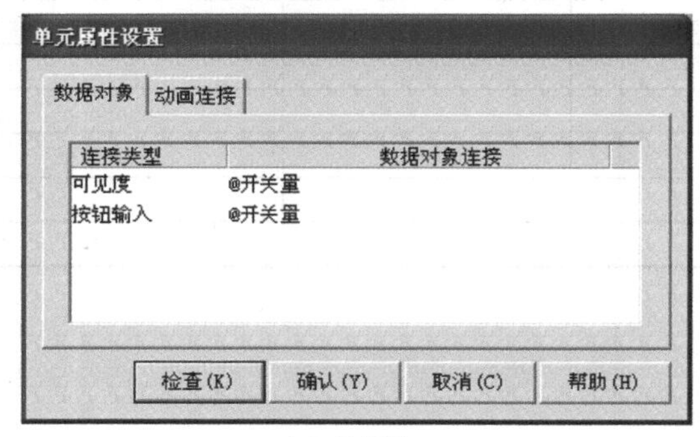

（a）设置前

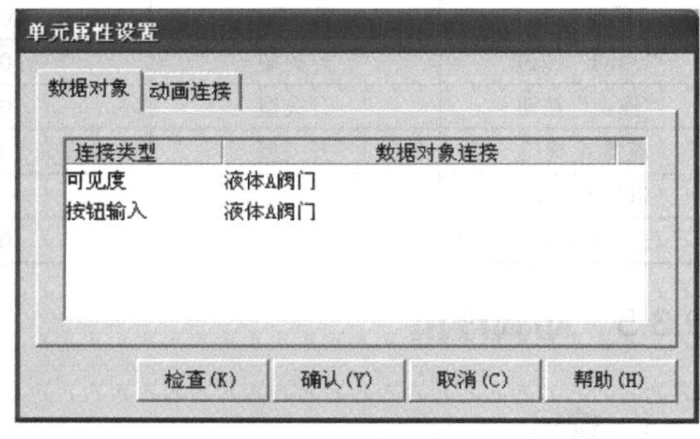

（b）设置后

图 19-10　液体 A 阀门的属性设置

3．管道

双击液体 A 的管道，弹出“流动块构建属性设置”对话框，在“基本属性”属性页中设置流动外观、流动方向及流动速度，如图 19-11（a）所示；在“流动属性”属性页中设置表达式为“液体 A 阀门”，其他参数选择默认值，如图 19-11（b）所示，即当液体 A 阀门打开时，该段流动块开始流动。

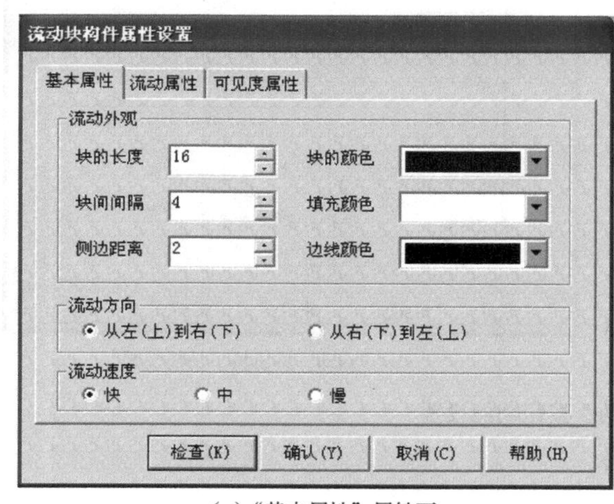

（a）“基本属性”属性页

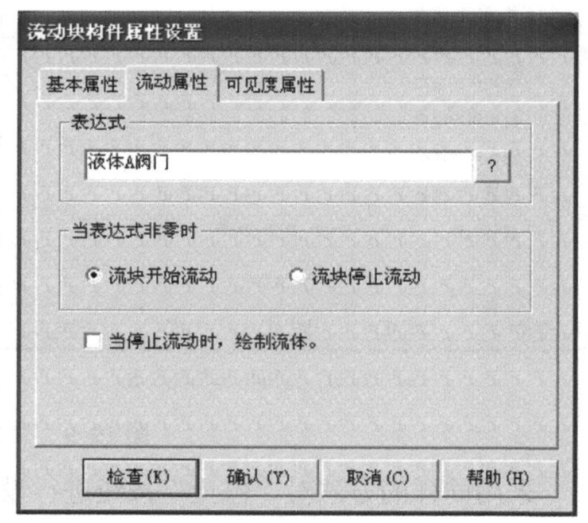

（b）“流动属性”属性页

图 19-11　液体 A 管道的属性设置

采用同样的方法设置液体 B 的管道和混合液体的管道，其中液体 B 的管道流动方向为“从右（下）到左（上）”，表达式为“液体 B 阀门”；混合液体的管道流动方向为“从左（上）到右（下）”，表达式为“混合液体阀门”，流动块的填充颜色选择与液体颜色一致，其他参数选择默认值。

4．罐体液位

双击液体 A 罐体，弹出“单元属性设置”对话框，进入“动画连接”属性页[见图 19-12（a）]中单击“矩形”，右侧出现 ? 图标和 > 图标，单击 > 图标，弹出“动画组态属性设置”对话框，设置表达式、大小变化连接及变化方向，如图 19-12（b）所示，完成液体 A 罐体的动画连接。

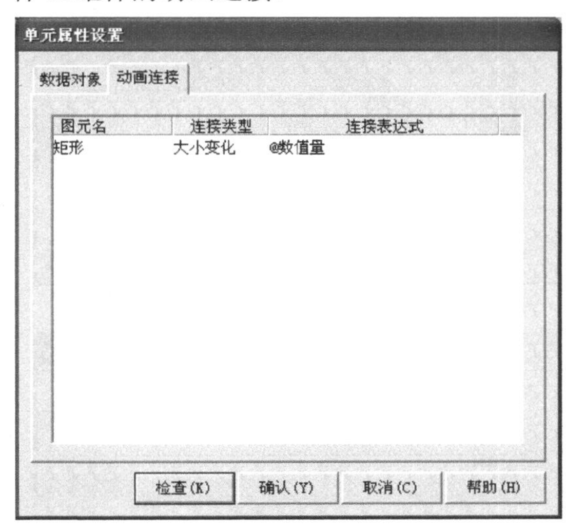

（a）

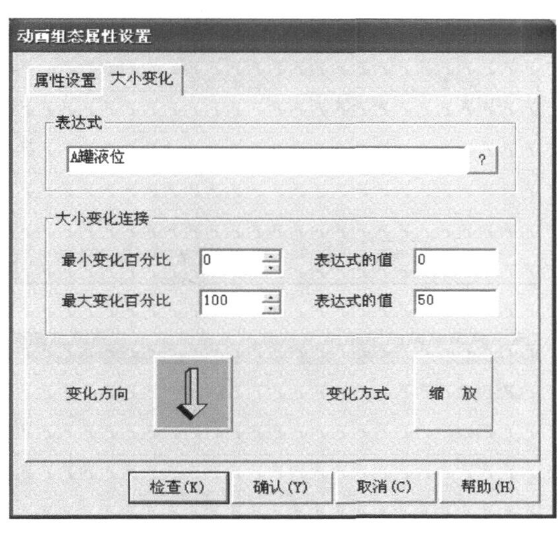

（b）

图 19-12　液体 A 罐体的属性设置

采用同样的方法设置液体 B 罐体、反应罐液体和混合罐液体的动画连接，需要注意罐体液位的最大值。

5．液位

双击低液位的矩形，弹出“动画组态属性设置”对话框，勾选“填充颜色”，在“填充颜色”属性页中，变量选择“低液位”，如图 19-13 所示，低液位的填充颜色连接设置为“0”和“1”两个分段点，对应颜色分别为“黑色”和“红色”。当混合液体罐的液位到达低液位时，矩形变成红色；否则为黑色。

采用同样的方法设置中液位和高液位的“填充颜色”属性页，其表达式分别为“中液位”和“高液位”，填充颜色与低液位一致，其他参数选择默认值。

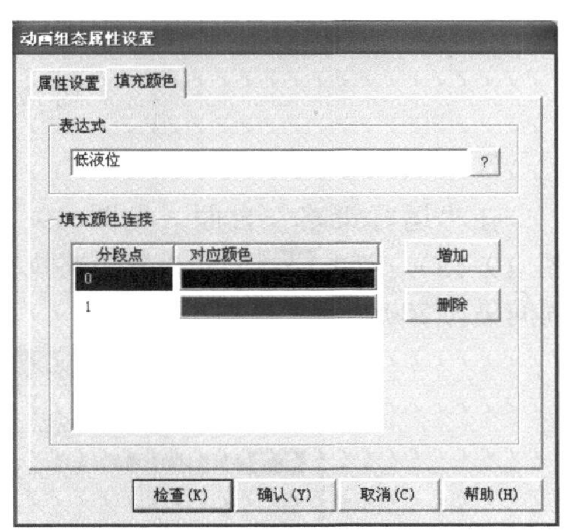

图 19-13　低液位的属性设置

6．搅拌器

双击搅拌器，弹出“单元属性设置”对话框，如图 19-14（a）所示，单击“可见度”，出现?按钮，单击该按钮，变量选择“旋转”，进入“动画连接”属性页中，会看到系统自动设置完成的两个组合图符动画连接[见图 19-14（b）]，单击“组合图符”，再单击右侧出现的>图标，显示图 19-14（c）所示的“可见度”属性页。同理打开第二个“组合图符”的“可见度”属性页，如图 19-14（d）所示。MCGS 系统自动将搅拌器的六个叶片分成两组，当数据对象“旋转”为 1 时显示第一组，隐含第二组；当数据对象“旋转”为 0 时显示第二组，隐含第一组，形成搅拌器旋转的动画效果。

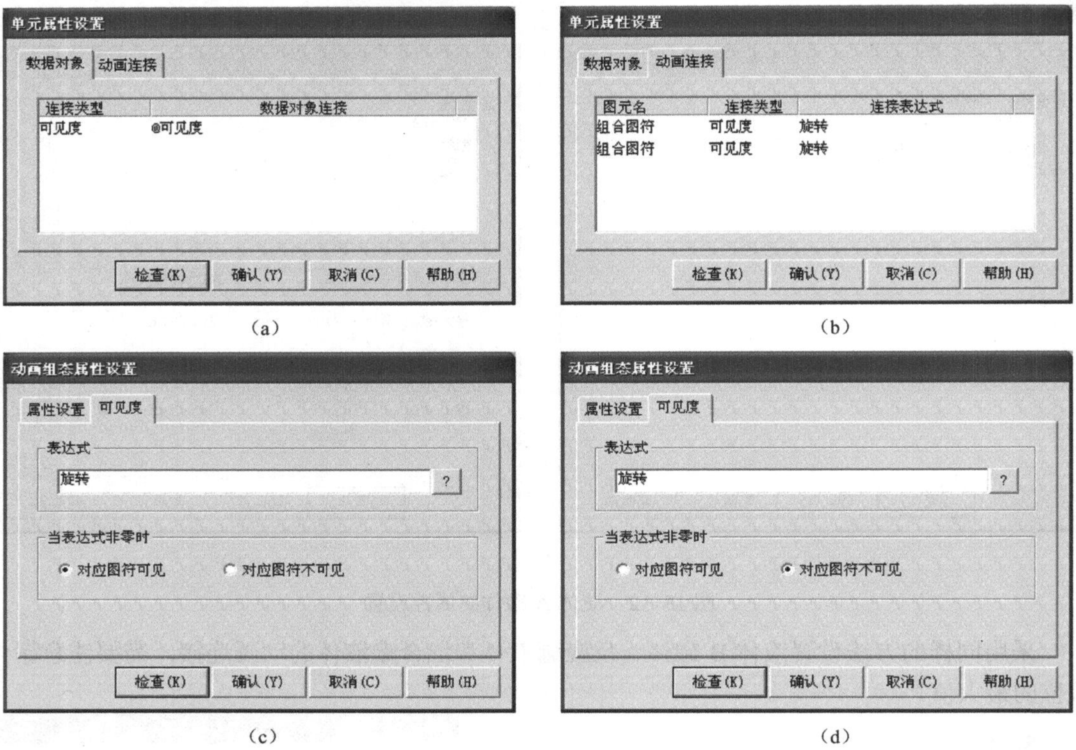

（a）

（b）

（c）

（d）

图 19-14　搅拌器属性设置

7．脚本

在“运行策略”台面（见图 19-2）下，双击“循环策略”进入策略组态窗口（见图 19-15），双击图标设置策略执行方式，系统将按设定的时间间隔循环执行，选择时间间隔为 200ms。

图 19-15　策略组态窗口

在窗口空白处单击鼠标右键弹出菜单，选择“新增策略行”，或者单击工具栏中的图标，增加一个策略行（见图 19-16）。单击策略工具箱（见图 19-17）中的“脚本程序”，将鼠标指针移到策略块图标上，单击鼠标左键，添加脚本程序构件；或单击策略块图标后，双击策略工具箱中的“脚本程序”，也可以添加脚本程序构件，如图 19-18 所示。

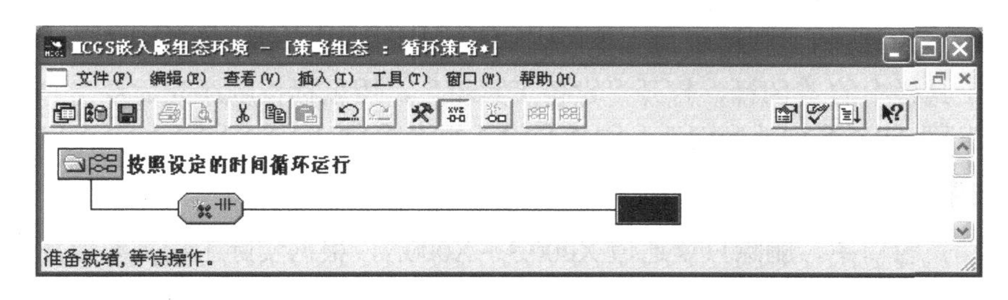

图 19-16　添加策略行

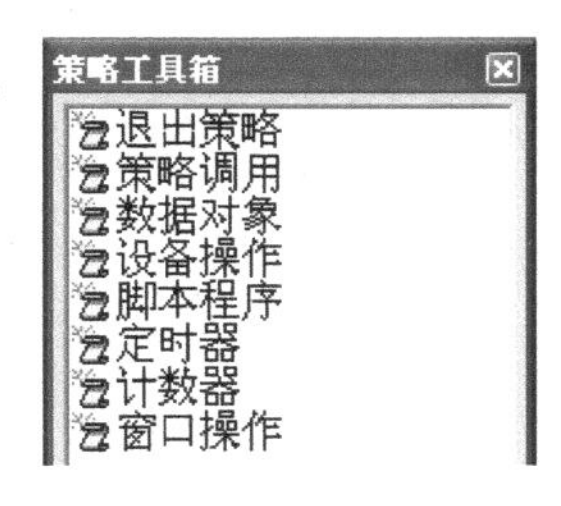

图 19-17　策略工具箱

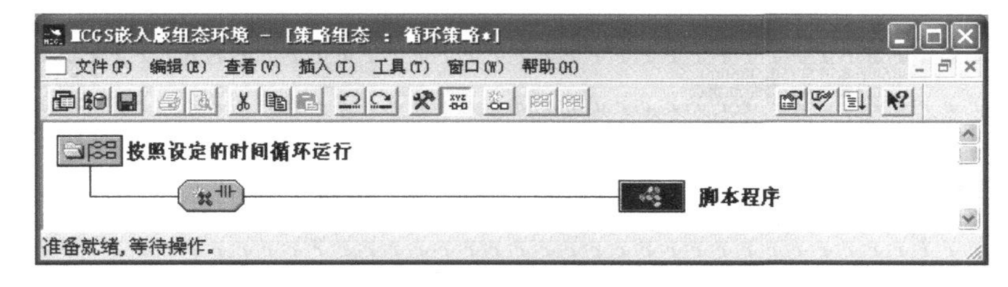

图 19-18　添加脚本程序构件

双击图标，进入脚本程序编辑环境，输入下面的程序：

```
IF 液体A阀门 =1 OR 液体B阀门 =1 THEN
反应罐液位 = 反应罐液位 +1
ENDIF

IF 液体A阀门 =1 THEN
A罐液位 =A罐液位 -1
ENDIF

IF 液体B阀门 =1 THEN
B罐液位 =B罐液位 -1
ENDIF

IF 混合液体阀门 =1 THEN
混合罐液位 = 混合罐液位 + 1
反应罐液位 = 反应罐液位 -1
ENDIF

IF 搅拌电机 =1 THEN
```

旋转= 1-旋转
ENDIF

19.3.6 设备连接

1. 添加设备

在 MCGS 嵌入版组态软件中与三菱 PLC 建立通信连接。双击设备窗口，进入设备组态画面，单击工具栏中的图标，打开“设备工具箱”，用鼠标按顺序先后双击“通用串口父设备”和“三菱__FX 系列编程口”，添加至设备组态窗口。

2. 内部属性设置

在设备编辑窗口中，删除只读通道 X000.3～X000.7，根据实际工程需要增加 2 个读写通道 M0000、M0001 和 4 个读写通道 Y0000～Y0003，单击“确认”按钮后，工程建立了 9 个设备通道（见图 19-19）。

图 19-19 设备通道

在设备编辑窗口中，用鼠标单击“CPU 类型”或单击“0-FX0NCPU”，右侧出现按钮，单击该按钮出现下拉菜单，根据使用的三菱 PLC 型号选择“4-FX3UCPU”。

3. 建立设备通道和实时数据库之间的连接

双击设备通道“只读 X0000”，弹出变量选择窗口，在对象名中选择“低液位”，确定后即建立了设备通道和实时数据库之间的连接。如图 19-20 所示，液体混合系统建立了 9 个设备通道与实时数据库之间的连接。

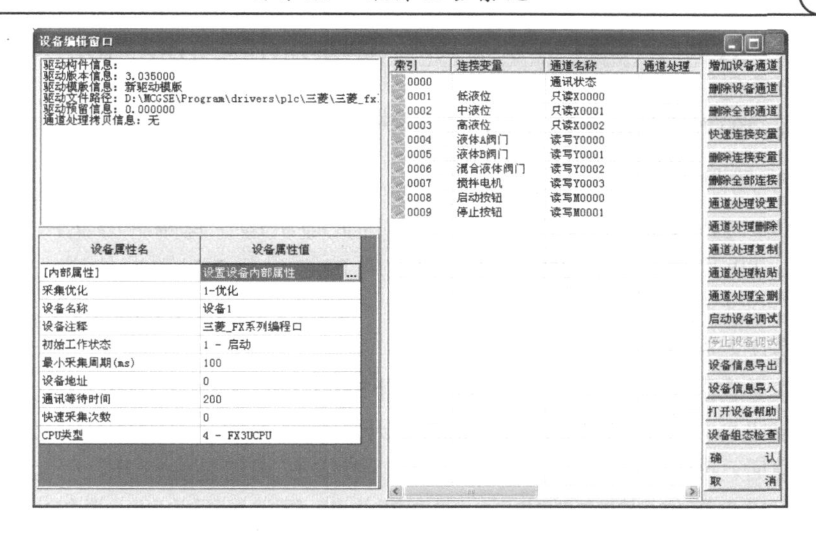

图 19-20　设备连接

19.3.7　运行与调试

1. 模拟运行与调试

单击工具栏中的图标，选择“模拟运行”→“工程下载”，等待工程下载后，单击“启动运行”，进入工程模拟运行状态。

（1）观察阀门是否都处于关闭状态（显示红色手柄），管道内是否有液体流动，各个罐体液位是否正确。

（2）单击液体 A 阀门，观察阀门是否打开（显示绿色手柄），管道内是否有液体流动，A 罐液位是否下降，反应罐液位是否升高（见图 19-21）。

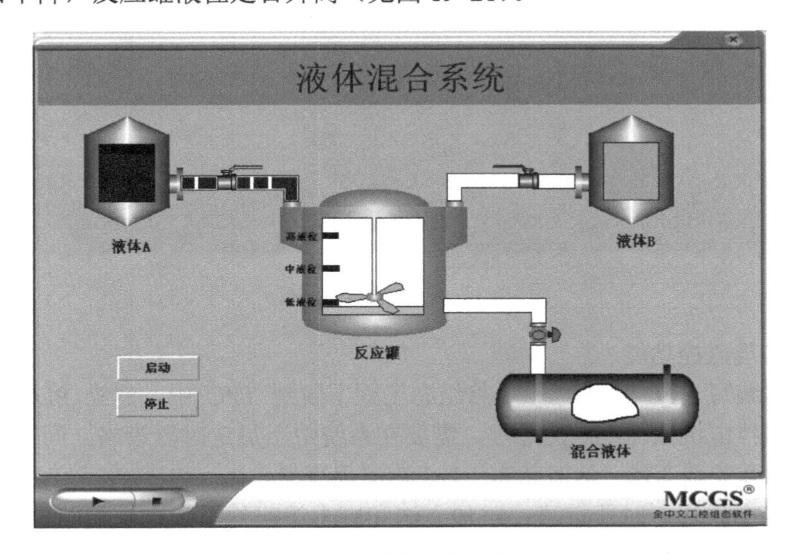

图 19-21　液体 A 阀门打开

（3）单击液体 A 阀门，观察阀门是否关闭，管道内液体是否停止流动，A 罐液位和反应罐液位是否停止变化。

（4）采用同样的方法单击液体 B 阀门和混合液体阀门，观察工作过程是否正确。

2．连机运行与调试

由于 PLC 和 TPC 都可以实现控制功能，因此连机运行有两种方案：一种是用 PLC 实现控制功能，TPC 实现监视功能；另一种是用 PLC 进行 I/O 数据传递，TPC 实现监控功能。

（1）TPC 实现监视功能

编写程序并下载到三菱 PLC 中，将本工程下载到 TPC 中，建立 PLC 与 TPC 的连接。单击“启动”按钮后，观察液体 A 阀门是否打开，管道是否产生液体流动效果；反应罐中液位到达中液位后，观察液体 A 阀门是否关闭，液体 B 阀门是否打开，管道是否产生液体流动效果；反应罐中液位到达高液位后，观察液体 B 阀门是否关闭，搅匀电机是否旋转；6s 后，搅拌电机停止旋转，观察混合液体阀门是否打开，管道是否产生液体流动效果（见图 19-22）；反应罐中液位下降到低液位后，观察混合液体阀门是否关闭。

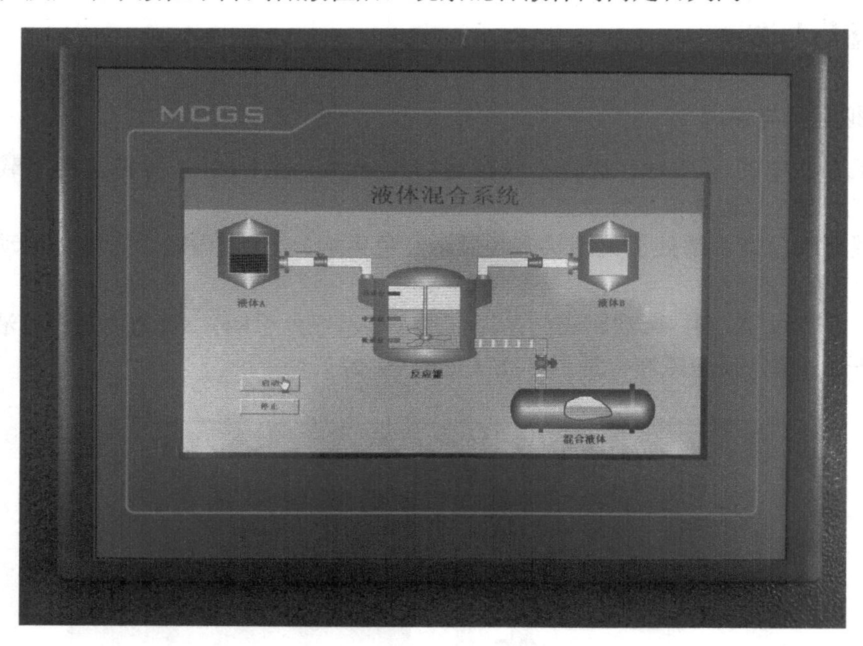

图 19-22　混合液体阀门打开

（2）TPC 实现监控功能

此方案不需编写 PLC 程序，只需将组态工程下载到 TPC 中，建立 PLC 与 TPC 的连接。为了实现搅拌电机工作 6s 的过程，需要在系统中添加定时器策略，同时加入数值型变量“当前值”和开关型变量“计时状态”2 个定时器变量。

在循环策略中添加定时器策略，添加方法和脚本策略的添加方法相同，如图 19-23 所示。双击图标，进入“定时器”构件的属性窗口，定时器的属性设置如图 19-24 所示，参考控制程序如图 19-25 所示。调试方法与方案一相同。

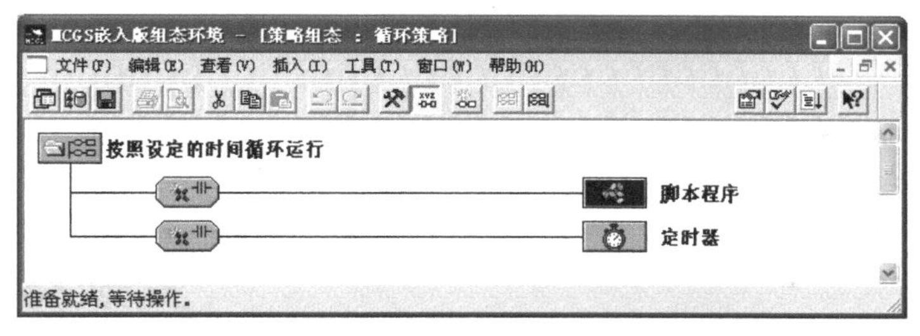

图 19-23 添加定时器策略

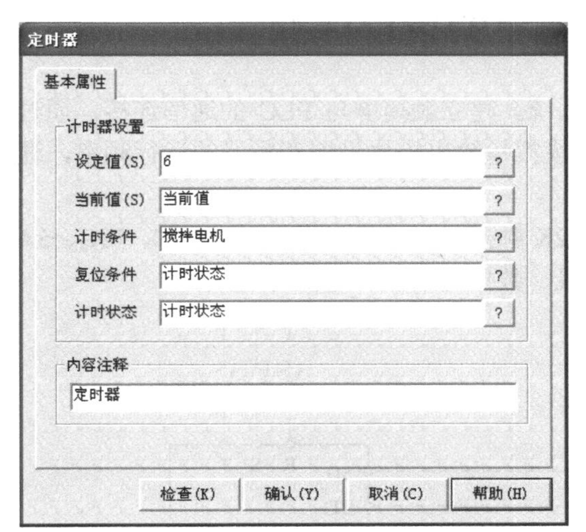

图 19-24 定时器的属性设置

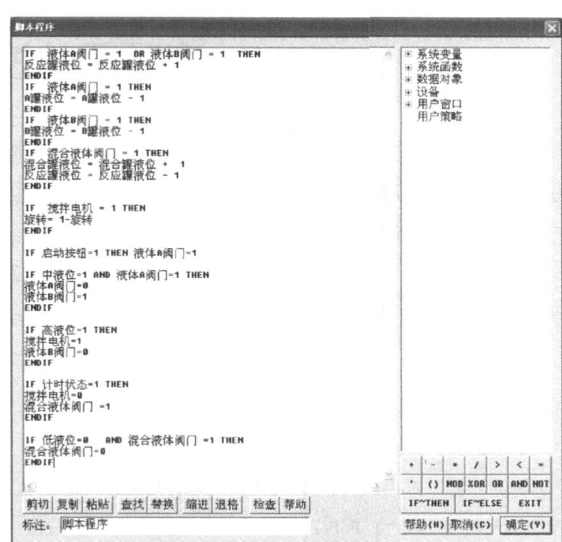

图 19-25 参考控制程序

19.4 项目考核

评分内容	分值	评分标准	扣分	得分
软件使用	20	新建工程（5 分）		
		新建窗口（5 分）		
		工程保存（5 分）		
		工程运行（5 分）		
新知识掌握	40	设备连接（10 分）		
		添加运行策略（10 分）		
		脚本策略（10 分）		
		定时器策略（10 分）		
功能实现	40	液位变化（10 分）		
		阀门功能（10 分）		
		搅拌功能（10 分）		
		定时器功能（10 分）		

项目 20

变频器监控系统

20.1 变频器监控系统的项目任务

利用 MCGS 组态软件设计一个变频器监控系统。建立触摸屏与 PLC 的通信连接，通过变频器控制电动机的正转、反转和停止，并通过模拟量输出模块设置变频器的运行频率，通过模拟量输入模块读取变频器的运行频率。

如图 20-1 所示，变频器监控系统由 TPC 7062K 触摸屏、三菱 FX_{3G}-40M PLC、FX_{2N}-5A 模拟量输入/输出模块、FR-A740 变频器、电动机、数据通信线和电源等组成。

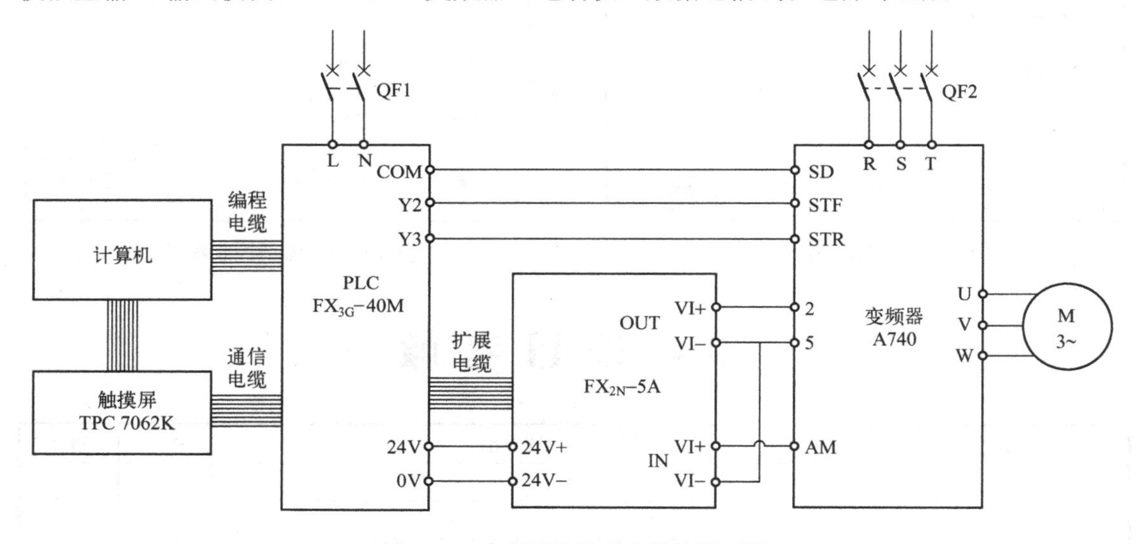

图 20-1　变频器监控系统硬件原理图

20.2 知 识 储 备

20.2.1 模拟量模块

为使 PLC 能够应用于变频器的模拟量控制，许多生产厂商都开发了与 PLC 配套使用的模拟量模块，模块的类型主要有模拟量输入模块、模拟量输出模块、模拟量输入/输出混合模块。FX_{2N}-5A 模块就是模拟量输入/输出混合模块，它有 4 个模拟量输入（A/D）通道和 1 个模拟量输出（D/A）通道。

1．模拟量模块编号

使用时，模拟量模块必须安装在 PLC 的右侧（见图 20-2），当需要进行多个模块连接时，可采用串级连接方式，即把后一个模块的连接电缆插在前一个模块的扩展接口上（最多 8 块）。为了方便 PLC 准确地对每一个模块进行读/写操作，需要对模块从 0 号到 7 号进行编号，编号时从最靠近 PLC 基本单元的模块开始。在本系统中，FX_{2N}-5A 模块安装在 PLC 旁边且只有 FX_{2N}-5A 一个模块，因此编号为模块 0。

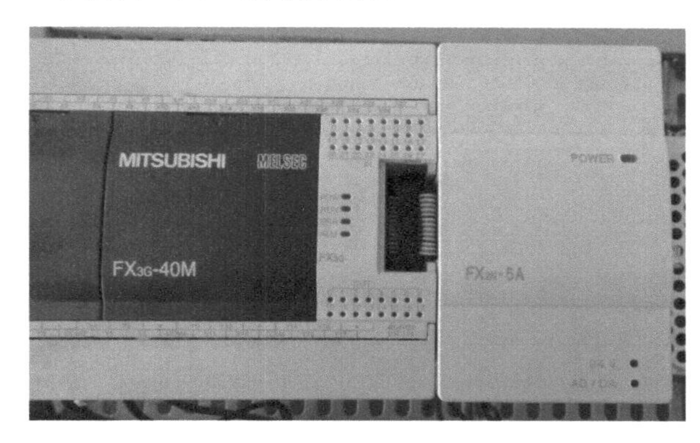

图 20-2 PLC 与模拟量模块的连接

2．模拟量模块的缓冲存储器

对变频器的模拟量控制需要使用以下几个缓冲存储器。

（1）BFM #0 —— 模拟量输入通道组态选择单元。BFM#0 又称输入通道字。BFM#0 用来对 CH1 到 CH4 的输入方式进行指定，出厂值为 H000。

（2）BFM #1 —— 模拟量输出通道组态选择单元。BFM#1 又称输出通道字。BFM#1 用来对 CH1 的输出方式进行指定，出厂值为 H000。

（3）BFM #10～BFM #13 —— 采样数据（当前值）存放单元。输入通道的 A/D 转换数据（数字量）以当前值的方式存放在 BFM#10～BFM#13。BFM#10 ～BFM#13 分别对应通道 CH1～CH4，具有只读性。

（4）BFM #14 —— 模拟量输出值存放单元。BFM#14 用于接收 D/A 转换的模拟量输出数据。在模拟量控制系统中，变频器的给定频率就存放在 BFM#14 中。

3．三菱 PLC 控制程序

（1）模拟量模块初始化设置。变频器运行频率的设定（即 D/A 转换）使用 FX2N-5A 模块的输出通道 1，确定其通道字为 H0FFF0，变频器运行频率的采样（即 A/D 转换）使用输入通道 2，确定通道字为 HFF0F，参考程序如图 20-3 所示。

（2）设定运行频率。触摸屏中设置的数值输入三菱 PLC 的寄存器 D0 中，通过模拟量输入/输出模块 FX2N-5A 输出一个模拟量，控制变频器的运行频率，参考程序如图 20-4 所示。

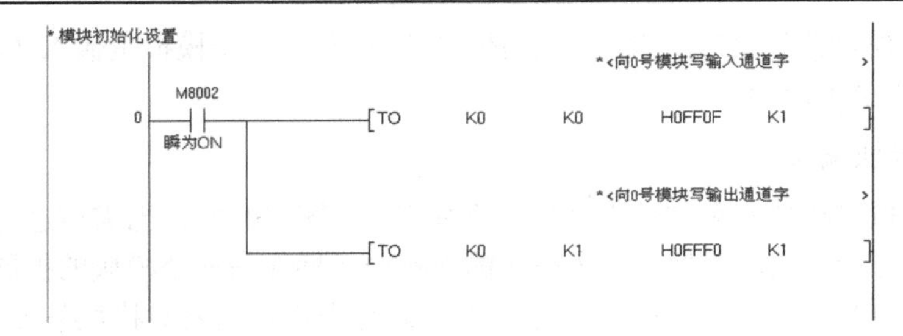

图 20-3　模拟量模块初始化设置程序

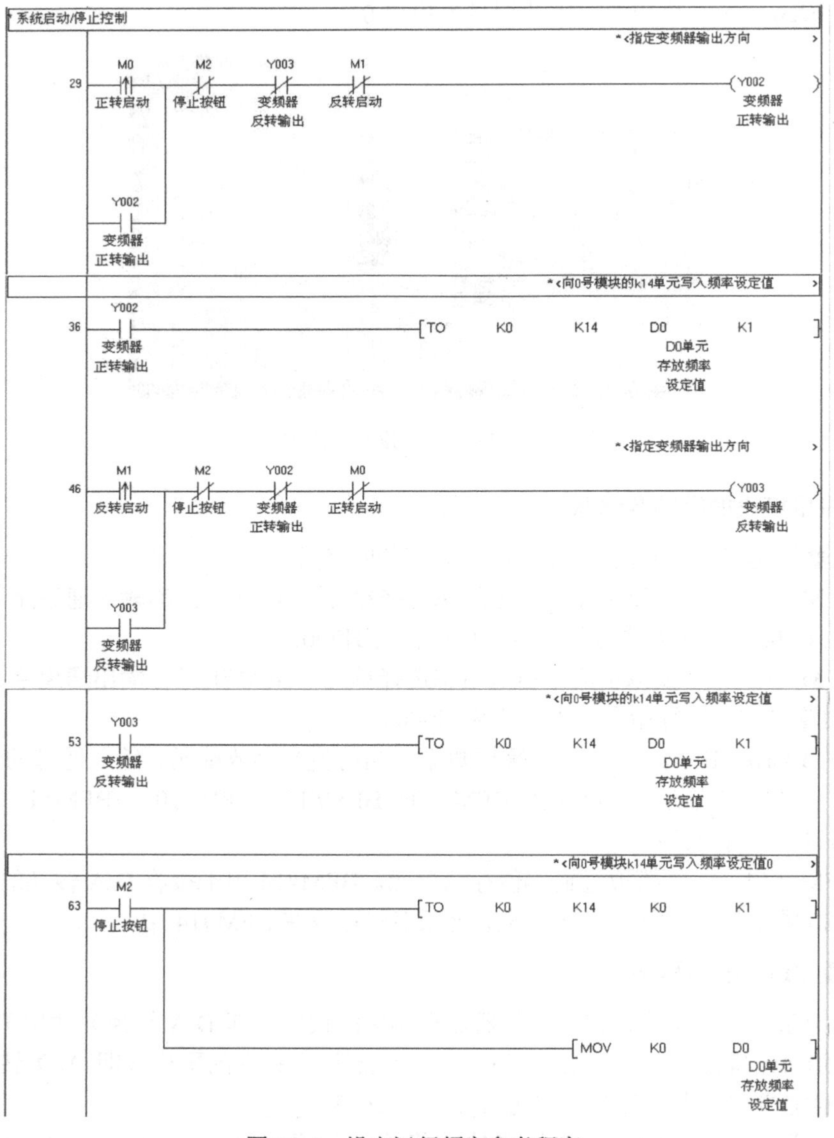

图 20-4　设定运行频率参考程序

（3）采样运行频率。通过三菱 PLC 模拟量输入/输出模块 FX2N-5A 实现变频器的运行频率检测，将检测到的频率值（模拟量）送入寄存器 D100 中，触摸屏接收 PLC 发出的频率值，以数字形式显示出来，参考程序如图 20-5 所示。

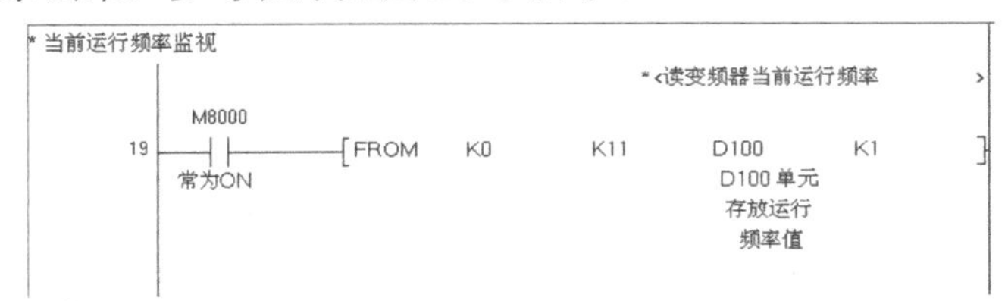

图 20-5　采样运行频率参考程序

20.2.2　输入框构件

输入框构件用于接收用户从键盘输入的信息，通过合法性检查之后，将它转换成适当的形式，赋予实时数据库中所连接的数据对象。输入框构件也可以作为数据输出的器件，显示所连接的数据对象的值。形象地说，输入框构件在用户窗口中提供了一个观察和修改实时数据库中数据对象的值的窗口。

输入框构件具有激活编辑状态和不激活状态两种不同的工作模式，当输入框构件处于不激活状态时，作为数据输出用的窗口，将显示所连接的数据对象的值，并与数据对象的变化保持同步；当鼠标单击输入框构件或按下设置的快捷键时，输入框进入激活状态，中断显示数据，操作者可以在框内输入数据对象所需的内容。

输入框构件包括“基本属性”（见图 20-6）、“操作属性”和“可见度属性”三个属性页，其中“基本属性”页设置输入框的边界类型、构件外观、背景颜色、字体的对齐方式及颜色等；“操作属性”页设置输入数据对象的名称及数值范围、数据格式、操作快捷键等；“可见度属性”页设置输入框在系统运行中是否可见。

值得注意的是，输入框的最大值和最小值限制的是输入，对于显示没有限制，即在输入框中输入变量值时，最大/最小值有效，但显示变量值时，没有限制。

20.2.3　旋钮输入器构件

旋钮输入器构件（见图 20-7）是模拟普通仪器设备上旋钮装置的一种动画图形，使用户能用旋钮操作，改变构件所连接的数据对象的值。

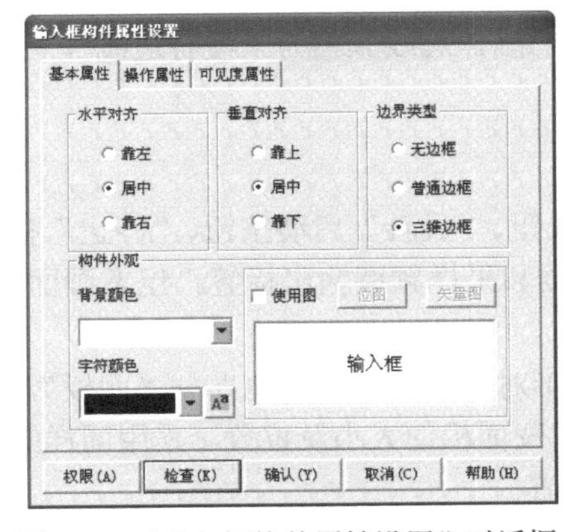

图 20-6　“输入框构件属性设置”对话框

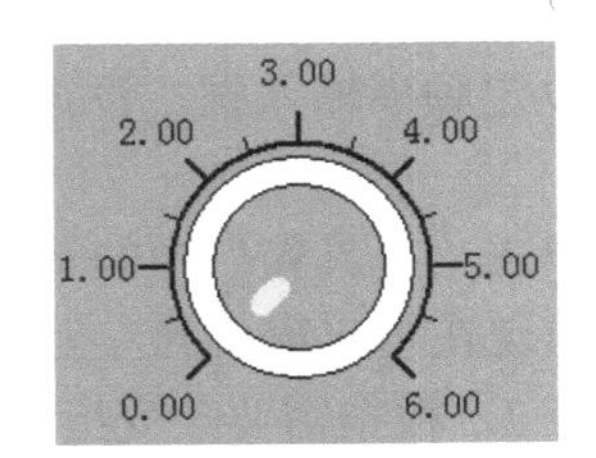

图 20-7　旋钮输入器构件

运行时，当鼠标位于旋钮输入器构件的上方时，光标将变为带方向箭头的形状，表示可以执行旋钮操作；当光标位于旋钮的右半边时，为顺时针箭头，表示用户的操作将使旋钮沿顺时针方向旋转；当光标位于旋钮的左半边时，为逆时针箭头，表示用户的操作将使旋钮沿逆时针方向旋转。用户单击鼠标左键或右键，旋钮输入器构件将按照用户的要求转动，旋钮上的指针所指向的刻度值即为所连接的数据对象的值。

旋钮输入器构件有“基本属性”、“刻度与标注属性”、“操作属性”和“可见度属性”四个属性页，其中“基本属性”页设置旋钮外轮廓圆边线的颜色、线型及旋钮上指针的颜色、指针与按钮边线的距离、指针的长度、指针的宽度等；“刻度与标注属性”页设置刻度（主画线和次画线）的数目、颜色、长度、宽度，设置标注的属性和显示形式；“操作属性”页设置旋钮输入器构件所对应的数据对象、对应的最大、最小位置及扭动旋钮一次对应数据对象产生的最小变化量。

20.3 项目实施

20.3.1 创建工程

用 MCGS 嵌入版组态软件新建一个工程，选择触摸屏型号为“TPC 7062K”，并以“变频器监控系统”文件名保存该工程。

20.3.2 新建画面

在 MCGS 组态环境的“工作台”窗口内，建立一个用户窗口，窗口名称为“变频器”，选择“详细资料”方式显示，窗口背景选择“白色”，其他设置选择默认值。

20.3.3 制作画面

1. 系统标题

单击“工具箱”中的A图标，设置系统标题为“变频器监控系统”，在“标签动画组态属性设置”对话框中，设置填充颜色为“没有填充”，边线颜色为“没有边线”，字符颜色为“蓝色”，字体设置为“宋体，粗体，小初”。

2. 变频器监控系统

变频器监控系统包括变频器“正转”启动按钮、“反转”启动按钮、“停止”按钮、转向指示灯、设定频率输入框、设定频率旋转输入器和采样频率输出标签，组态画面如图 20-8 所示。

（1）单击“工具箱”中的图标，选择图形对象库中的“其他”→“面板”，单击“确认”后，出现在用户窗口的左上角，根据需要改变面板的大小及位置。采用同样的方法选择两个指示灯 3，根据需要改变指示灯的大小及位置。

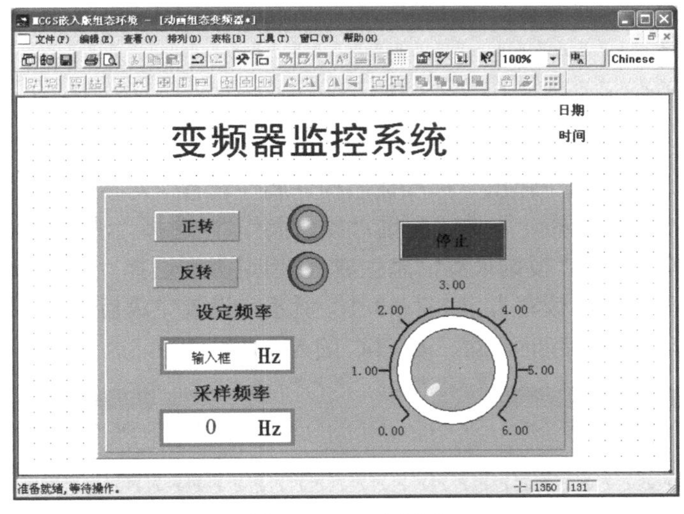

图 20-8　组态画面

（2）单击“工具箱”中的图标，用鼠标在画面上画出三个矩形按钮，分别为系统的“正转”启动按钮、“反转”启动按钮和“停止”按钮，其中，“正转”启动按钮和“反转”启动按钮的背景色为“绿色”，边框颜色为“绿色”，文本颜色为“黑色”，字体加粗显示，其他设置为默认值；停止按钮的背景色为“红色”，边框颜色为“红色”，文本颜色为“黑色”，字体加粗显示，其他设置为默认值。

（3）单击“工具箱”中的ab|图标，鼠标的光标变为“十”字形，移动鼠标至窗口的预定位置，单击鼠标左键，移动鼠标，画出一个虚线矩形框，松开鼠标即可形成一个输入框，拖曳其周围的小方框调节大小。

（4）单击“工具箱”中的A图标，设置标签为“0”，在“标签动画组态属性设置”对话框中，设置填充颜色为“白色”，边线颜色为“灰色”，字符颜色为“红色”，字体设置为“宋体，粗体，小四”。采用同样的方法，设置“设定频率”、“采样频率”及“Hz”标签。

（5）单击“工具箱”中的图标，鼠标的光标变为“十”字形，移动鼠标至窗口的预定位置，单击鼠标左键，移动鼠标，画出一个虚线矩形框，松开鼠标即可形成一个旋转输入器，拖曳旋转输入器周围的小方框调节大小，也可以在窗口右下角的坐标中调节大小。

20.3.4　设备连接

在 MCGS 嵌入版组态软件中与三菱 PLC 建立通信连接。在设备窗口中按顺序先后双击“通用串口父设备”和“三菱__FX 系列编程口”，添加至设备组态窗口，此时会弹出对话框，提示是否使用“三菱__FX 系列编程口”驱动的默认通信参数设置通用串口父设备参数，选择“是”后，设备窗口组态操作结束（见图 20-9）。

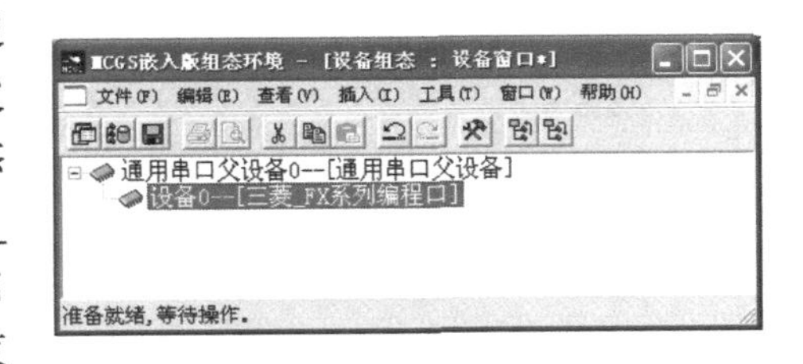

图 20-9　设备连接

在设备编辑窗口中，用鼠标单击“CPU 类型”或单击“0-FX0NCPU”，右侧出现按钮，单击该按钮出现下拉菜单，根据使用的三菱 PLC 型号选择“2-FX2NCPU”。

20.3.5 动画连接

1．按钮

双击“正转”启动按钮，弹出“标准按钮构件属性设置”对话框，在“操作属性”属性页中，默认“抬起功能”状态，勾选“数据对象值操作”，选择“清 0”，单击 ? 按钮，弹出“变量选择”对话框，选择“根据采集信息生成”，通道类型选择“M 辅助寄存器”，通道地址为“0”，读写类型选择“读写”，如图 20-10 所示，设置完成后单击“确认”按钮，变量连接成功，即在启动按钮抬起时，对三菱 PLC 的 M0 地址清 0。

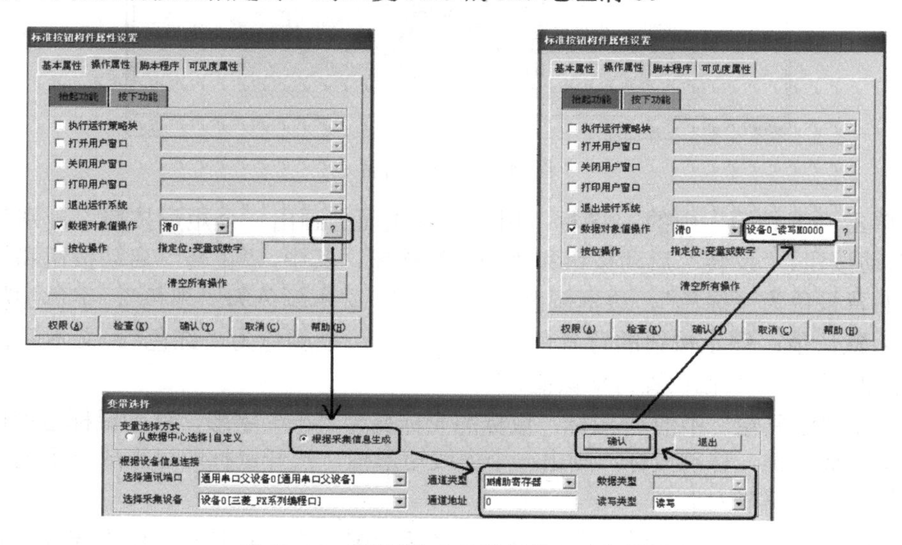

图 20-10 “正转”启动按钮抬起功能设置

采用同样的方法，单击“按下功能”，设置启动按钮按下时，三菱 PLC 的 M0 地址置 1（见图 20-11）。此时，实时数据库列表中自动添加数据对象“设备 0__读写 M0000”（见图 20-12），设备窗口中自动建立变量与通道的连接（见图 20-13）。

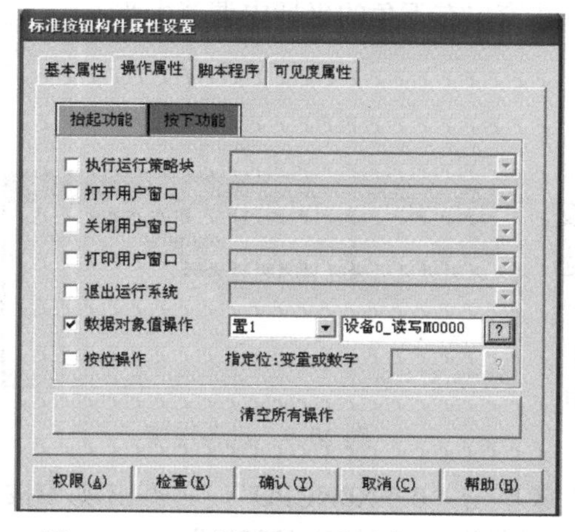

图 20-11 “正转”启动按钮按下功能设置

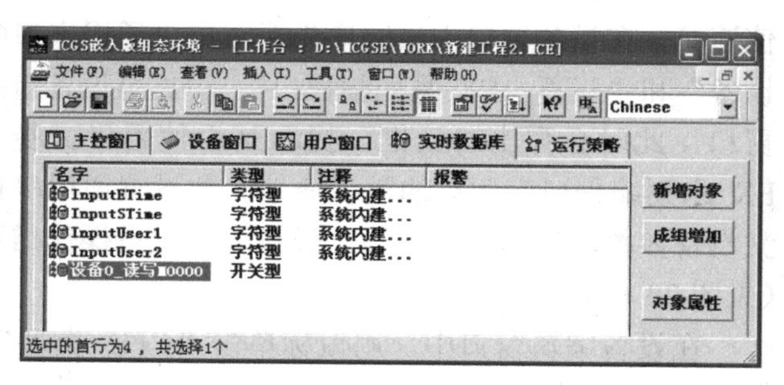

图 20-12 实时数据库

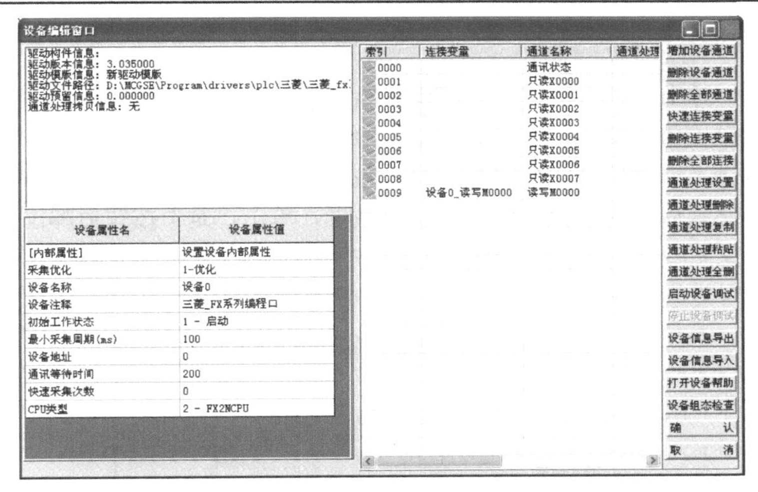

图 20-13　设备窗口

采用同样的方法对“反转”启动按钮和“停止”按钮进行设置，变量选择“根据采集信息生成”，通道类型选择“M 辅助寄存器”，通道地址为“1”和“2”，读写类型选择“读写”。

2．指示灯

双击正转指示灯，弹出“单元属性设置”对话框，如图 20-14 所示，在“数据对象”属性页中单击“组合图符”，出现 [?] 按钮，单击该按钮，变量选择为“Y 输出寄存器”，通道地址为“2”，读写类型选择“读写”，确定后，变量连接成功。即当设备 0_读写 Y0002 为 1 时，指示灯显示绿色；当设备 0_读写 Y0002 为 0 时，，指示灯显示红色。用户也可以通过在“动画连接”属性页中设置其他参数（如填充颜色、边线颜色、类型等）。

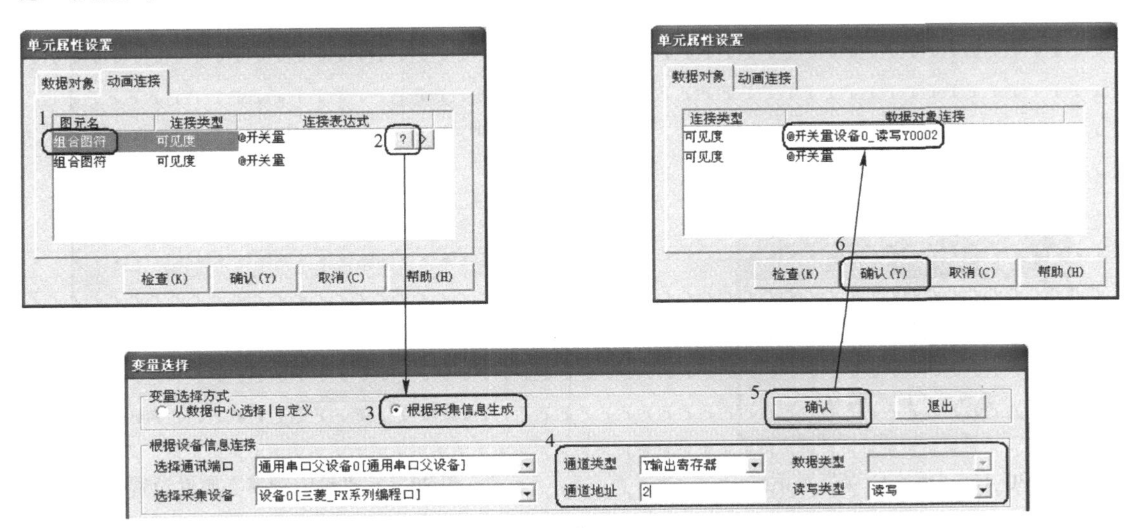

图 20-14　指示灯属性设置

3．输入框（设定频率）

双击输入框，弹出“输入框构件属性设置”对话框（见图 20-6），在“基本属性”页中设置输入框背景颜色为“白色”，字符颜色为“红色”，字体为“宋体、粗体、四号”，其他参数默认；在“操作属性”页中，设置对应数据对象的名称为“设定频率”，其他设置如图 20-15 所示，确认后出现如图 20-16 所示对话框，单击“是”按钮后弹出“数据对象属性设置”对话框（见图 20-17），即新建数据对象“设定频率”，在实时数据库列表中出现该变量，这种新建数据对象的方法适用于系统中所需数据对象及个数未知的情况。

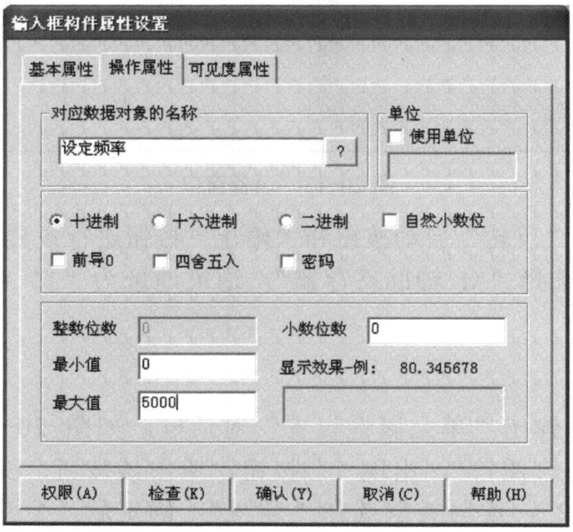

图 20-15 “输入框构件属性设置”对话框

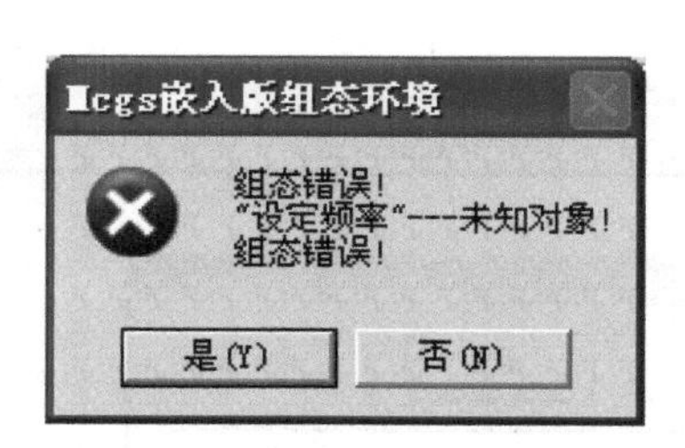

图 20-16 “组态错误”对话框

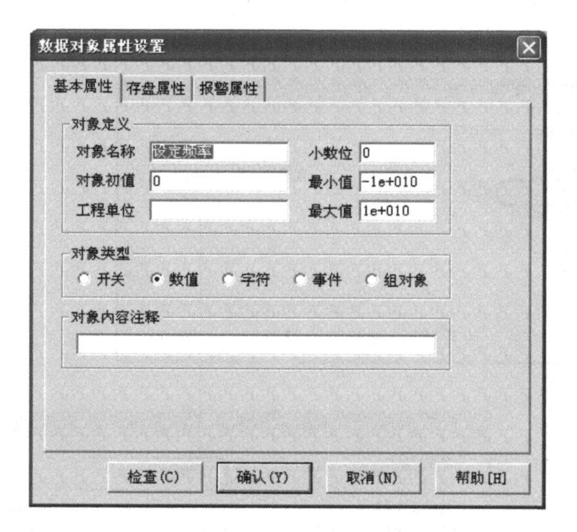

图 20-17 “设定频率”属性设置

4．显示输出（采样频率）

双击标签“0”，弹出“标签动画组态属性设置”对话框，选择“输入输出连接”→“显示输出”，在“显示输出”属性页中设置表达式为采样频率，输出类型为“数值量输出”，其他设置为默认值。

5. 旋钮输入器

双击旋钮输入器，弹出“旋钮输入器构件属性设置”对话框[见图 20-18（a）]，设置构件的外观；刻度与标注属性的设置如图 20-18（b）所示；在“操作属性”页中设置数据对应数据对象的名称为“设定频率”，标度位置对应的数据对象为最小值和最大值，根据实际情况设置每次旋钮输入的最小变化量为 50，如图 20-18（c）所示。

（a）“基本属性”页

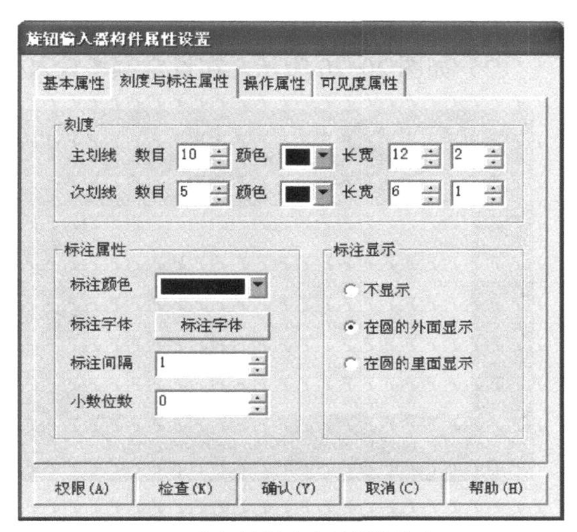

（b）“刻度与标注属性”页

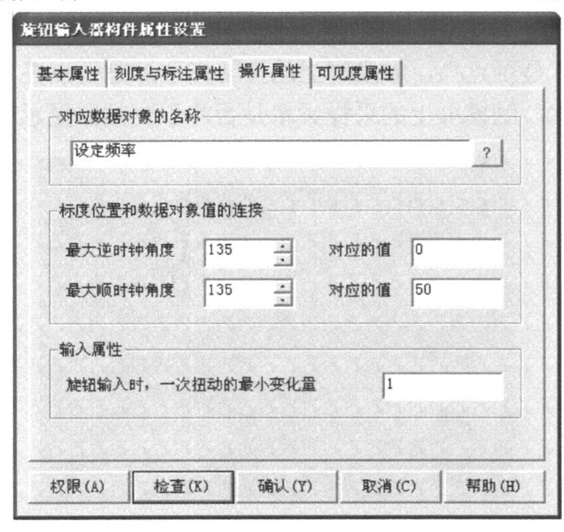

（c）“操作属性”页

图 20-18 “旋钮输入器构件属性设置”对话框

6. 脚本

在画面空白处单击鼠标右键，出现下拉菜单，选择“属性”，弹出“用户窗口属性设置”对话框，选择循环脚本属性，设置循环时间为200ms，在窗口中输入控制程序：

```
采样频率 = 设备0_读写DWUB0100 / 100
设备0_读写DWUB0000 = 设定频率 * 100
```

20.3.6 运行与调试

编写程序并下载到三菱 PLC 中，将本工程下载到 TPC 中，建立 PLC 与 TPC 的连接。

（1）观察变频器的设定频率、采样频率显示是否为 0，转向指示灯是否显示关闭（红色）状态（见图 20-19）。

（2）如图 20-20 所示，在设定频率输入框中设置一数值，观察旋钮输入器是否有变化。

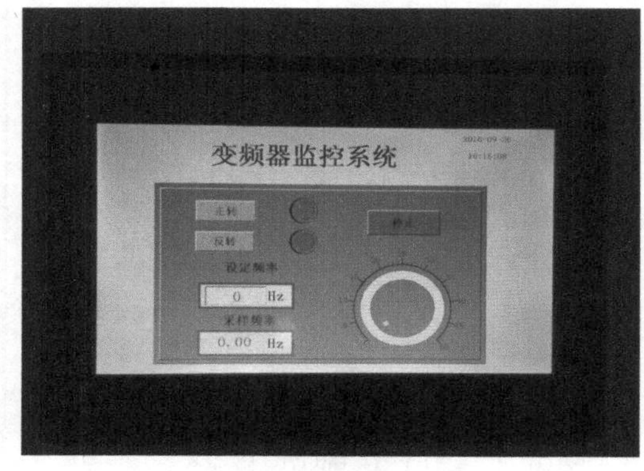
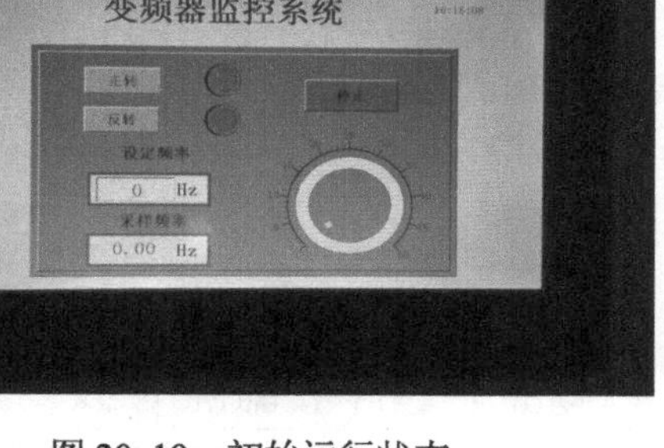

图 20-19　初始运行状态

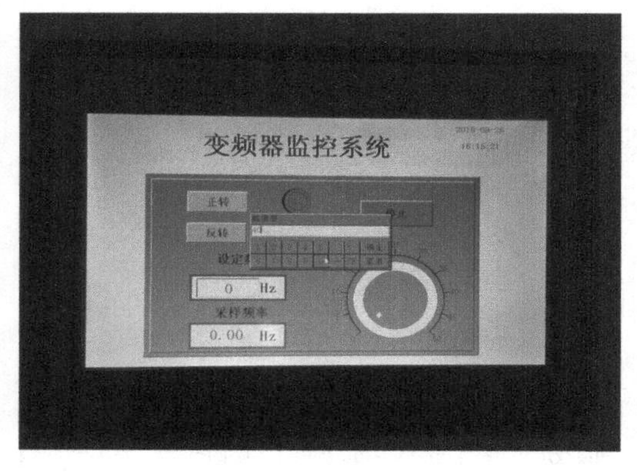

图 20-20　设置运行频率

（3）单击触摸屏上的正转按钮，启动变频器正转运行，观察 PLC 的 Y2 指示灯和变频器操作单元上的 FWD 指示灯是否点亮，触摸屏上的正转指示灯是否点亮（绿色）；观察变频器显示的频率是否等于设定频率，触摸屏上的采样频率是否等于变频器显示的频率（见图 20-21）。

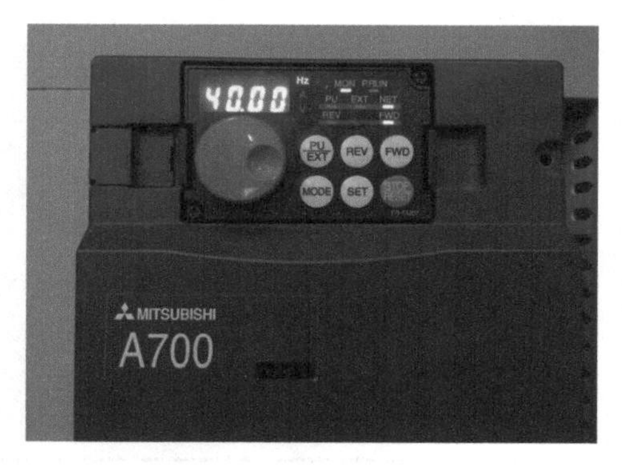

图 20-21　变频器显示频率

（4）单击触摸屏上的“反转”按钮，启动变频器反转运行，观察 PLC 的 Y3 指示灯和变频器操作单元上的 REV 指示灯是否点亮，触摸屏上的反转指示灯是否点亮（绿色）；观察变频器显示的频率是否等于设定频率，触摸屏上的采样频率是否等于变频器显示的频率。

（5）单击触摸屏上的“停止”按钮，观察 PLC 的 Y3 指示灯和变频器操作单元上的

REV 指示灯是否熄灭；观察显示器上显示的字符是否为“0.00”，触摸屏显示 0Hz。

20.4 项目考核

评分内容	分值	评分标准	扣分	得分
软件使用	20	新建工程（5 分）		
		新建窗口（5 分）		
		工程保存（5 分）		
		工程运行（5 分）		
新知识掌握	40	输入框属性设置（10 分）		
		旋转输入器属性设置（10 分）		
		脚本程序（10 分）		
		设备连接（10 分）		
功能实现	40	按钮功能（10 分）		
		指示灯功能（10 分）		
		设定频率功能（10 分）		
		采样频率功能（10 分）		

参考文献

1. 姚福来，孙鹤旭，等. 组态软件及触摸屏综合应用技术速成. 北京：电子工业出版社，2011.
2. 廖常初. 西门子人机界面（触摸屏）组态与应用技术. 北京：机械工业出版社，2012.
3. 李全江，等. 案例解说组态软件典型控制应用. 北京：电子工业出版社，2011.
4. 组态王 6.55 使用手册，北京亚控科技发展有限公司.
5. 袁秀英，石梅香. 计算机监控系统的设计与调试——组态控制技术. 北京：电子工业出版社，2011.